创 新 设 计 基 础

主 编 梅 伶
副主编 李 林 张兴华
参 编 聂小春 饶雅琴

机 械 工 业 出 版 社

本书围绕产品结构和功能的创新，介绍了创新设计方法、UG NX8.5创新产品实体造型、创新产品机械结构设计、伺服电动机及驱动、传感器及电池、单片机及控制程序仿真等内容，以帮助读者扩展思路，实现工程产品创新。本书还介绍了 UG NX8.5 软件、Keil uVision3 软件、Proteus7.7软件等产品设计所需的软件，用于进行产品结构实体造型和智能控制程序仿真。

本书可作为工科类院校学生的通识教育教材，还可作为产品结构和功能创新爱好者的入门指南。

图书在版编目（CIP）数据

创新设计基础/梅伶主编. —北京：机械工业出版社，2018.8（2020.1重印）

ISBN 978-7-111-60107-4

Ⅰ.①创… Ⅱ.①梅… Ⅲ.①产品设计—基本知识 Ⅳ.①TB472

中国版本图书馆 CIP 数据核字（2019）第 012458 号

机械工业出版社（北京市百万庄大街 22 号　邮政编码 100037）
策划编辑：王晓洁　责任编辑：王晓洁
责任校对：樊钟英　封面设计：马精明
责任印制：郜　敏
北京中兴印刷有限公司印刷
2020 年 1 月第 1 版第 2 次印刷
184mm×260mm・12.75 印张・344 千字
3001—6000 册
标准书号：ISBN 978-7-111-60107-4
定价：39.80 元

凡购本书，如有缺页、倒页、脱页，由本社发行部调换

电话服务　　　　　　　　　网络服务
服务咨询热线：010-88379833　机工官网：www.cmpbook.com
读者购书热线：010-88379649　机工官博：weibo.com/cmp1952
　　　　　　　　　　　　　　　教育服务网：www.cmpedu.com
封面无防伪标均为盗版　　金 书 网：www.golden-book.com

前言

何为创新？创新是一种思维方式，它需要人们能够接受来自各个方面的观点和思路。同时，创新也是一种不寻常的能力，它帮助人们为这些想法找到最好的实践方法。创新意味着利用新的思想或以完全不同的方式进行显著的变革。

随着经济全球化的快速发展以及市场竞争的进一步加剧，很多企业把创新作为一种生存战略。全球竞争力极强的跨国企业都是极富创新力的优秀企业，如苹果、谷歌、宝洁和 IBM 等。这些企业不仅培育出了令人称道的创新文化，而且注重激励员工创新技术、开发突破性产品、不断完善运营流程、构造新型的商业模式。因此，即便是"大象"也能跳舞，而且会跳得很精彩。我国企业也非常重视创新，尤其重视技术和产品的创新。如华为总裁任正非的一句话道破天机："不创新才是最大的风险。"

本书的作者们长期从事教育工作，为了能够培养更多的具有创新精神和创新能力的学生，特编写了本书，希望能指导工科类院校的学生勇于尝试，完成一套完整的产品创新设计方案。本书由梅伶任主编，由李林、张兴华任副主编，聂小春、饶雅琴参与编写。编写分工为：广东白云学院机电工程学院的李林编写第 3 章和第 4 章，广东白云学院机电工程学院的张兴华编写第 6 章，广州工程技术职业学院的聂小春编写第 2 章，广东技术师范学院天河学院机电学院的饶雅琴编写第 1 章，广东白云学院机电工程学院的梅伶编写第 5 章并负责统稿。全书由广东白云学院院办的康霖霞负责文稿整理。

在本书的编写过程中得到了广东白云学院各级领导和专家的指导与支持，在这里表示衷心的感谢。由于作者水平有限，书中难免存在不足之处，敬请读者批评指正。

编　者

目录

绪论

信息技术日新月异，随之带来一系列新的变化，并以巨大的步伐改变着人们工作、生活的各个方面。市场竞争更为激烈，不确定因素增大，产品寿命周期越来越短。面对瞬息万变的市场需求，掌握先进技术，增强自主性技术创新能力，提高产品的知识含量，成为企业核心竞争力和争夺市场的重要因素，不断进行产品创新成为在激烈竞争中取胜的重要手段。

一、技术创新、创新和产品创新

1. 技术创新

美国经济学家约瑟夫·熊彼特在1912年出版的《经济发展理论》一书中首先提出了创新的概念，并在研究中较为系统地阐明了它的含义、理论观点和内容方法。这正是技术创新理论的基础。技术创新有以下5种情况：

1）引入一种新的产品，即消费者还不熟悉的新产品，或与已有产品相比有新的特性的产品。

2）采用新的工艺，一种新的生产方法和生产手段。

3）开辟新的市场。

4）开发新的资源来源，获得原材料或半制成品的新供应来源。

5）实现一种新的组织，形成企业新的组织形式。

在熊彼特看来，技术创新是指从新构想的产生，经过设计、试制，进行生产，到营销获得用户认可和实际应用，产生经济效益的商业化过程和活动。其实质是一项新技术的产生、扩散和实现市场价值。

根据熊彼特赋予的这种特定含义，技术创新具有以下基本特征和特点：

1）把技术创新从单纯的技术问题引入经济学范畴。技术创新带来的新的经济增长和发展，形成了新的技术经济发展观。

2）技术创新强调与市场相结合，市场既是它的基本出发点，又是它的基本落脚点。通过技术创新，开发的新产品最终要去占领市场，并实现市场价值。

3）技术创新整个过程是一个综合性的过程，是一项系统工程。企业在实施技术创新时需要有一系列相应的组织管理配套措施。

4）技术创新不仅包括工艺创新，而且包括组织创新、营销创新等，这是技术创新特定的。

技术创新奠定了创新理论的基础，成为创新理论中最活跃的部分，吸引着众多学者从不同需要、不同视角、不同层次进行了广泛而深入的研究。

熊彼特的技术创新理论强调了市场价值和经济效益。但是，按照可持续发展观，它应该包含节约资源、能源和保护环境的内涵。因此，用现代的观点应将其修正为：技术创新的实

1

质是一项新技术的产生，符合可持续发展并实现其市场价值。

2. 创新

随着技术创新的应用和大力推广，"技术创新"一词被广泛地应用于各个领域和各个方面的事物、过程、活动，出现了技术创新和创新相混不分的情况。由于历史原因，早期技术创新与创新被视作同义词。随着科学技术发展和社会进步，技术创新已超出了技术创新划定的商业应用的特征，其含义与技术创新的界定、定义相矛盾，因此明确它们之间的区分还是很有必要的。有些学者提出了创新的定义或界定：创新指的是为达到某种目的、目标，或满足某种要求，使某事物或过程发生变革的一种新思想、新理论、新方法、新技术和活动方式。诸如知识创新、体制创新、文化创新、技术创新等，这种变革对该事物或过程来说尚属首次出现，这种变革有实践意义，有其科学价值、社会价值、环境价值或经济价值、市场价值。

从上述创新的界定可以看出，创新与技术创新是两种概念。创新的范围大，不仅包含具有商业应用特点的技术创新，也包含了非商业性或无商业应用目的的创新活动。技术创新是一种特殊创新。一般地说，具有商业应用特点的技术创新可以说成是创新，如企业投向市场的产品的自主性技术创新可说成自主创新。但非商业性的创新就不能说成是技术创新，如具有社会效益的非商业性公益事业和社会活动的创新就不能说成是技术创新，可以参阅图0-1创新概念中的非阴影部分。

创新、技术创新与发明、创造既有区别，又有联系和交叉。它们之间的概念关系如图0-1所示。发明和创造是两个有区别而相近的概念，它们未必一定要考虑与市场挂钩，但其中许多发明、创造发展构成了具有商业目的的产品。如果把科学发明和创造全部当作技术创新，就不利于科学研究事业发展，因为有一些科学研究和创造性成果不具有商业目的，而是为了认识世界、促进人类进步、发展科学技术进行创造性活动及其取得的成果。随着产品开发手

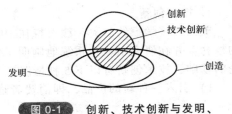

图 0-1　创新、技术创新与发明、创造之间的关系

段越来越先进，知识成为产品创新的核心，基础研究和应用研究、应用研究和产品开发之间的鸿沟在缩小，发明、创造与技术创新之间的相互关系更为密切。

3. 产品创新

什么是产品创新？学者胡树华引用经济合作与发展组织的界定，并收集了国内学者的看法，提出了产品创新的功能创新、形式创新和服务创新的三维概念。

什么是产品创新？至今还没有一个严格而统一的定义。经济合作与发展组织（OECD）对产品创新的界定是：为了给产品用户提供新的或更好的服务而发生的产品技术变化。

胡树华认为：定义产品创新，首先必须理解工业产品的概念。现代营销理论提出了产品的整体概念结构。因此，他认为："现代企业产品创新是建立在产品整体概念基础上的以市场为导向的系统工程。从单个项目看，它表现为产品某项技术经济参数质和量的突破与提高，包括新产品开发和老产品改进；从整体考察，它贯穿产品构思、设计、试制、营销全过程，是功能创新、形式创新、服务创新多维交织的组合创新。"

以上概念的界定是从广义上理解的。如果从狭义上来说，一般认为把经济合作与发展组织提出的"为了给产品用户提供新的或更好的服务而发生的产品技术变化"，结合熊彼特指出的"引入一种新的产品，即消费者还不熟悉的新产品，或与已有产品相比有新的特性的产品"，足以表达产品创新的界定。

4. 产品创新过程

工业产品的创新主要取决于形成构想阶段和产品设计阶段。具有新奇性的产品创新，以

及创新的总体设想，多数在构想阶段产生。这里讨论的产品创新过程主要指创新产生过程，即构想形成过程。事实上，产品设计阶段进行创新，或对老产品进行改进，都需经过构想酝酿和形成过程。

产品创新构想的形成过程是多样而复杂的过程，具体的步骤会随目的、要求和创新主体的不同而不同。粗略划分，其基本过程可分成 4 个阶段，即准备、酝酿、形成和评价，如图 0-2 所示。它包含 7 个步骤，阶段中的步骤存在交叉。

准备阶段包括企业发展调查，需要从产品发展、创新的来源着手调查。这一阶段主要收集、积累产品创新相关信息和资料。酝酿阶段将根据调查获得的信息进行分析研究，做出分析和判断，提出产品创新任务，同时为创新创造基础条件。形成阶段是通过创新方法和产生顿悟，形成构想的阶段，是产品创新过程中关键的阶段。在当代知识经济、信息网络发展情况下，创新方法是创新的工具，应该与现代科学技术发展相适应。评价

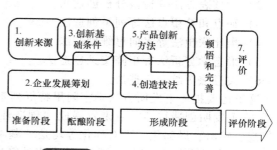

图 0-2　产品创新构想的形成过程

阶段对构想有无价值做出评定。对照图 0-2，下面就 4 个阶段中的 7 个步骤加以简要说明。

（1）创新来源　在准备阶段要根据企业发展对创新源头进行调查。创新源头信息往往以不同形式，通过不同渠道反映，其中科学技术的发展和市场需求是创新的基本来源。创新来源有：

1）市场需求，包括显现需求和潜在需求。

2）科学技术发展方向，科学技术成果，发明创造、专利。

3）用户反馈意见，包括一般用户和领先用户对新产品的设想。领先用户对新鲜事物特别敏感，会有较多超前需求设想。

4）产品发展趋势以及竞争对手的新产品开发动向。

5）其他源头，如生产、管理实践中提出来的意见，或产品生命周期中出现的矛盾，以及受生物启迪等。

（2）企业发展筹划　企业不仅要解决当前的问题，而且要考虑发展，着眼于市场，着眼于未来，着眼于科技发展。企业是技术创新的主战场，因此要结合自身的条件，确定创新方向，确定创新项目和创新模式，创造创新条件等。企业发展筹划针对产品发展提出以下几点要求：

1）制订技术发展战略和产品发展规划。

2）确定近期开发项目、开发目标和创新模式。

3）根据市场变化和环境变迁，及时调整规划和相应措施。

4）应具有对外界环境变化做出快速反应的机制。

5）在技术发展和创新过程中应正确判断、果断决策。

（3）创新基础条件　酝酿阶段又称为孕育阶段、孵化阶段或潜伏期。酝酿阶段所需的时间有长短，创新难度大，所需的酝酿时间较长，还要根据主客观条件决定。企业开展产品创新，在具备一定人力资源的基础上需要创造创新基础条件。例如，提供技术开发手段和工具，创造学习和沟通的条件；有利于创新氛围的企业文化环境；能调动积极性的有效的激励机制等。在酝酿阶段，企业应创造良好的创新基础条件，包括：

1）具有先进或较先进的开发工具和手段，以及建立信息网络系统。

2）提供信息共享、沟通和互相学习的平台，建立知识库，保证创新活动的不断进行。

3）跟踪先进技术动向，提供学习新知识以及与外界交流的机会。

4）有技术积累和技术储备，有技术储备研究项目。

5）建立知识导向型企业文化和采用有效的知识、创新激励措施。

（4）创造技法 创造技法种类繁多，大多数属于创造力激励方法。其中，具有方法论意义并当作产品创新方法应用的可归纳为：

1）头脑风暴法等群体激励创造法。

2）检核表方法等检核分析创造法。

3）缺点和希望点法等列举创造法。

4）类比联想法等多向思维创造法。

5）形态学分析法等矩阵交叉创造法。

6）戈登法等综合创造法。

这里还要提一下发明方法学家阿里特舒列尔早在50多年前就开始研究发明创造原理，提出了40个发明创造技巧，后来发展成"创造性问题解决理论"（TRIZ）。40个发明创造技巧中分割、转出、局部化、不对称化等均是"基本原理概念"。完善后的TRIZ方法直到20世纪90年代才受到社会的重视，并陆续开发出计算机软件，在美国一些大企业中使用。TRIZ被认为是发明创造的科学理论和规范方法，被用来作为解决技术难题和提供创造性设计方案的工具。

（5）产品创新方法 随着科技发展、产品开发工具先进化，以及知识经济时代出现了新特点，以往产品创新常用的方法已不能完全满足产品创新的要求。例如，头脑风暴法有自由发表意见的特点，出现互联网就有适应网络特点的更好的方法；缺点和希望点列举创造法只是指出产品改进的某个方面，没有指出创新方法；类比联想法是思维方法，没有指明产品创新方法。知识经济时代知识如此重要，原有方法没有相应的知识创新方法，因此，需要补充新的方法。

（6）顿悟和完善 有了产品创新方法不等于就有创新，或就能产生创新。创新方法或创造技法需要结合每个人的具体情况，结合每个人产生顿悟和灵感才能产生。灵感带有很大的偶然性、突发性，说不清原因且无法预料。顿悟常常是在受到启发、触发（如触景生情、突破常规思维等）情况下使思想豁然开朗、茅塞顿开。"顿悟和完善"的特点和要求如下：

1）创新概念的发生往往是无意识的一闪念，瞬即消逝。所以要在这一闪念发生的时刻及时捕捉住这种闪念。

2）要促进和激发隐含知识的转化。知识创新尤其需要使隐含知识转化为显示知识。

3）灵感使你获得新的想法，开始时往往只是一点思想火花，甚至是模糊不清的，需要经过加工完善，使之形成产品创新构想。

（7）评价 技术创新方案即使被采纳也并不是一定成功的，失败的次数要比成功的次数多得多。在产品创新的过程中，形成了产品创新构想，这种构想有无参考价值，只有通过评价来确定。创新构想能否被采纳，还涉及是否符合企业的需要，是否有实现的可能性，是否有市场需求等因素。有时需要进行试验、验证，所以形成构想方案的过程常常是反复进行的。一般来说，评价和选择创新构想由管理部门和专门的小组进行。

在整个产品创新构想形成过程中，形成阶段是创造性思维发挥作用和能否产生优秀创新构想的关键阶段。产品创新要有方法，实践表明方法运用得当、掌握诀窍，其成功的概率要大得多。产品创新构想不止一个，通过评价和筛选，决策采纳后才能进入设计阶段。

二、本课程学习内容和建议

本课程属于通识课程，主要服务于在校学生和对产品创新设计感兴趣的读者。通过本课程的学习，学习者能够激发创新意识，培养创新能力，初步掌握产品创新设计方法。学习本课程后，学习者需要阶段性完成相关设计任务，最终提交产品创新设计方案。

产品创新又包括外观创新和功能结构创新。外观创新属于艺术设计范畴，本书重点介绍产品的内部结构、运动和功能的创新设计所需要的知识点和设计软件，指导学习者完成一个创新产品的设计方案。

本课程的主要内容包括：

1）产品创新设计方法介绍，指导学习者应用有效的方法实现产品的创新。

2）UG 软件介绍，帮助学习者完成创新产品实体部分的建模。

3）介绍产品的实体结构设计的基本方法和原理，指导学习者完成创新产品的实体结构设计。

4）介绍伺服电动机及控制电路，帮助读者选择合适的驱动电动机和驱动芯片。

5）介绍传感器和电池，帮助读者选用合适的传感器和电源。

6）介绍单片机类型和选用、控制程序的仿真，帮助学习者完成创新产品的智能控制。

建议学习者学习完本课程后，能够独立完成一个小型机电产品的创新设计方案，包括产品的建模、驱动和控制电路、控制程序。

第1章

创新设计方法

产品创新方法是进行产品创新的手段和工具,是产生创新构想的途径和通道,是开展和进行创新活动的方式方法。工业产品的创新多数在构想阶段产生,尤其原创性产品的初始设想都是在构想阶段产生的。产品创新方法主要是指产生创新构想的方法。下面介绍10种产品创新方法,而某一种产品创新过程可能会用到几种不同方法。

1.1 绿色替代法

1.1.1 工业产品带来的环境污染

随着城市化、工业化的发展,进入自然生态环境的废物和污染越来越多,超出了自然界自身消化吸收的能力,进而破坏了生态环境平衡。人类生存和发展遭受到前所未有的严重威胁和挑战。工业产品及其制造产生的污染对环境造成影响主要有以下几种情况:

1)产品制造生产过程中产生的环境污染。

2)产品所用原材料生产过程中产生的环境污染。

3)产品运输、使用、维修或运用过程中产生的环境污染。

4)产品寿命终了后废弃造成的环境负担和环境恶化。

5)产品包装物未能回收利用造成的环境负担和环境恶化。

过去注重产品制造生产过程中产生的环境污染,包括对废气、废水、废渣的治理、监督和处理,忽视了产品整个生命周期中带来的环境污染和潜在的危害。

例如:冰箱、空调器等制冷设备的制冷剂——氟利昂破坏臭氧层带来的危害。距地球表面约 30km 上空的平流层中有一层臭氧层,它阻挡了太阳的大部分紫外线直射到地球表面。当冰箱、空调器等设备的制冷系统发生破裂、渗漏,或进行清洗和更换制冷剂时,会造成氟利昂外漏进入大气层并破坏臭氧层,导致更多的紫外线直射到地球表面,造成农作物减产和温室效应,并使人类皮肤癌患者和眼科疾病增多。

汽车的出现为城市带来繁荣,给交通带来极大方便,但也带来了对大气的污染。一台汽车发动机平均每燃烧 1kg 汽油,要消耗 15kg 空气,排出 $150\sim200g$ CO,$4\sim8g$ 碳氢化合物,$4\sim20g$ NO_x 以及少量铅(由含铅汽油燃烧产生)。汽车尾气的排放污染空气,有害人体健康。

随着使用电池的产品增多,电池生产量越来越大,目前全世界每年生产各类电池约 250亿只,并仍以年均百分之十几的速度增长。电池中含有铅、汞、镉等重金属,电池在长期使用中渗漏或旧电池废弃,这些重金属将进入土壤或水源中,并通过各种渠道进入人类的食物链,进入人体造成慢性中毒。

大量的产品包装物和废弃的各种产品残存物散积在各处，增加了环境自净化负荷，加速了人类生存环境的恶化。

1.1.2 绿色替代成为工业产品绿色化的当务之急

工业产品绿色化是可持续发展的重要组成部分，是产品可持续发展的有效途径。在绿色浪潮的冲击下，出现了冠以"绿色"的产品名称，如绿色冰箱、绿色空调、绿色汽车、绿色用具等成为产品新的发展方向。"绿色"是自然环境的主色，本意指保持自然环境，维护生态平衡，象征拥有活力和生命。

所谓绿色产品，是相对于传统产品而言的，它指高性能、低物耗、低能耗，除了制造生产符合一定环保要求外，在产品使用期内应对生态环境无害或危害极少，寿命终了后可回收利用，废弃部分具有可分解性，达到最大限度节约资源和污染最小化，成为环境友好技术型产品。

由于现状和发展后果的严重性，绿色替代成为当务之急，主要因素是一些产品量大面广。世界汽车保有量已突破 10 亿辆，冰箱和空调器保有量达数十亿台，并且还在不断增加，工业产品废弃物数量更是达到惊人的地步。进入 21 世纪以来，我国汽车工业发展迅猛，汽车产量大幅增大。2018 年 5 月份全国汽车保有量已突破 1.9 亿辆。家庭拥有汽车、冰箱和空调数量迅速增长。

一些产品危害性大。全球 20% 的大气污染和城市中 70% 的大气污染是由汽车尾气造成的。冰箱和空调器等制冷设备所用的氟利昂（一台家用电冰箱平均需制冷剂 CFC-12 约 0.2kg，箱体隔热材料发泡剂 CFC-11 约 0.8kg）在国际上已被禁止使用，或已制订出停产时间表。一些产品对环境有影响，但工作、生活中离不开它。人们在工作、生活中离不开那些对环境有污染的产品，还需要经常使用它，既少不了它又对环境有影响。

为及早减少对环境的影响，在使用中能交替衔接，唯一的办法就是进行绿色创新，尽快实现绿色替代。

1.1.3 绿色替代平台的构建

绿色替代平台是思维创新软平台，它来自现实中的各种形式。绿色平台由 6 个部分组成，即绿色要求、替代对象、绿色技术、替代方法、替代结果和替代补偿，如图 1-1 所示。图中 1~6 序号表示过程顺序，箭头表示过程中的关系，虚线表示某些替代结果需要替代补偿。

6 个组成部分的主要内容有：

1. 提出绿色要求

首先要对替代提出绿色要求。根据绿色产品的定义和对生态环境的要求，要符合一定的环保要求，不影响人体健康，节约资源和能源，产品寿命终了后的零件、部件能再生利用、循环或回收，残存的部分进入环境能分解，不增加环境负担，同时要遵守、执行国家有关绿色产品的法规、条例和政策等。

2. 确定替代对象

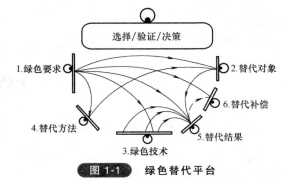

图 1-1 绿色替代平台

在分析了被替代产品和绿色要求后，需确定产品具体的替代部位和对象。一般来说总是首先考虑产生污染源的部位。替代对象可分为以下几种：

1) 产品整体。例如应用新原理的替代，工作原理与原产品完全不同，涉及整体结构大幅变动，需整体替代。

2）零件、部件。零件、部件替代是局部替代。

3）结构和材料。材料不符合环保要求和结构不合理。

4）物流中的工作物质。如冰箱和空调器中的制冷剂。

5）信息流中的知识。如软件产品。

3. 采用绿色技术

所谓绿色技术，指能提高资源和能源利用率，减少环境污染，减轻生态环境负担，改善环境质量，实现可持续发展的措施、方法和工艺技术的总称。这里是指支持替代的一切绿色技术。绿色技术是新兴技术，随着科技发展，将会不断出现新的环境友好型科技成果。

4. 选用替代方法

需根据替代对象和绿色要求的具体情况，选用替代方法。替代方法归结为以下4种：

1）异质同构法。其也称为更材法，是材质的替代方法。

2）换元法。产品中的零件、部件被替代，属于局部置换性质的方法。

3）新原理、新技术和新方法。原理上的替代往往带来产品整体变化。

4）同功异构法。采用不同结构达到相同的功能叫作同功异构。

5. 验证替代结果

绿色替代结果出现不能替代，那么需进一步研究另选替代方法和绿色技术。若验证可替代，有两种情况。

1）能替代，即达到取代、代换、代用3种替代结果中之一。取代是替代中的最优级，一般是代换，最低级是代用。

2）需采取补偿措施后才能替代。

6. 需进行替代补偿

应用补偿原理采取某种补偿措施来弥补替代中的某种不足，以便达到替代目的。有以下3种替代补偿类型：

1）性能补偿，通过增加性能补偿因子达到替代要求。

2）质量补偿，替代中尚存在可靠性、寿命等质量方面不足处，通过添加质量补偿因子达到满意替代。

3）支撑补偿，需要补充支撑系统才能实施替代。

绿色替代平台的运作如图1-2所示。

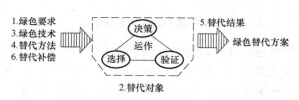

图 1-2　绿色替代平台的运作

1.2　矛盾逆思法

1.2.1　什么是矛盾逆思法

矛盾存在于一切事物发展过程，产品创新也不例外。矛盾逆思法是运用矛盾分析去分析事物发展过程中发生的矛盾和出现的矛盾现象，并运用逆向思维，通过逆向途径去寻求解决矛盾的思维方法和工作方法。与此同时，如果矛盾现象本身具有值得研究的价值，可以针对矛盾现象本身作应用研究，也可能会获得意外的逆向创新。例如：电力开关瞬间接通时产生电火花，把电火花这种有害的矛盾转变为有用的电火花加工创新，开辟了机械加工新途径。

矛盾逆思法一反人们常规的思维习惯，运用逆向思维有意识地反其道而为之，在矛盾分析的基础上去研究和考察事物，并通过逆向的途径、方法和技巧去发掘新意，从而实现产品创新。产品创新过程实际上是一个不断去揭示产品发展中的矛盾和解决矛盾的过程。矛盾逆思法仅仅是可能解决矛盾而达到产品创新的一种方法。

与矛盾逆思法相对应的有矛盾顺思法，运用矛盾分析和顺向思维也能创新。沿用原有顺向途径是人们平常处理事务的办法，原来用什么办法处理，遇到新问题还是沿用那一套办法去处理，或用原办法的延伸去考虑问题。同样，对一般专业技术设计人员来说，沿用熟悉的一贯采用的方法去处理产品发展中出现的矛盾，乃是常规方法。一般习惯常常是在用原方法已山穷水尽无法解决时，才考虑采用其他新方法。

矛盾和逆向是两个不同的概念，矛盾着的双方未必是互逆的，但确实也存在着互逆，如冷与热、电的正与负这类矛盾双方互逆。矛盾有对抗性的和非对抗性的，逆向也有类似如对立性的和对应性的。矛盾逆思法把矛盾和逆向联结在一起，对于创新有特殊意义。如果用顺思法无法解决某种矛盾，不妨使用逆思法探索一下，虽然未必都能行得通，但只要有一线行得通的希望，有时却能带来意想不到的收获。即使用顺向法能解决问题，仍然可以考虑按逆向的思路找新方案。多几个方案可以进行比较，然后择优录用。

1.2.2 矛盾逆思法的工作原理

矛盾逆思法的工作原理分 4 个部分说明：

1. 抓住事物的主要矛盾，明确主要矛盾的性质

首先要发现事物的矛盾现象或找出矛盾，其次运用矛盾分析找出并抓住主要矛盾，明确主要矛盾的性质。

要想能善于发现矛盾现象和找出矛盾，就需要有矛盾意识，包括：认识矛盾存在于一切事物发展过程中，矛盾的客观存在不依赖主观意志而转移；矛盾贯穿于事物发展的始末，每当解决矛盾时，既是旧矛盾的结束又是新矛盾的开始；矛盾的产生是事物发展的源泉，解决矛盾推动了事物发展。有了这些基本概念和认识，加上重视矛盾和矛盾现象，就不会轻易放过一切机会，并能自觉地揭示矛盾。

捉不住事物的主要矛盾，就无从解决矛盾，无法达到目的。因此，必须用矛盾分析法，找出事物的主要矛盾，并确定其是什么性质的矛盾。

矛盾按性质划分为 3 类：

1）对抗性矛盾。矛盾双方互相对抗，互相排他，无法共存在同一体中。

2）抵触性矛盾。矛盾双方虽然共同存在于同一体中，但互相有抵触、抵制。

3）不适应性矛盾。矛盾双方存在于同一体中，但不相适应，不相配。

根据上述性质划分，确定事物主要矛盾的性质。

2. 了解逆向类别和逆向规则

在顺向思维中无法解决矛盾时，转移到逆向思维，这时先要了解逆向的分类和逆向规则。

（1）逆向类别　在自然界和人为系统中存在着大量的逆向事实，按照逆向的性质可分为对应性逆向和对立性逆向，对立性逆向又分为相容的和不相容的。所以可分为 3 类：

1）对应性逆向　如果某事物与另一事物有着某种特征对应，那么就说某一事物在某种特征上是另一事物的对应性逆向。

2）相容对立性逆向。如果在同一体中，某一事物与另一事物存在对立状态，那么就说某一事物是另一事物的相容对立性逆向。

3）不相容对立性逆向。如果某一事物与另一事物存在着对立状态，它们不能同存于一体，或在同一体中不能同时处于工作状态，那么就说某一事物是另一事物的不相容对立性逆向。

（2）逆向规则　在具体应用时，还需要进一步说明事态的发展，特制订以下规则：

1）逆向规则 A。设某事物整体内存在两者不适应性矛盾，若能找到与矛盾两者中之一相对应性逆向的事物参与（加入或取代），就有可能形成互补使某事物整体协调。

2）逆向规则 B。互为相容对立性逆向的两个事物在同一体中，其总和作用相抵消。

3）逆向规则 C。互为不相容对立性逆向的两个事物，双方相遇，双方中只允许一方存在，另一方被消除。

3. 实施矛盾与逆向对接

已经掌握了事物发展的主要矛盾和矛盾性质，怎样找到逆向途径？这里设计了一个矛盾性质与逆向类别对接的矩阵，如图1-3所示，纵坐标表示矛盾性质，横坐标表示逆向类别。

图1-3中，交点"o"表示对接模式，1、2、3表示3种不同的对接模式；交点"·"表示辅助性对接，在需要时与对接模式组成组合对接。

实施矛盾与逆向对接，由对接矩阵获得对接模式找出逆向类别。下面就3种对接模式说明：

1）对接模式1：主要矛盾性质的不适应性矛盾（纵坐标）与对应性逆向类别（横坐标）相交。若能找到对应性逆向事物并满足逆向规则A，则取对应性逆向类别可能是通向解决矛盾的途径。

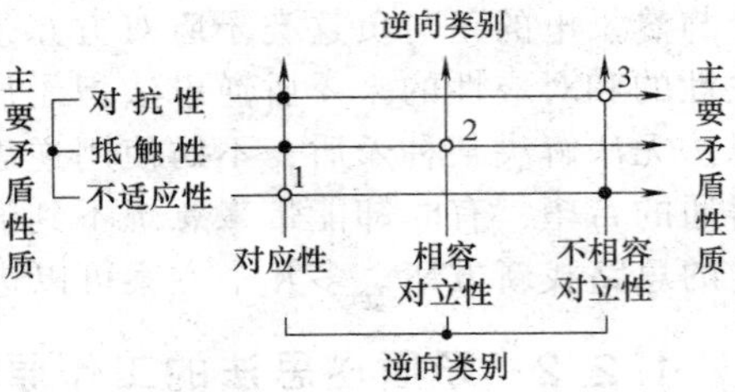

图1-3 矛盾性质与逆向类别对接矩阵

2）对接模式2：抵触性矛盾与相容对立性逆向相交。若能找到满足逆向规则B的事物，则取相容对立性逆向类别可能是通向解决矛盾的途径。

3）对接模式3：对抗性矛盾与不相容对立性逆向相交。若能找到满足逆向规则C的事物，则取不相容对立性逆向类别可能是通向解决矛盾的途径。

明确了事物发展中的矛盾和主要矛盾，以及主要矛盾的性质后，可按图1-3所示找到主要矛盾性质与逆向类别对接模式。表1-1对3种对接模式加以具体说明。

表1-1 对接模式说明

	主要矛盾性质	对接内容	对接结果
对接模式1	·矛盾双方以 x、y_1 表示 ·x 与 y_1 存在不适应性矛盾	·设 y 与 y_1 有某种特征对应性逆向，用以下符号表示 $y \rightleftharpoons y_1$ ·将 y 加入矛盾系统或取代 y_1	·若满足逆向规则 A，即 x、y 能协调共处 ·采用满足 $y \rightleftharpoons y_1$ 的 y 是解决 x 与 y_1 间矛盾的途径
对接模式2	·矛盾双方以 x、y_2 表示 ·x 与 y_2 存在抵触性矛盾	·设 y 与 y_2 是能共存于一体的对立性逆向事物，有 $y \Leftrightarrow y_2$ ·将 y 加入系统中	·若满足逆向规则 B，则在 x、y、y_2 整体中，y 与 y_2 的作用相抵消 ·采用满足 $y \Leftrightarrow y_2$ 的 y 是解决矛盾的途径
对接模式3	·矛盾双方以 x、y_3 表示 ·x 与 y_3 存在对抗性矛盾，不允许 y_3 的作用存在，y_3 是消除方	·设 y 是与 y_3 不能共存于一体的对立性逆向，用以下符号表示 $y \leftrightarrow y_3$ ·将 y 加入系统中	·若满足逆向规则 C，则由于 y 的存在，必然会封杀 y_3 ·采用满足 $y \leftrightarrow y_3$ 的 y 是解决 x 与 y_3 间矛盾的途径

注："$\rightleftharpoons$"表示互为对应性逆向；"$\Leftrightarrow$"表示相容的对立性逆向；"$\leftrightarrow$"表示不相容的对立性逆向。

4. 由逆向类别找出逆向类型

找到了逆向类别，只是明确了解决矛盾的大致方向。一旦接触到具体问题，还需要根据具体情况确定采用什么逆向类型。矛盾逆思法提供了3种逆向类别对应的11种逆向类型，可根据具体问题并参考图1-4来找出逆向类型。

1.2.3　应用实例

1. 两用排气扇的创新过程

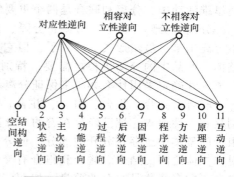

图 1-4　逆向类别关联的逆向类型

某厂晒制蓝图室（使用排气扇）的工作人员根据所处环境要求，向排气扇生产厂的销售人员提出：排气扇只能排出室内空气，希望不搬动排气扇又能吹进室外空气（排出污染空气，吹进新鲜空气，成为名副其实的换气扇）。这一意见反馈到生产厂的设计部门，该部门的一位结构设计人员提出了改进方案。采用了矛盾逆思法，首先分析矛盾，确定排气扇使用时存在着不适应性矛盾。查图 1-3 对接矩阵，得对接模式 1，采用对应性逆向类别。按表 1-1 中对接模式 1 对照说明：要求排气扇既能排气又能进风，而目前的排气扇安装固定后只能作排气用（y_1），存在不适应性矛盾。同样由表 1-1 指出可利用对应性逆向类别，接着要了解对应性逆向是什么样的。y_1 的功能特征是排出空气，对应性逆向应该是空气反方向流动（吹进空气，记作 y），用逆向规则 A 判决，y 的参与能解决矛盾。怎样实现？再由对应性逆向类别选出结构空间逆向类型（参考图 1-4），这位结构设计员只是从结构上考虑逆向吹进空气。改进措施为把排气扇主体结构改成可旋转的：正向作排气，转动 180°便成了进气，这样便改进成为两用。另一位电气工程师的方案则从扇翼转动方向出发，在电动机和电气上改进，使电动机既能正转排气，又能反转进气（结构空间逆向类型的正向转动与逆向转动对应），只需要控制电路开关，操作方便。显然，后一方案结构简单，使用方便。

2. 手机使用状态探测器的开发

某单位根据民用飞机飞行时禁止无线电手机使用的要求开发一种新产品。因为手机在使用状态时，发出无线电波引起无线电干扰，会干扰飞机与地面的无线电联络信号。一般来说，无线电设计师首先想到的是提高飞机无线电通信设备的抗干扰性能，通信设备能抵御干扰保证有效通信。为确保安全还有另一种解决途径，即采用功能逆向方案。手机在工作状态时发射无线电波，其逆功能是接收无线电波。根据这一思路研制出手机使用状态探测器。探测器可应用于禁止使用手机的场合，如机场、医院、化工厂等。应用探测器可以探测到发出无线电波的手机存在，一经发现，使用状态的手机将被禁止使用。

3. 无油烟锅设想的产生

用一般的锅炒菜有油蒸气蒸发到环境中，与环境存在对抗性矛盾。按顺向思维采用把油蒸气吸走，即使用脱排油烟机。若按矛盾逆思法的思路，其解决过程为：查图 1-3 对抗性矛盾的对接模式 3 对应的是不相容对立性逆向类别。表 1-1 中对接模式 3 的 y_3 指环境中出现油蒸气，需要从图 1-4 中按不相容对立性逆向类别找出对应的某种逆向类型，通过试选和比较找到功能逆向类型。具有功能逆向的措施，使油蒸气不能进入环境，具体措施设想用密闭性的锅盖（y），它能满足逆向规则 C。于是，y 的存在使 y_3 不存在（不存在有油蒸气的环境 y_3）。这样，y↔y_3 途径产生了无油烟锅的设想。

1.3　分离和联合法

1.3.1　产品中的分离和联合

自然界的物质系统在形成过程中，分离和联合是两种最基本的形式。在非物质系统和人类思维活动中，分离和联合是两个重要的概念。

分离有分解、分立、分割、分隔、分支等含义。产品中的分离，指某一部分从产品整体中分离出来。虽然形式上分开了，但它仍然与主体相互联系而依存，与主体构成完整的产品整体。产品中的分离将根据需要，特别是宜人性要求，确定把产品中某一部分（分离对象）分离，并确定采用什么办法来保证分离部分与主体之间的联系，通过分离达到产品创新。

联合有结合、集合、组合、并合、联结、融合等含义。产品中的联合，指根据需要，特别是宜人性要求，把已经存在着的、分散的、相对独立的部分联结在一起。联合与组合不同，组合的整体中也存在分开的部分，但分开部分只要离开了整体便不具有独立性。而联合是相对独立体之间的结合。联合和组合有交叉，有些松散性组合，既可说成是组合，也可说成是联合。联合往往是组合的前身，如在信息技术产品中，原来是联合形式的产品，随着微电子技术的发展，把联合的东西制成芯片成为组合产品。

产品中的分离有实体分离和非实体分离，产品中的联合也有实体联合和非实体联合。

1. 实体分离

实体分离随处可见。自动控制系统的控制器是分离的。手机上的外接耳机和话筒可以与手机分离。电视机的遥控器是与电视机分离着的。电视机遥控器经历了一段发展过程。早期电视机的控制按键和旋钮是安装在整机面板上的，选择节目和调节音量时，只有走近电视机才能调节。随着电视机屏幕增大，观看电视要离开电视机一段距离，调节旋钮非常不方便。于是有人想到把电视机内部的电位器和开关用延长导线的办法从机体分离出来，把控制零件装在小匣内供近距离操纵，但也只能控制音量和电源开关。要是选择节目或转换频道也很困难，由于早期电视机的高频头是机械式调谐器，近距离遥控转换频道需用机电方法来实现，所以采用延长导线的办法来解决转换频道的费用高，也并不方便，不值得推广普及。直到电调谐高频头替代了机械式调谐器，与电视机分离的无线多功能遥控器遥控得以实现。

机器和仪器的控制要易于人操作，产品要易于人使用，采用各式各样的实体分离方法、方式，不胜枚举。

2. 实体联合

有横向联合和纵向联合：

（1）横向联合　指与同类或非同类产品之间的联合，它们之间不存在从属关系。例如办公室中的电话机、传真机、复印机、打字机等是单独使用的办公工具，几乎是孤立的、并列的。有的厂商在横向联合上动脑筋，把在使用上有内在联系的上述产品联合起来，开发了"三合一""六合一"等几合一的新产品。更大空间上的横向联合，有卫星通信、有线通信和地面无线通信三者的联合，现已实现了联网通信。通信网、有线电视与计算机网也已组成"三网合一"的横向联合。

（2）纵向联合　指垂直方向上的联合，包括从属关系、工序上的先后衔接关系、产品纵深层次之间的联合。例如：一般电话机要用手拿起手持耳机话筒才能接电话，当你腾不出手时，接电话就变得困难了，于是有人在纵向联合上动脑筋，把本来分离出来的手持耳机话筒，在电话机主体内部装入小扬声器和话筒，成了免提电话机；在自动化生产线中，把上下工序的单机联合起来，设计成联合设备；在机械设备中，联合收割机把收割机和下一道工序的脱粒机联合起来；在电子整机产品中，有一种芯片模块 MCM（Multi Chip Module，MCM 是多个大规模集成电路裸芯片）与印制电路板的联合，这种联合提高了电子整机的小型化、轻量化、高功能和高可靠性。

3. 非实体的分离和联合

实体的东西看得到摸得着，而非实体的东西则只能从概念上展开，许多新原理产品的诞生也有来自非实体的联合和分离思路。例如，电视原理包含了许多非实体的分离和联合思路。

众所周知，任何一张照片或图画都是由许多明暗不同的小点构成的。电视图像是被分割为许多明暗不同的小点，每个小点相当于一个亮度单元，称为像素。一幅电视图像要分割成上百万个像素，这是电视图像在空间上的被分割（分离）。如果要直接传送这种电视图像，就需要上百万条线路才能传送上百万个像素，实际上这是不现实的。而电视所采用的方法是将这些像素依次逐个传送，这样只需要一条线路就够了。由于人眼的视觉有暂留现象，所以高速逐个传送像素达到整幅完整图像的传送，肉眼不会觉察这是一点一点传送的。这是电视图像传送中在时间上的被分割（分离）。高速传送电视图像的像素，要用扫描的方式把它一点一点依次传送。有了电扫描和同步技术，发明了摄像管，电视才得到了进一步的发展。电视发送和接收全过程，从摄取、传送到接收，并在显示屏幕上再现图像，都包含了种种分离和联合。所以说电视原理的诞生，以及发展到现在的数字彩电，都包含了非实体分离和联合思路的贡献。

非实体分离应用较多的是时间分割、空间分割、时空分割三类。上述电视图像的传送过程是图像的时空分割。时间分割应用在信号传输中，如时分制多路通信，几对用户在一条通信线路上按一定的时间分隔，顺序地从电信号中取样（脉冲信号），达到多路同时通信的目的。

非实体在时空上的联合，如同一种变色的梦幻灯，将三基色（红、绿、蓝）的灯装在磨砂玻璃外罩内，通过电子电路控制三基色灯的明暗，可产生彩色的光。彩色光是三基色灯光在时空上的混合或联合。

除了时空上的联合外，还有现象上的联合。例如，静电复印机的发明是建立在两种自然现象上的联合。两种自然现象是带正负电荷的物体相互吸引，以及某些材料的导电性能在曝光时会增强。将这两种现象结合，找到了通向复印技术的途径，终于在1938年出现了利用静电原理的第一张复印件。

4. 虚拟产品中的分离和联合

早在1995年，随着互联网的迅速发展，曾一度出现网络计算机（Network Computer，NC）。它与个人计算机（PC）相比，个人计算机拥有硬盘、软盘、光盘，有强大的数据处理能力，以及许多扩展端口，安装有许多应用程序，而网络计算机把个人计算机的这些部分分离出去了。网络计算机有一定处理能力，但不十分强，所以称为"瘦客户机"。"瘦客户机"的最大优点是价格便宜。分离出的部分到了局域网的服务器，局域网上有若干台同样的网络计算机可同时运用。"瘦客户机"也就是个人计算机分离后的虚拟计算机。

应用类似的原理，设想有一种综合调音台，它是联合各类虚拟乐器的联合体。所谓虚拟乐器，乐器本身不发声只是根据演奏者的奏谱通过无线电波发送一连串的电信号。演奏台上表现的都是虚拟乐器，虚拟乐器的"心脏"分离到幕后的综合调音台。

虚拟产品是分离、联合的产品创新新形式，它相继出现了虚拟仪器、虚拟操作键盘、虚拟无线电等虚拟产物。

1.3.2 分离和联合的特点

分离和联合有着某种相互关系，在新产品开发中应用广泛。其之所以在产品创新中占有其一席之地，是由于分离和联合有着某些特点。这些特点有：

1. 形式多样性

分离和联合应用于不同的对象，其形式多种多样。实体的分离到非实体的分离，联合的纵向到横向，产生不同类型和不同原理的新产品，变化无穷。分离和联合思维在一定程度上使人克服思维定式，冲破寻常思维的束缚，触类旁通，豁然开朗。人类虽然不能无中生有地创造物质，但却能运用分离和联合的技巧和方法来创造新产品，以满足人们的各种需要。

2. 分离和联合性质互补性

分离和联合是背道而驰的，但它又是互补的。电视图像信号先分割，然后再把分离的图像信号联合为完整的画面。分割是为了联合，两者起到互补作用。又如条形码是一种线条在空间上的分离，它组成了数字代码。条形码和扫描仪、计算机是在使用过程中联合起来运用的，三者互相联合互补而依存成为条形码识别系统。另有一种射频识别技术（RFID），只要在各类物体或设备上贴 RFID 标签，就可通过非接触式自动识别机了解相关信息。

3. 概念相对性

一台可脱机工作的绘图仪，对计算机来说把它联合作为计算机的外部设备，而对脱机的绘图仪来说它是从计算机整体中分离出来的。同样，一台个人计算机入网成为计算机网络的组成部分，是一种联合形式；就个人计算机来说，也可作为一个分支点，是一种分离形式。由于所处的坐标系统不同，考虑系统的范围不同，联合和分离的概念有相对性。正如在不同坐标看原子一样，从微观看原子，原子核和电子是分离的；从经典物理的观点看原子，原子核和电子是联合着的基本单元。当你坐在办公室里工作时，许多使用工具需要联合，也需要分离，联合和分离交织着，只是看你怎样使用最为方便。

4. 容易效仿性

分离和联合在许多场合只要有用，就很容易被效仿。当然也有复杂的分离和联合，较难效仿。一般来说，它由于技术因素未能分或合，一旦技术因素解决，它很快会被效仿。例如红外线遥控器在彩色电视机中得以应用，很快被其他家电效仿，出现了遥控空调、遥控音响等，适应人们使用灵活方便的需要。像遥控器被广泛效仿和应用，这种分离并不稀奇，但第一个想出分离或联合并加以实现，把人们潜在的需要变成现实的需要，则具有创造性。

5. 宜人性

产品给人使用，就要考虑适宜人使用。例如交换信息，需使产品与人的信息传递特性相匹配；人对机器进行控制，就得配备操纵机构，并能适宜于人操作；当操作多台机器时，要考虑如何减轻人的劳动强度和改善安全性；与人体直接或间接接触的产品不仅考虑到形体上的适配，还要考虑安全或其他适应人的因素。人的环境适应能力有弹性，在使用某种产品不能完全宜人的情况下，仍能坚持工作。随着科学技术进步，人们的工作和生活条件改善，宜人性显得格外突出。产品不仅要价廉物美，还要使用方便、舒适、安全，后者就属于宜人性问题。由不宜人情况下工作到宜人情况下工作，人们对宜人性要求将会不断提高。例如，人们不满足于一般的音响设备，而需要有与高保真放大器等联合的音响系统，使用这种产品可以发挥立体声和环绕立体声的音响效果，给人以身临其境的感觉。

虽然有些产品在恶劣的环境下使用，在技术上解决宜人性有困难，但也有的产品不符合宜人性不是做不到，而是没想到。

1.3.3 实例分析

1. 无绳电话

无绳电话是 20 世纪 70 年代出现的，它由主机（座机）和辅机（手持机）两部分组成。主机包括普通电话机加装一台小型收发信机，辅机是手持话筒、耳机、拨号系统再加上一台小型收发信机。主机通过市话线路与本地市话交换机连接，辅机通过无线电波与主机联系实现通话。

人们在长期使用普通电话机的过程中，觉得使用不方便，特别受"绳"的束缚。所谓"绳"是指电话机本体与手持话筒、耳机之间的连接线。在办公室当秘书接到应由经理接的电话，而经理不在办公室但在附近时，就无法摆脱"绳"而找到经理，即使经理就在隔壁办公室而秘书不知道，也无法让经理接电话。无绳电话就解决了这个不方便的困难，无绳电话的手持机（辅机）在经理身旁电话就可以接通了。

这个例子用分离法分析是比较简单的。首先，固定电话用户的普通电话机可用宜人性设问来提醒。对象设问中可找出原来普通电话机中不方便的源头是"绳"，是手持话筒、耳机与电话机本体之间的电线。找出的分离对象应该是手持话筒、耳机。原来的联系是电线，而现在的联系有了变化。现在的联系靠无线电波，联系方式方法中的实体包括主机和辅机上的一台小型收发信机。无绳电话的通话路径可参阅图1-5中的相关示意图。

2. 个人通信接入系统（PAS）

无绳电话虽然克服了固定电话只能在办公室或房间内使用的缺点，解决了"绳"的束缚，但它仍然不方便，主要问题有：

1）局限于办公室附近、住宅范围内通电话，不能在较大范围（如室外）应用，更不能在脱离主机情况下在一个城市内通话。

2）依赖于固定电话主机，脱离主机就无法工作，而主机又受市话线路的束缚，未布设市话线路的地方就无法通话。

为解决无绳电话存在的问题，我国电信工程技术人员根据蜂窝移动通信原理，结合无绳电话和无线环路技术，在个人移动电话系统（Personal Handyphone System，PHS）的基础上，提出了个人通信接入系统（Personal Access System，PAS）。PAS的手持机即无线手持电话俗称"小灵通"。事实上，小灵通是固定电话的补充和延伸，PAS实现距固定电话几百米内的无线连接，克服了无绳电话只能在楼内或室内通话以及主机依赖市话线路的缺点。

PAS采用无线接入，割掉了固定电话机的"绳"；采用微蜂窝技术，摆脱了无绳电话主机的市话线路，而且在微蜂窝覆盖区内可以允许若干小灵通同时运用。所以，PAS是微蜂窝移动电话系统中的一种模式。

一般来说，移动通信网有若干基地站或基站，基站的通信服务范围称为服务区，服务区的大小主要由发射机功率决定。PAS采用的是微蜂窝技术，把一个小区划分成若干微区组成微蜂窝状无线移动通信覆盖区。PAS基站的覆盖半径为100～200m。如果小灵通要与固定电话用户通话，就需要通过无线接入接通到基站，再由基站到PAS交换机（基站与PAS交换机之间可以用电缆、光缆或微波连接），经过中继线到达本地市话交换机，后面的通路与市内电话同。PAS运作路径和大致构成见图1-5中的相关部分。

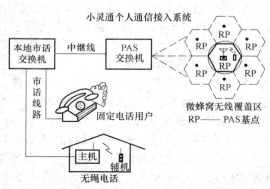

图1-5 无绳电话、小灵通个人通信接入系统通话路径示意图

用分离法分析小灵通个人通信接入系统，它比无绳电话要方便了一大步，而且功能有很大扩大。它在分离法中的两个主要环节是分离对象和联系。分离对象在形式上小灵通与无绳电话的手持机相类同，但小灵通的功能增多了且可以允许多台运作，变成多分离对象。另一个环节是联系，变化较大。

1.4 矩阵组合法

1.4.1 组合的含义

组合的含义为两个或两个以上独立要素的结合。结合的结果产生新的功能因素，构成相互关联的整体，形成特定的整体功能；结合的结果，相辅相成，集各独立要素的优点，减弱或舍其弱点。独立要素可以是物质单元、技术、功能、结构、方法原理，现成的产品或部件等。这里所说的组合有三个含义：

1）组合不是任意要素的堆砌或叠加，组合要素的结合由于它们之间存在着内在的联系，或存在组合的关联因素。

2）组合要素可以是物质单元，也可以是无形的"单元"。它大大扩大了组合的范围和丰富了组合的内容。

3）组合应是协调的，组合后将产生新的功能因素。

1.4.2　组合的特点

组合现象在自然界普遍存在。即使是组成物质的原子，也是由原子核和核外的电子结合而成的。电子之所以能与核相结合，是由于其间存在着联系的力，才使之组合成一个小的整体。在人工造物的世界里，许多产品由人工组合而成。一台电子计算机由若干零部件组成，但对于不了解如何装配计算机的人来说，未必能组合成一台计算机。少了一个关键的零部件，未必能完成计算机的功能。组合之所以得到了广泛的应用，有以下特点：

1. 组合优势

组合产品具有组合优势，组合产品的整体功能或产品性能优于组合前的，或者组合产品产生的新的功能因素是各组成要素所没有的。也就是系统论中的"整体大于各孤立部分的和"，即所谓"1+1>2"。组合不是简单的加法，而是通过组合产生新的特点和有价值的东西，构成了组合优势。这是组合的魅力所在。

2. 创造性蕴含在组合之中

所谓"组合即创新"之说，确切地说应为"创造性寓于组合"。产品组合需要进行创造性劳动，实现"有机"的组合方能有可能获得组合的整体优势。组合包含了极其丰富的创造性内容，即使是已组合的产品还可能在新的基础上有新的组合内容。

3. 组合乃是推陈出新

组合是利用已有技术和已有实体进行的。组合要素是现成的，现成的东西不等于唾手可得，也需要去发掘，现成的东西通过组合产生组合优势，也是一种推陈出新。

4. 组合的连锁反应

由于新技术、新工艺、新材料的不断涌现，新产品开发手段的进步，往往某种组合要素在组合中发挥着优异的组合优势后，就会像雨后春笋般地成长。例如单片机的应用、数字化技术的应用，连锁般地出现在各类组合中。

组合的特点除了上述4点外，还有由繁到简，本来很烦琐的东西，组合后简化了。但也有本来不复杂，组合后反而复杂起来了，然而操作却简便了。又如量变和"质"变，相同的组合要素组合在一起，当组合要素的数量达到某一数量级时，功能将起变化。这时组合体的功能决定于组合要素的数量。

组合贵在有效的创新。开发新产品不是凭空产生的，在这里往往通过把现有的实体、技术、工艺和知识进行巧妙地组合，从而产生新的结构、功能的新产品。由量的积累导致质的飞跃。这就是说，通过组合的手段达到产品的技术创新。但并不是各种东西的机械叠加，而是需找出组合要素，找到通向组合的途径，采用合适的方法和技巧，使组合体发挥整体效能，达到珠联璧合、相得益彰的结果。

1.4.3　组合类型

组合的形式多种多样，组合的类型划分也不尽相同。按组合体中组合要素的主次关系划分，有主辅组合和并列组合；按组合要素从属的类别划分有同系内的组合、近系组合和远系组合。例如有些组合要素完全属于不同系的，似乎是风马牛不相及。中草药保健服装，是中草药材与服装的组合，对人体某些部位疾病有治疗作用。类似的组合还有如"药枕""药垫""药带"等不一而足，这可谓远系组合；还可以按组合要素的软硬性质划分有硬件组合、软件组合和软硬兼施组合。如果按组合要素的实体和非实体细化来划分，可归纳为 11 种组合类型，如图 1-6 所示。下面对每一种类型逐一说明：

1. 技术组合

组合的要素是技术，通过多种技术的结合并表现于产品中。事实上，工业产品及其制造过程都是技术的组合过程。重要创新产品往往不是来自单项孤立的技术，而是来自多项技术的综合。世界技术发展史表明，无论是成熟的传统技术产品还是现代高新技术产品，都离不开技术的综合组合。小至日常生活中的新产品，如电子钟表、家用小电器、照相机、个人计算机，复杂的或大到工业自动生产线、机器人、人造卫星，无不是

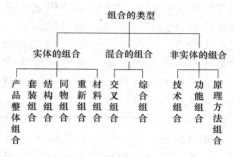

图 1-6　组合的类型

技术综合组合的成果。机械技术与电子技术的结合，日本人杜撰了一个英文词 mechatronics（机械电子学），它是根据英文 mechanics（机械学）和 electronics（电子学）两字的半部拼合而成。我国称作"机电一体化"。机电一体化产品涉及机械、电子、磁学、光学、声学、信息和计算机等技术，范围很广，它的出现使一大批仪表仪器更新换代。技术本身是属于非实体的，但技术是通过载体（实体）进入产品的。例如摄像管、光电管等光电器件是光电技术和工艺与电子器件的结合，而光电技术是通过载体光电材料进入组合体。技术组合还有一个特点，就是当某一种技术在某种产品上应用取得突破性成功后，正如组合特点中所说的那样，往往会产生雨后春笋般的连锁反应，出现一系列的产品。激光技术、超声波技术、红外线技术、模糊技术、智能技术以及数字技术的应用都有类似的情形。

2. 产品整体组合

把几种关联的产品通过总体设计组合到一个整体中，构成多种用途的组合产品。一般所说的产品是已在工厂完成全部生产过程，并按照规定的标准检验合格可供销售的成品。这里拿来组合的"产品"，可以是从市场上购买来的商品，或工厂现成的成品，或某一产品的半成品、主要部件等。有两类产品整体组合：一类是应用现成的产品直接进行整体组合，或稍加改造成为组合产品。例如将电子表与手镯、圆珠笔、项圈或台灯等直接整体组合成组合产品。另一类是根据产品的使用要求进行总体设计，并不是将采购来的商品直接装配，而是采用组合的半成品或部件按设计装配。组合后的产品"你中有我，我中有你"，难以分割出各自独立的产品。例如把收音机、录音机和 CD 播放机组合在一起成为音响组合机。它已经成为一个独立完整的产品来生产，从零件加工到装配，已不是原始的两种或几种产品的整体组合。市场上出现的经过精心设计的"三合一""四合一"等多功能一体机大多属于后一类组合。

3. 套装组合

套装组合是从使用方便、携带方便等目的出发，将不同种类、型号规格的产品，通过相应的结构包装组合在一起，构成一整套的组合产品。套装组合是一种松散型组合，组合对象之间的关联程度不是十分紧密的。其特点是组合体内的东西可以单独使用。根据不同目的，套装组合有以下几种：

① 为使用方便，将几种不同的产品，或其配件、备用件套装在一起。例如绘图仪器，将圆规、各类鸭嘴笔、量角器等安排在一个匣内；把活扳手按规格大小，由小到大成套组合在

一起；各种颜色的油画用油彩组成一套放在一个包装盒中。

② 为了携带和使用方便，如电工工具包、理发工具包、旅行用卫生用具包等。

③ 为迎合消费者需要，如女性化妆品组合、赠送的礼品组合等。套装组合属于低档次的组合，组合难度低，易于实现。

4. 结构组合

由若干基块结构构件组合成完整的产品。结构组合有很大的灵活性，由于构件有通用性有利于生产，可以实现拼装多种用途产品，给使用带来方便。例如组合家具，它是将基本部件设计成各自分立的基块，配以储物腔、沙发垫、枕靠、扶手靠等独立部件，可以巧妙地组合成三人沙发、双人沙发加茶几、双人床、一对单人床、儿童床等多种家具。还有一种板块模数系列自装配家具，用中密度纤维板作为基材，设计成 18 块基本板块，可组成 19 种规格的基体。这些基体可拼合近百种立面，用户可根据需要选购若干板块，按图自行装配多种规格及立面的组合家具。又如积木式机床、积木式测试仪器和模块化的中央空调设备都属于结构组合。一种模块化的工业汽轮机系统，将汽轮机分割为前区段、减压段、过渡段、延长段、法兰段和后区段，每一段都有几种大小尺寸的结构，形成 20 余种模块，设计者可按照用户要求选择有关模块进行组合。也有将计算机、彩色电机实现模块化设计，它不仅有利于批量生产，以少品种模块组成多品种产品，而且有利于安装和改装、维护和维修。

5. 功能组合

将不同的功能组合在统一的实体中，成为多功能的组合产品。功能组合与产品整体组合是有区别的。产品整体组合是把几个具有独立功能的产品组合在一起，使组合产品具有多功能。而功能组合首先超脱具体的产品结构，从需要什么样的功能或需要哪些功能组合出发，然后考虑将多种功能如何组合在一个结构中。在功能组合中，实施同样功能的具体结构可以有多种实施方案。例如一台高温烘箱的功能是烘烤，为了保证烘烤的质量，需要有时间控制功能和温度自动调整功能。首先考虑的是，一台高质量高温烘箱必须具有这两种辅助功能，其实施方案有机械电气机构、电子自动调节系统或单片机控制系统可供选择。功能组合还有一个特点，是可以根据功能的分类来确定组合的性质。如果是使用功能，需要考虑组合体的适用性、可靠性、安全性和可维修性；如果是美学功能，需要考虑组合体的外观功能、艺术功能；如果是情趣功能，需要考虑情和趣。从总体上要考虑组合的功能是否完善，功能关系是并列还是主辅关系等。

6. 同物组合

多个相同的实体组合产生新的功能的组合产品。同物组合似乎是既简单又单调的组合，但却能产生异乎寻常的功能。一双筷子是最简单的同物组合，一根筷子能挑、插、拨、凿，而两根同样的筷子组合在一起，不仅能挑、插、拨、凿，而且还能夹（这是一根筷子办不到的）。珍珠项圈的功能是单个珍珠所没有的。同物组合看来简单，只要你能想得出就可成为创新。有人利用市场上买来的订书机，自己动手制成了一种双排订书机，可以调节订间距离，一次就可装订一本册子。1990 年国内出现用数十只彩色显像管组成巨型电视墙，也可算是同物组合，但这种同物组合的整体较为复杂。一种先进的高速喷墨打印技术与传统单头喷墨打印不同，它不必往复移动喷墨打印，而是采取同物组合多头技术，进行高速并行式喷墨打印。

7. 重新组合

把原来的产品分解，按新的要求重新组合，即在组合要素不变的条件下进行改组。改组或重组后的产品将产生新的特点。例如国内在 20 世纪 80 年代生产的彩色电视机，全是卧式机，到了 90 年代盛行立式机。其实，卧式机和立式机没有实质性的改变，只是按键配置作了调整，把按键从电视机屏幕的侧面调整到屏幕的下端，仅仅是重组而已。重新组合的目的是逼近或达到优化，使组合结果的功效得到改善，性能得到改进，或适应使用者的需要，或合理利用空间，或简化结构，或减少制造难度，或降低成本等。

8. 材料组合

多种材料组合以便获得某种特性的组合材料。成功的材料组合既保持了原有组成材料的特点，又能使之取长补短，或产生新的特性的组合材料。材料组合已有很悠久的历史，可以追溯到我国古代的漆器，迄今已有 2000 多年的历史。古时用竹、木、藤材料制成的鼎、壶、篮、框、盆，再用天然丝、麻作为增强材料，以漆作为粘结剂，通过一定的工艺敷设在表面便成为结实耐用的用具。1940 年首次用玻璃纤维和增强聚酯树脂来制造军用飞机的雷达天线罩，开拓了纤维增强复合材料的新领域。现代复合材料发展迅速，应用广泛。可以设想，人们可以通过计算机来组合设计你所需要某种特性的复合材料。许多工业废料、边角料（木屑、碎玻璃等）可与树脂或塑料组合，大多可以加以利用。从极为普通的组合材料到复杂的高性能现代复合材料，都蕴藏着巨大的开发潜力。现代纳米技术将进一步推动材料组合获得更高性能的特殊材料。例如陶瓷，能耐高温、耐腐蚀，有高强度、高硬度，但易断裂、韧性较低，采用纳米复合材料的陶瓷能改善陶瓷的韧性。

9. 原理方法组合

将某种方法、原理组合应用到产品中，往往使产品发生突破性发展。例如模糊数学理论在 1965 年才提出，1985 年以来研究把模糊原理和方法应用于产品，在较短时间内推出了新型的模糊产品，于是就像连锁反应般地出现了许多新产品。

10. 交叉组合

不同类别的组合要素之间的交叉结合为交叉组合。上面提到了技术、材料、结构、产品实物等组合要素，除此之外还有如信息、现象、能量、计算机软件、各类技术手段等都可以作为组合要素。还有上面 9 种组合类型之间的组合。在实际组合中，组合要素不管是实体的还是非实体的往往是交叉或混合组合的。例如音乐与计算机的结合，产生一种音乐作曲工具——乐曲制作系统。它不仅是由电子合成器（产生声音、组合音色、模拟音波的机器）与计算机的组合，还需要有 MIDI（是 Musical Instrument Digital Interface 的缩写，意思是乐器数字化接口，是各种与电子音乐相关仪器之间连接的通信标准）技术及有关计算机软件与之结合。这是组合要素交叉或混合的组合。

11. 综合组合

综合组合包括上述 10 种组合类型之间的交叉和混合。但综合组合不是把各个类型的组合简单相加，而是要把组成的各个因素有机地联系起来，从组成整体上进行统一的全面的思考。例如需要用车床、铣床、钻床、镗床、磨床多台机床加工才能完成的功能，集中在一台"机床"上进行加工。按照综合组合思想产生了复合化的机床，即机械加工中心。它是多种技术、产品、功能、结构等的综合性结合，能实现多功能、全程高速高精度的加工运行，组合内容多、组合规模大，是多台单一的普通机床无法比拟的。综合组合标志着横向和纵向的结合，向高层次组合发展。随着科学技术的不断发展，综合组合的产品会逐渐增多。

以上介绍了 11 种组合的类型，充分说明组合的内容极为丰富。从所举的例子可以看到组合形式多样化，组合难度千差万别，从较为简单的组合到复杂的组合。组合整体虽然来自现有的技术，但它具有组合优势。组合的重要含义就在于此。

1.4.4　矩阵组合法及其应用

矩阵组合法或称特殊矩阵组合法源于矩阵代数中特殊矩阵的含义和形式的启发。矩阵代数的特殊矩阵知识和有关排列、组合公式等这里就省略了，下面介绍矩阵组合法的工作原理以及各类型组合表的建立和应用。

矩阵组合法中组合表和矩阵代数中矩阵的对照关系见表1-2。

表 1-2　组合表与矩阵的对照关系

矩阵组合法中组合表的名称	组合表中的组合特征	矩阵代数中的满足条件
一般组合表	n 个组合对象(组合要素)组合后,组成 $n \times n$ 个组合体,组合体用 A_{ij} 表示($i,j=1,2,\cdots,n$)	由 n 行 n 列组成 $n \times n$ 个元素的方阵,元素用 a_{ij} 表示($i,j=1,2,\cdots,n$)
对角型组合表	组合表对角线上的组合体是同物组合	对角型矩阵,只有对角线上存在元素
三角型组合表	组合表中只存在单向的组合体	三角型矩阵中,对角线一侧的元素均为零
对称型组合表	组合表中对应的两个二元组合体是同一组合体	对称型矩阵中的元素满足 $a_{ij}=a_{ji}$
反对称型组合表	组合表中对应的两个二元组合体是不同的主辅对调的组合体	反对称型矩阵中的元素满足 $a_{ji}=-a_{ij}$
共轭型组合表	组合表中对应的两个组合体,特征交替或虚实相交替	共轭型矩阵中的元素满足 $a_{ji}=a_{ij}$
分块型组合表	组合表中的组合体是多元组合体	分块型矩阵中的元素是子块

为说明组合表的应用,先要确定几种组合类型和组合对象。在西湖电子集团企业中选择 5 种组合对象:电视机(A_1)、计算机(A_2),通信机(A_3)、电子钟表(A_4)、数码(A_5),见表 1-3。

表 1-3　5 种具体组合对象的矩阵组合表

组合对象＼组合体＼组合对象	电视机 A_1	计算机 A_2	通信机 A_3	电子钟表 A_4	数码 A_5
电视机 A_1	A_{11}	A_{12}	A_{13}	A_{14}	A_{15}
计算机 A_2	A_{21}	A_{22}	A_{23}	A_{24}	A_{25}
通信机 A_3	A_{31}	A_{32}	A_{33}	A_{34}	A_{35}
电子钟表 A_4	A_{41}	A_{42}	A_{43}	A_{44}	A_{45}
数码 A_5	A_{51}	A_{52}	A_{53}	A_{54}	A_{55}

对角型、三角型、对称型、反对称型、共轭型和分块型 6 种组合表的部分组合体见表 1-4。分块型组合体由进行两次组合而得。例如数码 PDA 手机,第一次组合所得到的 A_{53}(数码手机)再与计算机 A_2 进行第二次组合而得。PDA(Personal Digital Assistant)中文译名为个人数码助理,即手持计算机。将 PDA 嵌入数码手机得多元组合;又例如 3G(英文 3rd Generation 的缩写)移动通信系统,是无线通信与国际互联网组合成为第三代多媒体移动通信系统。分块型举例亦见表 1-4。表中有些组合体如网上隐形计算机、虚拟电视机等尚无商品。表中仅仅是部分,还可进一步设想。

表 1-4　指定 6 种具体组合对象的部分组合体

组合表类型	组合特点	组合产品或组合构想举例
对角型	同物组合	A_{11}——电子墙、环视电视、画中画电视、多画面电视 A_{22}——并行计算机、双芯 PC、子母计算机、网络计算机群 A_{33}——多路通信、无线放大器群

（续）

组合表类型	组合特点	组合产品或组合构想举例
三角型	单边组合	A_{51}——数字电视；A_{52}——数字电子计算机；A_{53}——数码手机；A_{54}——数字钟表。但不存在逆向的电视机数字、计算机数字等
对称型	双边对称	A_{12}和A_{21}——电视机与计算机的组合，具有双重功能 A_{23}和A_{32}——计算机与电信的集成 CTI（Computer Telecommunication Integrated）
反对称型	主辅组合	A_{13}——可视电话，A_{31}——CATV/Tel 系统、手机电视、随身看 A_{12}——有电视功能的计算机，A_{21}——有计算机功能的电视机
共轭型	虚实组合	A_{12}——具有大屏幕的计算机，A_{21}——具有智能的软件电视机 A_{34}——手表形的无线电话，手表形窃听器，A_{43}——"虚拟"手表 A_{23}——具有智能的手机，A_{32}——无线网上的虚拟计算机、网上隐形计算机， A_{31}——虚拟电视机
分块型	多元组合	电视机、通信机、计算机"三合一"产品、数码 PDA 手机、3G 移动通信系统、广场上的大型信息显示屏、C^3I 和 C^4I 系统

1.5 功能衍生法

1.5.1 化学衍生物形成过程与产品衍生的对应

在产品中亦有产品系列，某一产品系列中具有代表性的基本产品，对应于有机化学中的母体化合物；产品功能和功能词，对应于化合物的分子结构和分子式、分子结构式。用产品功能和功能词来对应分子结构和分子式、分子结构式，该是最合适的，因为只有功能才是区别不同产品的本质属性。就产品而言，功能是指产品的效用、用途和功用。这里所指的功能是产品的基本功能，而不是其他功能。基本功能是产品的主要使用功能，也是满足使用的必要功能，是顾客购买该产品的主要原因。如果一个产品不能实现其基本功能，那么该产品就失去了存在的价值。用功能对应分子结构非常恰当，用功能词对应分子式和分子结构式理所当然。表达产品功能的是功能词，功能词中一个或几个要素被取代，在符合词义规则情况下，也能产生衍生功能词，这同有机化学中的衍生物取代过程有类似之处。通过这样的对应、联想，产生了产品功能衍生法的萌芽想法。

1.5.2 功能衍生法原理

功能衍生法指这样一种过程：通过功能词的变换得到衍生功能词，并与产品类型对接产生衍生的产品类型。其中有产品衍生的内在机理或相关规则。功能衍生法原理包含以下主要内容：

1）功能词的变换对产生衍生功能词起着决定性作用。功能词一般由动词和名词组成，功能词变换指功能词中某一个或几个词（即功能词要素）被其他词取代或修饰。功能词中不同的词被取代或修饰产生不同的功能词的变换形式，叫作功能词变换模式。在功能衍生法中，功能词的变换将按照功能词变换模式进行。

2）用"其他词"取代或修饰功能词中某个词，是"衍生"更多功能词（即衍生功能词）的源头。"其他词"对产生的衍生功能词所构成衍生产品的性质将有影响。这很像化学中衍生物形成过程中的"其他原子或原子团"取代母体化合物中的氢原子一样。某些取代基，特别是官能团的取代会给衍生物带来某种特殊性质。在一般产品中，功能词中动词的取代对衍生产品的性质影响最大。选择"其他词"时，有某些约束和规则。

3）从衍生功能词到衍生的产品类型，有一个与产品类型的对接过程才能产生衍生的产品类型，所以要有明确的产品类型。产品类型按一定方法和规则划分。为什么不是从衍生功能词直接产生衍生产品呢？如果是这样的话，变动词衍生功能必定是衍生产品的基本功能。而在功能衍生法中，衍生功能未必一定是衍生产品的基本功能，可以是其他功能（如辅助功能）。所以在衍生功能词与衍生产品之间需要有衍生的产品类型这一中介过程。

综合上述内容，建立了功能衍生法的原理框图，如图1-7所示。图中虚线框内看作是一个功能衍生箱。衍生箱入口处是指定产品及其功能，出口处是产生出的众多的衍生产品。原理框图概略地描述了衍生产品的产生过程。它分成四个部分：第一部分功能词定义，是根据某一产品及其功能来进行定义的；第二部分由定义的功能词转变为衍生功能词和衍生功能；第三部分是根据产品的功能及用途分类方法，划分有6种产品类型；第四部分是功能词和功能与产品类型对接，确定衍生的产品类型。由衍生的产品类型得到衍生产品（作为功能衍生箱的输出）。四个部分的进一步补充说明如下：

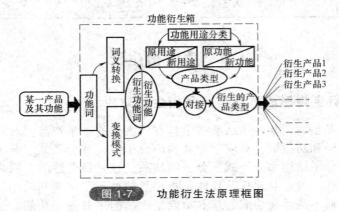

图 1-7 功能衍生法原理框图

（1）定义功能词 在价值工程中确定功能词即对功能词下定义，功能衍生法与价值工程中的要求略有不同，在功能衍生法中特别强调贴近产品功能过程特征。对定义功能词的要求：

1）能表达产品效用的本质属性。

2）在要求抽象的同时，要求尽可能贴近产品功能过程特征实际。

3）表达并限定功能的内容。

4）不同的应用，其功能词应有区别。

（2）产生衍生功能词和衍生功能 由定义的功能词确定功能词变换模式。

根据变换模式，功能词的某个要素被"其他词"取代或修饰，结果产生衍生功能词和衍生功能。

（3）产品功能及用途分类方法 根据产品功能及用途分类方法分成6种产品类型。

（4）对接 由衍生功能词和衍生功能与6种产品类型对接，得到衍生的产品类型。它是产生衍生产品的依据。

1.5.3 产品功能及用途分类方法

产品分类根据产品的某种属性进行划分，产品类型是产品分类的结果。在功能衍生法中对产品分类要求：

1）分类后的产品类型要有利于衍生功能的延伸和扩张。

2）分类不能太粗，如把产品粗分为工业产品和农业产品，或轻工产品和机电产品等，粗分不利于衍生功能的延伸和扩张。

3）分类又不宜过细。分类过细会增加衍生功能词与产品类型之间关系的复杂性。

4）分类结果得到的产品类型应该与开始指定某产品的衍生要求（如在原产品上派生或对原产品的改进等）相吻合。

可设想以产品的功能和用途来进行分类，按矩阵格方法分类有原功能原用途、原功能新用途、新功能原用途和新功能新用途，包括原产品的原功能原用途也只有 4 类，不能满足上述分类要求。经分析按图 1-8 进行分类，虽不能完全满足上述苛刻要求，相对来说还能适应衍生功能扩展需要。

对图 1-8 说明如下：图中Ⅰ区为基区（阴影部分），表示原产品具有原功能和原用途；Ⅱ区表示新功能和原用途，即与原产品有相同的用途，但功能不同；Ⅲ区表示原功能新用途，即原功能有新用途不兼有原用途；Ⅳ区表示新功能新用途。由Ⅰ区→Ⅱ区箭头表示"脱离"Ⅰ区转到Ⅱ区，即使之成为Ⅱ区的新功能仍有原用途；由Ⅰ区→Ⅲ区箭头表示"脱离"Ⅰ区转到Ⅲ区，即原产品的功能有了新用途。由Ⅰ区→Ⅳ区箭头表示"脱离"Ⅰ区转到Ⅳ区，即已没有原功能原用途，而是新功能新用途。

图中 A、B、C 块的含义：A 块表示跨Ⅰ区和Ⅱ区，即一种产品兼有Ⅰ区和Ⅱ区的功能和用途；B 块表示跨Ⅰ区和Ⅲ区，即原产品作适当调整后，使之兼有原用途和新用途；C 块表示跨 4 个区，全部兼有。从图 1-8 的划分结合实际情况，划分成为 6 种不同的产品类型，并命名为一机多副型、一机多用型、异功同用型、同功异用型、多功能组合型和异功异用型。6 类产品类型的名称有特定含意说明如下：

（1）一机多副型　一机多副型是指在原产品原功能基础上增加了新的辅助功能。产品的用途未变，而使用功能扩充了，使原有功能丰富了，更加发挥了基本功能的作用。这类产品往往是在原产品上加以改进，增加某些辅助功能措施，成为有创新的产品。例如手机的显示，由黑白显示改进为彩色显示，由通话功能增加可收发短信等辅助功能。一机多副能增强产品的竞争力，延长产品的寿命周期。

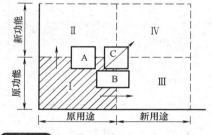

图 1-8　产品功能·用途矩阵方格图

（2）一机多用型　一机多用型是指原产品的功能不变，除了原用途外，开辟了新用途。一般来说，一个产品被推广到其他领域使用，为适应新的使用条件和要求，需要在原产品的结构上作适应性改变，使产品能有多种用途。例如在手机上或手表上除了原有功能外，还能提示乘坐火车、飞机、轮船等时间，还有开会、接待等备忘事项，以及存储常用电话号码等代替记事本记事，给使用者带来方便。又如在过去的战争年代，一种改装的自行车，既可坐人骑车用，又可用脚踩作为动力，带动发电动机发电。在现代，市场上出现的一些一机多用产品开拓延伸了产品的原有功能，使原产品有了新的使用价值。

（3）异功同用型　异功同用型是指功能或功能方式与原产品不同，但其用途相同或相近。例如计算机的输入采用键盘，由按键输入信号，以后发展了手写体文字输入，或直接由语音输入，甚至由按照手指动作的无形键盘输入信号，功能方式不同达到相同或相近目的。又如测量体温用的水银（汞）温度计，后来出现了半导体传感器的电子测温计。在较长的时间内使用了机械手表，后来出现了电子表，功能方式与原产品大不相同。异功同用常是产品原理性的变革。

（4）同功异用型　同功异用型是指与原产品有相同或相近的功能，但用途不同。同功异用与一机多用不完全相同。一机多用是以原产品为基础，只是对原产品略作改动，不脱离原产品原型，而又能拓宽应用。而同功异用型产品为了适应新的使用条件，需要对原型机作较大改动或新设计，虽然与原产品有相同或类同功能，但它更能适合在新条件下使用。例如水下电视虽然与普通电视有相同功能，使用条件却完全不同。

（5）多功能组合型　多功能组合型是指原产品的组合产品，具有两种或两种以上的使用功能。

（6）异功异用型　异功异用型是指已不具有原产品的功能和用途了。它是由原产品中的某些因素（技术、结构或功能因素）开发出的产品。

6种产品类型与图1-8中对应的符号编成表，并作简要说明，见表1-5。

表1-5　6种产品类型的简要说明

产品类型	图中的符号	简要说明	备注
一机多副	A	·用途同原产品 ·附加新功能 ·成为改进型产品	增加附加新功能硬件、软件
一机多用	B	·功能同原产品 ·增加新用途 ·成为派生产品	为新用途作相应改进
异功同用	Ⅱ区 Ⅰ→Ⅱ	·用途同原产品 ·功能不同 ·成为新颖产品	可能是新原理、新结构产品
同功异用	Ⅲ区 Ⅰ→Ⅲ	·功能同原产品 ·用途不同	设计时考虑不同用途条件
多功能组合	C	·增加新功能、新用途 ·成为功能组合产品	需进行功能组合整体设计
异功异用	Ⅳ区 Ⅰ→Ⅳ	·新功能 ·新用途	功能、用途均与原产品不同了

1.5.4　应用实例

应用功能衍生法产生众多的衍生产品，下面以吸尘器为例来加以说明：

吸尘器的用途是清除室内地面上的尘埃，功能词有"清除尘埃""吸尘埃"，由于后者更具有功能过程特征，故取"吸尘埃"作为功能词。

首先列出动词"吸"的词义转换词：

1）吸的同义词有：吸入、汲取、抽入、吸进、纳入。

2）吸的近义词有：吸纳、吸收、吸附。

3）吸的类义词有：喊、叫、哄、哮、吼、哼。

4）吸的反义词有：吹。

第二代取代词，取"吸附""吹"的词义转换词：

1）吸附的同义词有：依附、附着、黏附。

2）吸附的近义词有：粘、黏结、贴、胶。

3）吹的近义和类义词：喷、淋、洒。

然后针对不同的动词取代词，通过联想、类比和想象力选取相应的附加词和名词取代词，组合后得出各式各样的构想，经筛选见表1-6。虽然大部分衍生功能词已有相应的产品，但颇有启迪。例如"静电吸附尘埃"是根据静电吸附原理延伸来的，静电复印机就是依据静电吸附原理发明的。"粘尘埃"由于胶的黏性强还可以"粘蚊、蝇、蟑螂"可谓一机多用（粘尘埃是吸尘埃的变动词模式。用于不同场合的吸尘机器，如床上吸尘器、墙上吸尘器、清洗高楼窗上尘埃的装置、清扫马路上垃圾的机器等应有尽有。表中还有极少数衍生功能词还未见到市场上有相应的产品。譬如具有遥控功能的会飞的吸尘器（可用来吸取空气中的尘埃）；带摄像头清洁高层建筑墙、窗上的吸污机（在高楼顶用绳索吊拉住，楼下用人工遥控，尽可能做到实用而低成本）。这些吸尘器有着特殊用途，且是可以实现的。

表1-6　吸尘器（母体）的衍生功能词及说明（母体的功能词"吸尘"）

衍生功能词	变换模式	关联的产品类型	应用说明
1. 吸（床上的、墙上的、楼梯上的）尘埃 2. 吸露天空中的尘埃 3. 吸机器内部尘埃	名词附加	同功异用	还没有出现会飞的、遥控的能吸露天空中尘埃的吸尘器
1. 吸附尘埃 2.（吸纳）吸收尘埃 3. 粘尘埃 4. 吹尘埃	变动词	异功同用 （发展一机多用）	1. 应用静电吸附原理 2. 应用化学、物理原理 3. 市上已有粘尘埃、蚊、蝇、蟑螂的黏纸（一机多用）
1. 吹落叶（垃圾） 2. 喷（水）（气）除垃圾 3.（吸纳）（喷射）吸附（墙）窗上的污秽	双变	异功异用	1. 2. 用于扫马路的专用车 3. 还没有出现廉价的清洁高楼墙和窗的遥控机器

1.6　功能提升法

1.6.1　功能方法的几种类型

把功能作为研究对象，在不同的研究领域有着不同的内容。在价值工程中，功能方法把产品的实体结构系统转化为功能结构系统，通过功能定义、功能整理，对功能进行定性、定量分析，根据用户使用需要保证必要功能，去除多余的不必要的功能，以期确定一个合理的功能结构来达到降低成本的目的。

在设计方法学中，功能方法根据产品总体的要求确定产品总体功能，按照功能上、下位关系或并列关系，将总体功能分解展开为分功能，继而展开直到最终的原功能，从而建立起由总功能、分功能，直到原功能表示功能递阶结构关系的功能系统图或功能原理图。功能原理图是构筑产品技术结构系统的依据。

在产品创新中，功能方法研究功能提升、功能衍生和功能发掘，围绕功能来研究产品创新。按照产品功能在质的方面的提高和量的方面的扩大进行分类，功能衍生是由某一功能衍生出若干功能，并应用于一机多辅、一机多用、多功能产品中，使功能在量的方面有所扩大有所创新；功能提升偏重于功能质的提高，它体现了产品的演进。三种功能创新类型的区间如图1-9所示。功能

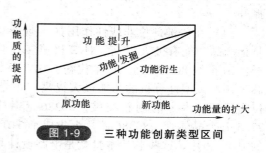

图1-9　三种功能创新类型区间

提升有量的扩大，同样功能发掘和功能衍生也有质的提高，功能提升的质的提高更体现在采用新技术、新原理和新方法上。

1.6.2 功能提升法及过程模型

功能提升法是基于耗散结构理论，以提高产品功能为目标，研究产品创新过程和机理的创新方法。创新过程常常是与实践结合并反复进行的。产品创新过程与生物学、社会学中所对应的过程不同，有其自身的特点。

1. 基于耗散结构理论的产品功能提升条件

功能提升成为产品演进，必须符合 5 个条件。下面来阐明 5 个条件对应的具体事物：

（1）产品开发系统是开放系统，必须有足够的创造力注入　外界注入创造力和开发的新产品投入市场参与市场竞争，这都说明产品开发系统是开放系统。但情况有所不同，有以下几种情况：

1）投入不足，新产品开发不能达到功能提升目标。

2）虽有一定的投入，但产品开发周期太长，未到完成产品创新，产品技术已经过时。

3）有足够的投入，具有完成功能提升的产品创新能力。它表明开放系统外界有足够的负熵流注入。只有后一种情况有可能形成耗散结构。

（2）采用高新技术才能远离平衡态　以我国计算机开发历程实例来说明平衡态、近平衡态和远离平衡态。1958 年我国制造出第一台 103 型电子管计算机，内存采用了磁芯存储器，运算速度为 1500 次/s。它基本上是仿制苏联的产品，沿用了原苏联研制计算机采用的技术，从计算机发展的历程来说，它处于平衡态的有序。1959 年通过改进试制出 104 型电子管计算机，性能有所提高，但它只能算处于近平衡态的线性机制区。1983 年我国科研人员进行重大改进，采用高新技术研制成功运算速度达每秒亿次级的银河Ⅰ型计算机，1992 年研制成功的运算速度为每秒 10 亿次的银河Ⅱ型计算机以及 1995 年研制成功的运算速度为每秒 15 亿次的曙光 1000 型计算机。由于投入较大的智力和财力、物力，采用高新技术并有重要创新，实现了产品功能提升，是远离平衡态的。在产品创新中，怎样才能远离平衡态，从计算机的发展可找出以下因素：

1）吸纳最新科技成果。例如计算机的飞速发展，无不与半导体、微电子、激光等技术发展息息相关，与吸纳其最新科技成果有关。

2）采用新的电子器件、配套件和设备。

3）采用新技术、新工艺、新结构、新材料。

4）增加知识含量，例如开发计算机软件在计算机中应用。

5）采用新原理和新方法。

（3）找出关键性部位（即具有非线性机制作用区）　即使采用了高新技术，但不是在具有非线性机制作用区的关键部位，仍然不足以使产品性能有较大幅度的提高。所以必须找出产品发展中的关键部位，它能产生非线性作用使产品性能得到很大提高从而使产品功能得到提升。

（4）在关键部位非线性作用区实现突破性创新，才能产生"巨涨落"　所谓"巨涨落"是指产品功能有极大提高。计算机第一代到第五代的发展，说明产生"巨涨落"。具体的例子：20 世纪 80 年代至 90 年代初，IBM 公司相继采用了英特尔公司的 80286、80386、80586 芯片，使微型计算机的功能极大提高。正是因为这些芯片用在计算机关键的中央处理功能部位实现了技术上的创新突破。80286 芯片上集成了 13.4 万个晶体管、80386 芯片上集成了 27.5 万个晶体管、80586 芯片上集成了 310 万个晶体管，以后又出现了集成了 750 万个晶体管的 CPU 芯片。这些芯片本身就是电路设计与电子器件设计结合的突破性创新。实现大数量的并行技术也是高难度的创新。现代高速计算机正是由于采用了先进的并行技术和高速的 CPU，使运算速度有了突破性进展。

（5）功能提升的不可逆性 不是所有的产品创新都是不可逆的，功能提升创新是不可逆的，因为它体现着产品的演进，它的过去和未来是有区别的。在计算机的发展中，由电子管计算机发展到晶体管计算机，再到集成电路计算机，功能提升扮演着主角。不可能再从超大规模集成电路计算机返回向电子管计算机发展，因为电子管计算机的功能已经很落后了。历史的巨轮只有向进步演化，不可能倒退向落后演化。

2. 产品功能提升过程模型

功能提升法基于耗散结构理论，但形成耗散结构的 5 个条件不能详细说明产品功能提升过程，因为产品功能提升过程还有它本身的具体要求。这里根据 5 个条件结合汉字激光照排机研发成功和持续创新的经验，提出产品功能提升过程 SCIRE 模型。

把这种过程作为一个系统看待，过程亦即产品创新过程是有人参与的，参与的人必然要同外界进行知识、信息交换，产品创新必然受市场影响，所以系统是开放系统。有输入和输出，输入的是智力、智慧，输出是具有功能提升的产品创新构想。要达到产品演进必须满足耗散结构的 5 个条件，这些条件包含在 SCIRE 过程中。过程路线由图 1-10 中的战略性选择 S 开始，经切入口 C、进行创新 I、功能提升 R、产品演进 E 并直指发展演进方向。表示继续实施产品功能提升，按螺旋上升发展（如图 1-10 中上部黑箭头所示）。S 有 4 个辐射箭头指向是贯穿全过程的，S、C、I 之间有反向箭头，表示在未达到"巨涨落"前，切入口是可以调整的，战略性选择也可重新考虑。许多重要的决策都是在多次反复验证或分阶段逐步明朗化后做出的，所以 S、C、I 之间可能有反复。下面就图 1-10 中的 5 个环节进行说明：

（1）战略性选择 S 在选择开发什么产品时，战略性选择主要围绕以下两个方面内容进行研究并决策：

1）采用跨越战略，实现产品功能提升必须有技术发展前瞻性，不能随大流即采取跟随仿制或一般性改进。以占领市场和产品生存优势为目标。开发的产品必须有较好的潜在需求，能够把握好市场机遇和正确的市场定位。

2）采用跨越战略是要有基础的。对自己的实力要有所估量，有两种情况：①已具备一定的实力，选择某个项目实施跨越战略；②实力不足，需要从外界吸纳或采取合作方式，筹划组织力量。由于科学技术的飞速发展，一些有远见、技术领先和有自主创

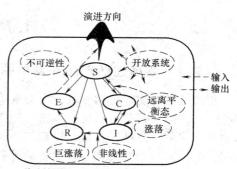

S—战略性选择 C—切入口 I—进行创新
R—功能提升 E—产品演进

图 1-10 产品功能提升过程 SCIRE 模型

新能力的公司往往采用利用先进技术先走一步的战略，以便求得创新产品的技术领先，为占领市场和覆盖市场创造条件。在有一定基础时选择跨越战略，要根据自己的特色发挥优势。

（2）切入口 C 切入口指创新的切入口。切入口往往是产品开发中的矛盾焦点同时又是技术的关口，要从具有发展前途的技术方向（远离平衡态）入手进入切入口。怎样分析和识别有前途的技术方向，可以通过以下 4 个步骤进行：

第一步，了解国内外相关技术的发展，分析并找出"需要和已有技术的不足""它往往存在着需求矛盾很大，技术差距悬殊"，既是需求矛盾中的主要矛盾又是技术瓶颈。

第二步，要研究分析解决矛盾所采用的技术和方法及其意义，选择具有深远战略意义和长期利益的技术方向。

第三步，对产生的分歧要分析其本质，用有前途的技术进入切入口进行创新，在初期困难会很大，会产生分歧，给创新工作带来困难，主要压力是舆论和支持方面。产生分歧往往也是转折点，正确的就要坚持下去。

第四步，初步确认，"当先进的元器件、新的设备和新产品出现时，有前途的技术方向有了英雄有用武之地"，而传统的技术显得毫无用处或用处小得多。例如，计算机并行技术在采用大量先进微处理器时"英雄有了用武之地"。

（3）进行创新 Ⅰ　进行创新 Ⅰ 是进行创造性的工作产生"涨落"，它涉及创新者的素质和团队建设。这里强调一下个人的创新动力来自：

1）需求刺激。

2）不满足现有实际技术基础，追求卓越。

3）把个人抱负和创新的市场效果较好地结合起来。

4）有浓厚的兴趣和坚定的信心。

5）弘扬中华优秀文化，有较强的事业心，把对社会的实际贡献作为奋斗目标。在此基础上形成团队凝聚力。

（4）功能提升 R　功能是否提升要看产品性能提高的程度：

1）用有前途的技术在关键部位上实现创新产生了"巨涨落"，使产品性能突破性提高，达到功能提升。

2）没有在关键部位和有前途的技术方向上实现创新，产品性能有所提高但没有达到功能提升。创新的核心技术有没有保护措施，这一点也是重要的。

（5）产品演进 E　产品功能提升在时间进程中表现是不可逆的。有些产品改进、创新不具有不可逆性，它不属于产品演进。

1.7　虚拟移植法

1.7.1　移植在新产品开发中的应用及其特点

移植最早出现在植物领域，人类从采集野生植物并将食用的野生植物进行栽培的时候起，移植方法就已经萌芽了。现在移植应用于农业上是将秧苗由苗床移到田间栽培，林业上将林木的树苗或果树苗进行栽培，以后又发展嫁接。嫁接是林木、果树、花卉等无性繁殖方法之一。在临床医学上移植是一项重要的外科手术和医学科目。在今天移植应用已远远超出了原来植物中的实体移植。在科学技术研究中移植的含义很广泛，不仅有实物的移植，还有非实物的如概念、原理、方法、技术等移植。随着科学技术和生产的高度发展，移植方法越来越多地被认识和应用，成为新产品开发和产品创新中不可缺少的方法之一。

产品中的移植是将某个实物、产品或产品的局部，直接或间接地转移到另一个产品的特定部位，或者将非实物（如技术、方法、原理等）转移到另一个产品上。转移或渗透的结果使另一个产品产生新的"活力"。这种"活力"克服了原产品的缺陷，提高了原产品的性能，或改善、增加了某些功能等。

新产品开发实物的移植，按照移植是否属于置换性质分为两种：一种属于置换性质，即产品的特定部位被"割除"，置换上移植来的部件或同功能的部件；另一种属于补偿性或增添性质，被移植来的实物是附加性的，使得另一个产品新增某种功能，或改善性能弥补不足。移植在新产品开发中应用有其突出的特点：

1. 优势嫁接

把具有某种优势的科技成果、产品部件直接的或间接地移植到另一个产品中，使另一个产品获得了某种优势，称为优势嫁接。所谓实物间接的移植，是不能把移植对象的实物直接"割"下来移植，但可以用相同功能的实物进行间接移植。实物直接移植只有在特殊情况下才采用。在大批量生产中并不需要采用"割"的办法，一般有现成相同功能、相同规格的部件供应。所以，在实际的产品优势嫁接中大多采用实物间接移植和非实物移植。在许多情况下，优势嫁接并不是想象得那么简单，需要总体设计，再经过一番修改，方能达到优势嫁接的目的。优势嫁接是移植最突出的优点，所以产品创新和产品设计人员广为采用。

2. 进行"杂交"

在实物移植中不仅可以在同类型的产品中进行，也可以在不同类型的产品中进行异系移植，甚至不同领域的学科和技术中进行"杂交"。植物的杂交和嫁接在不同科目中进行，可得到杂交品种。科学技术的各学科之间或与其他领域的学科进行"杂交"，产生了诸如物理生物化学、计算机艺术学、生物磁学、生物光学等大量新兴学科或边缘学科。产品的"杂交"，也可引出新的品种。例如把彩色复印装置与摄像装置结合移植到彩色电视机上，可以将摄像机上的人像或景物与电视中的画面通过数字化处理使画面叠加并复印出来。

3. 有较大的灵活性

与组合法、替代法等产品创新方法相比较，移植法有较大的灵活性。在移植法中除了实物移植外，非实物的原理、方法、机制、概念都是可以移植的。移植与模拟也不同。模拟要求有严格的相似条件，违反相似的定理就不能达到模拟的目的。如模拟人像，如果没有按照各部位的尺寸比例，那么最后得到的人像可能面目全非。而移植没有相似条件的苛刻要求。例如外形移植，尺寸不仅可以放大或缩小，各尺寸之间的比例也没有严格要求。把动物的形象移植到产品上，有一种猫头鹰形状的壁挂钟，猫头鹰的头像是夸大了的，猫头鹰的眼球不时转动相当于钟摆的摆动。由于移植有较大的应用跨度和灵活性，使它具有广阔的创新空间。移植法应用广泛，但也不是轻而易举的，在应用中也要避免错误运用。移植不当，会导致达不到创新目的或发生专利纠纷。所以要求从事应用移植法时要掌握好以下几点：

1）从事于新产品开发的人员，除了钻研本专业的技术外，要关心产品技术的发展动向，要了解国际上先进产品的技术，要广开视野，注意自己专业以外的科学技术进展，以及其他产品的新成果，以便发现有哪些方法、技术或实体值得移植到本专业的产品中。

2）移植能否成功，取决于移植的可能性与现实性，是否符合移植的机理和规律。因此从事于新产品开发的人员，在进行移植前要了解移植的科学方法和创新方法，以便有效地开展新产品开发工作。

3）产品通过移植，必须经过产品的各项考核试验，并通过一段时间的实际使用，密切注意有无"后遗症"，对在使用过程中出现的问题要进行分析。

4）有创造性的技术、产品和部件，包括产品的外观造型设计都可以申请专利，并享有专利权。在专利权效力所及的范围内，是不允许他人随意移植的。如果未经许可而移植了专利技术，即为侵权。所以在移植别人的产品和技术时也应事先了解清楚，避免造成侵权损失。

1.7.2 移植的类型

按照移植对象的性质，移植可分为实物移植和非实物移植两大类，细分可归纳为十类。

1. 实物同系移植

移植的对象是实物，移植是在同类的系统中进行的，即为实物同系移植。所谓同系无严格界限，一般地说如电子类和机械类属两类不同系统，在电子类系统内部进行移植为同系移植，但即使在电子类系统中，产品性质差异也很大，如电子整机和元器件产品无论制造还是应用，性质差异都很大。所以"同系"也要根据具体情况而定。一般地说，在"同系"中移植，移植对象在同系中容易联接，接口问题容易解决。正是由于这个缘故，在同系中一旦出现先进的技术，很快就会在同系中推广。例如 20 世纪 80 年代中期，国产彩电首先在 18in

（1in≈2.5cm）机上采用红外线遥控器，以后就像连锁反应似得几乎各种型号和规格的彩电都普遍采用了。遥控的功能越来越丰富。一时间许多老式彩电的用户也要求移植改装遥控器。

2. 实物异系移植

移植对象实物在非同类的系统中进行移植称为实物异系移植。医学中的器官移植，若是用动物的器官移植到人体，就属于异系移植。异系有近系和远系之分。植物的杂交和嫁接，在同科目不同种属间进行属于近系移植；在不同科目间进行属于远系移植。工业产品中，电子产品和电气产品可作为近系，电子产品和机械产品就是远系了。但这也不是绝对的，正如前面"同系"那样，需根据具体情况而定。人体的头发与电子产品可谓是超远系了，但在早期的气象探测仪中头发却可与高空气象探测电子仪器相结合，作为测量湿度的部件，说明实物也可以在远系间移植。

3. 技术移植

技术移植是非实物移植，技术以直接或间接的形式包含在产品中。然而在实物移植中也伴随着技术的成分，技术是通过实物载体一同进入产品中的。这种技术与实物不可分离，所以作为实物移植。技术移植所说的技术，包括计算机软件、工艺流程、加工技术等的技术和知识的总和。技术移植的技术也有实物载体，但载体不进入产品中。例如，计算机软件是通过键盘用人工输入计算机，或通过光盘、磁盘、磁带等载体输入计算机存储器，计算机直接包含了这种软件技术。而工艺流程、加工技术等的技术并没有直接进入产品，它只是间接包含在产品中。工艺流程、加工技术也有载体，如图样、资料文件和信息存储、显示装置，但它们都不进入产品中。例如电子产品生产线上采用的自动插件设备、波峰焊或浸焊设备、检测设备等，早期都是引进国外设备，如果国内仿制，同时需要移植其相应的工艺技术、计算机软件、加工技术等，以替代手工操作，适应大批量生产的需要。

4. 结构移植

为达到某种目的或满足某种要求，而进行结构移植。结构指产品的整体框架、零部件的排列、印制电路板的布线、构件的材料和形状等。产品结构与保证产品可靠性、产品功能和性能参数、适应大量生产有密切关系，例如某厂在研制一种高档的彩色显示器时，发现系统内有严重的电磁干扰 EMI（Electro Magnetic Interference），后来移植了先进彩色显示器的结构设计，才有所改善。EMI 与产品的屏蔽、内部布线和接地等结构有密切关系，结构设计也是电磁兼容性 EMC（Electro Magnetic Compatibility）设计的重要内容。

5. 造型移植

把某种物体或产品的外观形状、表面质感和色彩移植到另一个产品上，称为造型移植。造型移植在尺度上可放大或缩小，尺寸比例不严格要求。例如，儿童用电子琴移植动物外形作为其造型，增加趣味感。汽车造型翻新频繁，相互移植，不仅是功能上的要求，还有美观和时代潮流因素。

6. 动作、特征和功能移植

大都是属于仿生移植。例如生产线中应用的机械手，是移植了人手的动作和功能。

7. 机制移植

人类的社会活动、生物的生长、自然现象的变幻都有某种机制。机制的移植例如将机制转换为数学模型和计算机软件，设计出某种机制的模拟器。

8. 原理、方法移植

通过原理、方法移植的途径来开发新产品，其潜力巨大，但开发周期长，有些属于科研性质。第二次世界大战以后，自动控制原理、雷达测距原理被广泛移植到民用产品上。例如移植雷达测距原理的产品像连锁反应似的出现，如激光测距仪、超声波金属探伤仪、鱼群探测仪、微波测距仪、X 光金属探伤和测厚仪等。在地质、探矿方面，应用航空照相、重力勘探、电磁法探测、色谱、质谱分析等方法，都包含着物理学方法的移植。在电子产品领域，数字电路原理和数据处理技术方法也广泛地被移植推广。

9. 理论、概念移植

某一学科的理论、概念会被移植到其他学科，或移植到产品上。例如模糊理论和概念、人工智能理论和概念被移植到各类控制器中，出现了模糊控制的洗衣机、摄像机、照相机、空调器、彩色电视机等产品。理论、概念移植也伴随着技术移植。

10. 综合移植

综合移植是多层次的移植。这类移植不是多种移植简单的、机械的叠加，而是经过统筹策划、综合协调，把多层次的移植融于一体。智能机器人是综合移植的典型例子。

1.7.3 虚拟移植的含义和虚拟移植法

随着虚拟现实技术（Virtual Reality，VR）的出现，相继出现了广义的虚拟，如虚拟产品开发、虚拟制造、虚拟样机技术，以及虚拟企业、虚拟团队、虚拟仪器、虚拟实验室、虚拟无线电、虚拟闪盘等虚拟事物不一而足。所谓虚拟现实，是指利用计算机生成一种模拟的虚拟环境，并通过多种专用设备使用户"沉浸"或"投入"到该环境中，实现用户与该环境之间有交互性。用户如同真实环境中一样与虚拟环境中的对象产生交互关系。正是由于这种逼真的虚拟环境，从而使用户在多种感官上产生"自然"的感受。也就是说，VR是一种高度逼真的模拟人在自然环境中的视、听、动等行为人机界面。

现在"虚拟"用得非常广泛，虚拟不等于虚拟现实技术，虚拟也不等于虚幻、虚无，虚拟的东西是可能存在的，虚拟能达到某种效用，这就产生了许多广义的虚拟事物。

虚拟移植不是实物的转移也不是实物实际的移植，它是仿真、模拟或类似的非实际移植。实体的或非实体的可以设法转换为"模型"（如图形、计算机程序、数学公式或数字化表达等），借助某种平台进行虚拟移植。

虚拟移植法是借助虚拟移植机理平台所进行虚拟移植的方法。通过虚拟移植法提出移植方案，最终达到产品创新目的。例如需要把某种动物的流线型移植到摩托车外观造型上，那么通过虚拟移植机理平台进入机械产品CAD系统（有专用的计算机软件），最终达到产品创新目的。

1.7.4 移植创新过程

移植的全过程由确定了移植任务和有了移植的初步设想方案开始，经过物色具体对象，然后通过虚拟移植机理平台进行虚拟移植，在确认方案可行后进入实际移植。移植后产品具有创新性，这样的移植全过程可以用"定、张、虚、实"4个字表达，即DZXS过程（DZXS是"定、张、虚、实"各拼音的第一个字母）。DZXS过程如图1-11所示。D（定）、Z（张）、X（虚）、S（实）4阶段的主要内容说明如下。

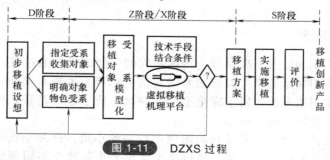

图 1-11 DZXS 过程

1. D（定）阶段

在这阶段中有了初步的移植设想方案，要确定具体任务、目标、要求，要明确移植模式。

1）通过对本企业产品存在问题的分析，对市场需求的调查，以及对产品发展和相关科技成果的了解，产生了初步移植的设想。

2）有必要进行移植性新产品开发，确定具体任务，制订目标和要求。

3）确定采用何种模式？指定受系，需要寻找移植对象或明确移植对象，需要物色受系。

第一种模式是指定受系（原产品），即对原产品通过移植途径进行改进，需要搜集移植对象；第二种模式是先确定移植对象，如有现成的科技成果，或获得某种先进的产品、部件，然后需要物色接受移植的受系。

2. Z（张）阶段

这阶段的工作内容是 D 阶段工作的继续。通过有关信息渠道，运用联想、类比广开思路，搜罗对象。

1）按初步移植设想，根据指定受系模式要求搜集移植对象。例如通过对先进的同类产品的分析，或通过其他渠道了解到性能优良的部件、采用的技术等，选出移植对象。

2）如果已明确了移植对象，要分析它的应用领域和范围，在本企业生产的产品中物色受系。若是有需要也可以使用在市场上的产品作为受系。最后选出可以接受移植的受系。

3）选择移植对象或受系，除了在功能和性能符合移植要求外，还要考虑它们的结合条件和实现移植连接的手段，既要在理论上可行，又需要有实际经验的支持。

3. X（虚）阶段

这阶段是虚拟移植阶段，确定移植方案。

1）首先要把实物对象"虚化"，用模型表示，例如用图形、算式、程序、数据等表达，以便可以进入计算机。

2）虚拟移植过程是在虚拟移植机理平台上进行的。

3）虚拟移植是反复进行的，可能有多个对象进行筛选，也可能需要修改初步移植设想，最后确定移植方案。

4. S（实）阶段

X 阶段是移植的虚拟预演，那么 S 阶段是实施移植阶段。

1）属于置换性的，先要割除原有部分，换上移植对象。在实际实施中，置换会涉及整体，所以需要进行整体设计修正。

2）属于补偿性的或增添性的，同样要考虑与原产品的匹配，至少要在结构上作调整。

3）通过移植能否产生新的优势，有没有"后遗症"，需做出评价。

1.8　仿生智能法

1.8.1　仿生思维

以生物体作为认识的对象，吸取对生物体研究的一切成果，通过某种思考方法把生物系统与技术系统的对应相联系起来。对应联系需要仿生思维。生物系统和技术系统，一个是自然界的，一个是人工制造系统，属于完全不同的领域，仿生思维是联系两者的纽带。在仿生思维中仿生联想发挥着特殊的作用。

建造水底隧道的钻洞机械，其最初的构想来自一种小虫，这种小虫在树皮底下穿洞，甚至在树干中穿洞靠的是它的打洞本领。通过仿生联想来克服两个不同领域中不同概念上的差异，把它们联系在一起。一般来说，接受的事物和信息越多、记忆的东西和信息越多，产生的联想就越丰富。从联想对象的相关性分为 4 种联想：相似联想是一事物的性质或形状与他事物有某种相似而引起的联想；接近联想是在时空上相接近的事物的联想；对应联想是相对应或互为逆反事物间的联想；相关联想是一事物与他事物之间有某种关系而产生的联想。上述由小虫穿洞构想的钻洞机械是仿生相似联想。

在心理学中把思维分为形象思维和抽象思维。仿生形象联想是在生物体形象与技术系统形象之间产生联想，仿生抽象联想是在生物体的抽象中联想到技术系统中的抽象。抽象需要对具体客体"加工"，提取事物本质的属性和概念。仿生智能应用系统中用的思维方法属于仿生抽象思维和联想，其在实际工作中是交叉混合综合运用的。仿生过程常常是从需求出发，在技术系统基础上提出仿生需求，联想到生物体，再由生物体进行深入研究又回到技术系统。

1.8.2　特征仿生事例分类

人们模仿生物的特征发展新技术和开发新产品，有大量的事例，我们把它分为 10 类仿生，分述如下：

1. 形体构形仿生

生物生活在受到大自然力的作用下，促使它们在长期的进化过程中，形成了适应生存环境的种种优美外形，或某种轮廓构形。模仿生物的外形有时属于功能上的需要。例如庞大鲸鱼的体形有些特殊，它有硕大的头部和急速收缩的尾部，这样能使它减小游动时的阻力。一般的客轮和货轮，其水下部分呈刀形。设计师在设计现代超级货轮时，就模仿了鲸鱼的体形，以减小航行时的阻力加快航速。海豚和鱼类具有流线型线条，可减少游动时的阻力，人们在设计交通工具时，采用了流线型线条，使它行驶时受到的阻力最小。这种交通工具常称为具有流线型的构形。设计汽车、火车、飞机时考虑形体构形的仿生，也是流体力学的要求，对发挥其功能有重要意义。

2. 表面状态仿生

舰船在水中快速行驶，当达到一定的航速时，流经船体表面的水流会产生混乱状态，在流体力学中叫作湍流。产生了湍流就会增大阻力。鱼类和海兽除了有流线型的形体构形外，还有着某些表面状态，以避免或减少湍流。如在大功率强制风冷电子管散热片的设计中，改进散热片的结构和表面状态（使散热片有粗糙的表面），可以减少空气气流的湍流发生，提高了大功率电子管的冷却性能。鱼类表面生长着鱼鳞，尤其是金枪鱼的鱼鳞，有特殊的表面状态，能在快速游动时减少阻力。科研人员曾研究过海豚高速游动时的机理，发现海豚的皮肤表面富有弹性，内层有毛细孔管道，它能吸收和消除阻碍前进中水流旋涡。对于这些仿生研究常常需要从机理上进行深入分析研究。

3. 动作仿生

自动生产线上的机械手模仿了工人用手搬物体的动作。有一种能在沙漠中行走的汽车，它的 4 条机械腿代替了车轮，行驶时模仿袋鼠的跳跃动作。海鸥从空中俯冲捕食水面下的鱼的动作，需要随外界环境、鱼游动变化和自身所处状态来决定着采取何种动作（动作时间和方式），这种动作具有随机应变性，需要有智能控制系统才能产生这种模仿动作。又如带有尾巴的潜艇，可以做出像鱼的尾巴一样的动作，可摆动、扭动，有特定功效。

4. 行为仿生

当墨鱼在水中遇上敌情时，其立即反应并产生防御行为，喷射黑色液体来迷惑对方保护自己。许多生物行为是随环境变化而发出的应对措施，具有生物智能机制。模仿生物智能行为要比形式上模仿生物的某种特征更为复杂。

5. 结构仿生

空心的水泥电线柱模仿了麦管的结构，既节省了材料又提高了抗弯折的性能。人的头盖骨是一种天然的薄壳结构。生物界的薄壳结构很多，如鸡蛋壳、乌龟壳、贝壳等。乌龟壳的厚度只有 2mm 左右，由于呈拱形结构其抗压力增大，即使一个成年人站在上面也不致压碎；完整的鸡蛋用一只手也难以捏破；在筑建领域中仿生薄壳拱形结构应用很广。

6. 感官功能仿生

生物体上有特定机能的感受器官是接收和收集某种信息功能的感官。随着传感器技术的发展，人们已开发出各类电子鼻、电子耳、电子眼等传感器。例如气敏检漏仪是模仿生物简单的嗅觉功能，它可以用来检测煤气管道的泄漏。又如响尾蛇导弹是模仿了响尾蛇尾部能接收并感受小动物的热源功能，探测敌方喷气飞机尾部的红外线进而攻击。在生物界中，狗、鱼、蚂蚁、苍蝇等的嗅觉比人灵敏得多。经过训练的警犬能够分辨出上百种气味，狗的嗅觉比人的灵敏度高出上千倍。人们研制出一种气体分析仪，能分辨出三硝基甲苯气体，用来检测禁运的爆炸品。但至今尚未研制出类似上述动物高灵敏度嗅觉的仿生产品。又如科学家注意了并研究了蛇对地震的敏感性，蛇能感受到人几乎觉察不出来的轻微地震，于是进一步研究如何来研制高灵敏的仿生地震仪。最近科学家根据眼睛感官功能，通过光学传感器结合计算机处理，研制人工眼装置有新进展。

7. 变色仿生

生物在不同环境下为了自我保护，其表面呈不同的色彩和斑纹。人们模仿生物的表面色彩和斑纹来满足伪装、装饰功能和心理因素等需要。生物界有一种变色龙，它能随外界环境光线强弱而呈现体色的变化。人们已开发出某些能适应环境变化的智能材料，如变色玻璃、涂料等。

8. 功能模拟仿生

计算机的发明正是基于人计算过程的功能模拟。人在计算过程中有五大要素，即五官、手足、头脑的思维、记忆和指令，五大要素组成生物模型。对应于生物模型建立了计算机基础的功能技术模型，计算机的输入对应人体的五官、输出和执行对应手足、运算对应思维、存储对应记忆、控制对应指令。随着微电子技术的发展和微处理器的应用，产生了一系列智能化产品。

在自然界物质循环中，蚯蚓能无污染地分解土壤中废弃的有机物质。人们模仿蚯蚓的分解功能制造一种机器装置，来处理生活垃圾和有机废物，并将其转换为有机肥料。

9. 信息仿生

生物通过各种方式的信息来联络，或接收特殊的信息来定位、沟通，或从模糊的信息中识别目标等。例如信鸽有很强的回程识途能力，靠的是它能接收地球磁力线分布信息有关的能力（另有实验指出是根据太阳定位信息）。又如蚂蚁通过触角的碰触来表达非声音的"语言"。人类创造的某些通信方式、通信工具、定位技术以及模糊控制技术等很多来自信息仿生。

10. 原理仿生

模仿生物产生某种特征的机理、采取行动的规律以及运作过程原理归属原理仿生。下面不妨来描述猫捉老鼠的过程：当猫发现老鼠后，很快估计了它和老鼠的大概距离和相对的方位位置，然后选择一个大概的方向朝老鼠方向跑去。在这过程中猫的眼睛一直盯住老鼠，猫的脑中随时计算着自己的位置与老鼠间的差距，不管老鼠怎么跑，猫随时计算着最小距离，发出的指令由脚执行，并可随时改变追捕的方向和速度，使差距越来越小，直到捕住老鼠。这是最优自动化控制原理的依据。雷达的发明是根据蝙蝠的生物声呐原理。又如借鉴鸭子划水原理和动作而发明水上步行器。

1.9 网络群策法

1.9.1 网络群策运作步骤

为了能充分发挥小组成员的创造性，设计运作步骤考虑提供三次机会。第一次机会是在小组成员网上集中之前的 2~3 天内，要求大家提出设想。目的是促进个人隐含知识的转化。一个人的实践经验和已掌握的知识是培育和形成隐含知识的基础。隐含知识是在长期积累的知识基础上产生新思想、新主意、创新设想，需要回忆联想的时间。此外隐含知识是潜意识的，不在意料之中，需要经过酝酿、深思熟虑后新的设想才能在某种条件下浮出水面。所以需要思考时间。第二次机会是在小组成员网上集中后，当在黑板上公布大家的设想时，要求大家了解别人提的设想。同时要求小组成员再次提出设想。这时往往受到别人设想的影响而有所启迪，举一反三、触类旁通，群体激发和联想思维起主要作用。第三次机会是在提出设想过程已接近尾声，在某种激发下，要求有奇思异想，提出来反常设想，以及重大的补充，但不要求每个成员必须提出。一般来说，在凭经验、常规思维已想不出更好的设想时，采用特殊的偏离常规的思维方法，可能会出现奇迹。古代司马光在儿童时代有一次急中生智用石头击破水缸，救出落水儿童的故事，反映了用反常的方法出现奇迹。第三次机会是创造"激"中生智的步骤，这是从实践中得到的。

网络群策通过上述三次提供发挥创造性的机会，结合具体运作，其步骤如图 1-12 所示。按图中次序说明如下：

（1）活动告示　网上集中日期、时间、议题、议程、会议规则、有关规定（包括奖励办法等），提供的背景资料、参考资料、均须通过网络提前（网上集中的前 2~3 天）告示。图 1-12 的中间方框为"黑板"，实线箭头和序号表示进行的路线和次序，虚线箭头表示通向"黑板"显示其内容。

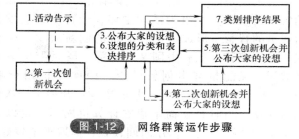

图 1-12　网络群策运作步骤

（2）第一次创新机会　在网上集中前，要求每个成员针对议题提出 1~3 个设想（用文字表达，每个设想不超过 24 个汉字）。要在网上集中前把设想通过网络传给组织者。如果文字表达不清楚，组织者可要求修改。网上集中前由组织者将设想存储在局部数据库中。限制提出设想的数目，主要是为了能人工及时分类确定类别，若是能快速自动分类，那么要求大家提的设想数目可不受限制，以后第二、三次创新机会亦同。

（3）公布大家的设想　小组成员按规定时间在网上集中。由组织者在"黑板"上公布大家的设想（如有 9 个成员，那么最多有 27 个设想）。

（4）第二次创新机会并公布大家的设想　要求大家看了别人的设想后，提出一两个设想（如果多于 2 个设想可选择最满意的 2 个），并由组织者公布于"黑板"。

（5）第三次创新机会并公布大家的设想　要求是标新立异或重要补充的内容。不要求每个成员都提出，如果有这方面的新设想，一个成员不超过 2 个设想。这时"黑板"上又增加了新的设想。

（6）设想的分类和表决排序　由活动组织者按设想内容进行归并分类，标上每个类别名称。较为奇特的设想即使是一个设想也可作为一个类别。分类后"黑板"上显示的设想排列已刷新，看到的是各类别名称下的多个设想。接下来要对设想进行排序，也就是统一认识的过程，排序指对分类类别的排序。每个成员要在所有类别中选择较满意的类别，选类别是指选择该类别中有你满意的设想，然后对全部类别进行投票表决。

（7）类别排序结果 根据选票统计，按得分多少依次排序，并在"黑板"上显示，前3名类别作为大家达成的共识，满意的设想都在这3个类别中。于是活动达到目的。

最后由组织者将结果送交有关部门参考。整个活动最多不超过一个半小时。活动效果要看每个成员是否充分发挥了自己的积极性和智慧，能不能把个人的隐含知识转化为显示知识并贡献出来。当然还要看企业对活动的重视程度，有否相应的激励措施，以及是否有一个好的活动组织者。

1.9.2 多小组意见综合

在大规模多小组活动情况下，汇集意见和达成共识是一个复杂的系统工程，可参考有关文献。这里按人数规模不大、编组不多、最简单的意见综合来讨论。设有3个小组，群策的议题是同一个为开发产品提出创新设想。每个小组都按上述活动过程，选出3个类别（每个类别包含若干设想），3个小组最多共计9个类别。然后3个小组的成员再对类别进行表决，选出前3个类别，假定类别中的设想无交叉和重复，类别内容是相对独立的。

如果设想在类别中有交叉，类别间关系不具相对独立性，则需要对9个类别中的设想重新进行归并、分类确定类别，然后对新类别进行表决。在团体情况下的多小组意见综合过程如图1-13所示。

1.9.3 群策法的应用实例

群策法是以"三结合"（如管理人员、产品设计人员和销售人员结合）小组为活动主体，进行交叉启发，发挥小组成员的智慧，形成灵活、活跃的创新活动。选用"群策法"这一名称，颇有中国文化内涵，既是群体活动又能达成共识，又能整合出创新设想。1994年杭州音响设备厂（该厂生产产品有录音机、电子琴等）开展了一次群策法的创新活动。当时企业尚未建立计算机网络，是以现场小组讨论会形式进行的，占用时间较长，但取得了较好的效果。参加小组的人员有设计人员4人、销售人员2人、管理人员2人。群策的项目是"为开发儿童型电子琴新产品提出设想"。通过群策运作产生了28个设想，都在挂在墙上的黑板上加以展示，分为5个类别：组合类（电子琴与计算器组合、与电子钟组合、与收音机组合等）、造型类（电子琴的造型像龙舟、小白兔、小象、长颈鹿等）、功能改进类（改进键盘能为盲人使用、按键形状改进、非接触式按键等）、仿生类（可兼用作看门狗，即如有陌生人进门会发出狗叫声、猫叫、鸟叫等），还有一类是孤立的一类，因为这一类中只有一个设想。引起大家惊讶的是这孤立的一类的设想，竟然是"可吃的电子琴"。整个活动过程历时3h。会后，由"可吃的电子琴"引出如蛋糕盘与电子琴组合，在过生日吃蛋糕前不用吹蜡烛，而是由电子琴演奏祝贺生日快乐之类的歌曲。又有人提出"会飞的电子琴"，电子琴在空中奏乐；"会游泳的电子琴"，电子琴伴随你一起进游泳池，可以在游泳池中奏乐等，引人深思。后来，提出"可吃的电子琴"的人员得到了该企业的奖励，因为这一设想极大地拓宽了电子琴产品开发的思路，推动了产品开发创新。在总结这一活动经验中，该厂领导的高度重视，并亲自参加了小组活动；有一个较好的会议组织和主持人，有充分的会前准备，选好参加小组的成员和有效激励措施，这些因素起到了关键作用。

值得一提的是：活动过程中占用大部分时间所提出的设想，均是一般性的，没有出现奇

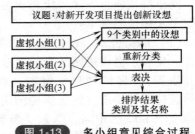

图 1-13 多小组意见综合过程

迹。该厂领导认为这些设想仍然不能打开电子琴的销售市场，于是在第三次创新机会时当机立断宣布，如有更好设想，将予以奖励（奖金与该产品效益"捆绑"）。果然在"激"中生智情况下，提出了"可吃的电子琴"这一奇思妙想。

1.10 剖析分析法

1.10.1 从 ZFLH 模型到创新过程

受我国学者陈劲教授提出的技术创新高标准定位理论框架和模型的启发，以及对后发优势产品的研究，得到了剖析分合创新的过程如图 1-14 所示。从 ZFLH 模型到创新过程，需要对整、分、理、合 4 个阶段对应于创新过程做出分析说明。

1. 从"整""分"两阶段获得的信息、知识、技术

通过对指定产品的外部考察和解剖分析，所得到的结果可归结为获得信息、知识和技术。无论是指定产品内在的，或是从它的延伸和启发得到的，都基于原产品（即指定产品）或根源于原产品。

基于原产品的信息：

1）由原产品剖析直接获得的技术数据、信息。

2）通过市场调查和用户访问了解到该产品的有关情况。

3）通过各种渠道收集到的有关零件、部件、元器件的数据特性资料、生产厂商等信息。

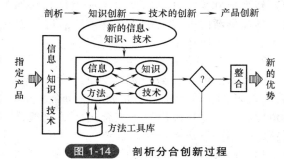

图 1-14 剖析分合创新过程

4）经过分析得到的信息，特别是存在的优点和缺点。

5）受启发提出的意见、发现新的问题和新的设想等这些基于原产品的重要的信息。

6）原产品之所以先进，之所以具有优势，通过剖析不仅知其然，而且知其所以然，掌握它的因果关系。

7）了解了原产品的工作原理、采用某些关键元器件、部件的原因、有关产品关键因素系统的或部分的知识。

8）掌握到的产品总体构想思路、设计指导思想和具体设计中的有关知识。

9）由"基于原产品的信息"经过加工处理后得到的知识。

10）围绕指定产品通过各种渠道所获取的各种知识。

基于原产品的技术：

1）原产品采用的先进技术。

2）原产品中用到的技术和工艺。

3）了解到的生产流程和制造工艺，以及所用相关的制造设备、测量仪器。

4）原产品中的布局和结构。例如为提高抗干扰能力或可靠性所采用的特殊结构。

5）原产品所采取的关键的技术措施。

2. "理"阶段的创新

在接受"整""分"阶段所获得的信息、知识、技术之后，进行知识创新并引发技术的创新，这是"理"阶段所要进行的工作内容。"理"阶段是 ZFLH 模型 4 阶段中最重要的阶段，是剖析分合创新过程中的关键。这里为什么强调知识创新呢？主要因素和理由如下：

1) 对于简单的创新可以靠直觉的方法产生，但对于较复杂的一些创新，只靠直觉不够，还需要依赖意识、意念和特定的模式产生。

2) 在知识经济时代，知识成为技术创新的核心，产品含金量要看产品的知识含量。所以产品创新需要与知识（特别是新知识）相结合。

3) 现代先进产品，企业往往把其中的关键技术和核心知识作为产品的核心技术以至企业的核心能力。核心能力特别是核心技术难于在短期内被模仿，原产品的制造企业会采取许多措施千方百计予以保护。如：软件产品采用密码；把关键知识固化（采用 ASIC 技术）；申报知识产权保护等。在无法获取关键技术和核心知识的情况下只能靠知识创新。

4) 需要系统知识的、复杂的或应用新的理论的创新，很难用一般直观的方法来解决。最好的办法是通过"学习型"模式获取新知识而实现知识创新。

剖析分合创新是针对性较强的创新，是根据剖析成果进行的创新，它的信息源头是特定的、根植于原产品的。所以，通过剖析受启发提出的意见、发现的新问题和创造性的设想，应在进行知识创新中相结合并优先考虑。

进行知识创新并引发技术的创新有 4 个组成要素，即信息、知识、方法和技术。信息和知识是有区别的，知识来自信息，信息是知识的原料，信息经过人脑加工（或经过计算机处理）转变成知识。共享的知识又成为信息。加工处理信息时需要用到方法工具，知识又为方法工具提供新的内容。在结合具体产品进行创新时又要结合专业的技术。这些要素和关系是创新模式的主要环节。

3. "合"阶段是进行组合优化

由技术的创新导致产品创新的过程，将技术的创新与原产品的某些特点进行整合，是"合"阶段的工作。整合不是简单的组合，是组合优化。整合工作着眼于整体优势，从产品整体角度和系统总目标出发，综合运用优化理论，既把原产品的优势特点结合进来，又能发挥创新的作用，形成新产品新优势。有两种整合形式：

1) 在不违反法律情况下，基本上或大部分采用原产品的结构，再进行局部修改和调整，增加创新部分。要注意产品要素和参数之间的匹配，充分考虑整合后的合理性、经济性和优越性。

2) 参考原产品的设计思想和设计方法，把原产品的优势特点和剖析后的创新融合起来，统筹考虑重新设计。

后一种整合更能发挥自己的思路和风格，但难度较大。整合后不能达到新的优势，除了检查整合是否匹配外，还可反馈到前面寻求新方案。

1.10.2 创新过程 KT 模式

通过对国内率先开发数字技术处理彩电实践的研究，获得了"理"阶段中关键的创新过程 KT 模式。

创新过程 KT 模式是形成知识创新（KI）并引发技术的创新（IOT）的过程模式。把新的信息、知识、技术与从原产品上获得的信息、知识、技术合并，分别用 I、K、T 表示（图 1-15 中符号说明）。KT 模式是以 K 和 T 为主要组成的创新模式。先说明知识创新（KI）与 I、K、T 和 M（方法工具）的关系，接着说明引发技术的创新（IOT），再说明方法工具（M）的内容。

1. 知识创新（KI）

产品创新活动是信息、知识、方法、技术复杂的流动过程，同时也是参与产品创新的成员获得知识、运用知识的知识活动过程。参与创新成员要不断学习和获取新的知识，在获得所需知识基础上，运用创造性思维，通过知识转化产生知识创新。知识有显示知识和隐含知识，有操作性知识和实体性知识。隐含知识转化较为困难，然而在知识创新中却很重要，可通过鼓励和非正式交流等办法使隐含知识转化为显示知识。形成操作性知识和实体性知识，需要运用方法工具并与技术要素相结合。这里组成知识创新（KI）的 I、K、T 不仅是基于原产品的信息，还包括新的信息、知识、技术。下面说明知识创新与 4 要素的关系：

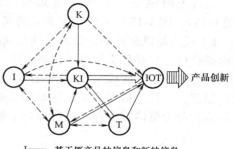

I —— 基于原产品的信息和新的信息
K —— 基于原产品的知识和新知识
T —— 基于原产品的技术和新的技术
M —— 方法工具
KI —— 知识创新
IOT —— 技术的创新

图 1-15 创新过程 KT 模式

1）基于原产品的信息，以及发现新问题和受启发的新设想，这些信息将作为优先级考虑。信息是知识创新的依据，这里的知识创新依据是有较强针对性的信息。

2）知识是知识创新的基础，特别是 K 中的新知识部分，主要通过"学习型"模式获取。从知识到知识创新具有多样性、灵活性、偶然性，以及模糊性。

3）原产品的技术基础可能是知识创新的约束。新的技术对所需新的知识有促进作用，对知识创新有促进。

4）知识创新要用到方法工具，如多种知识组合要运用方法工具库中的组集类方法。通过搜索，找出知识创新需用的方法，有两类搜索方法：依次搜索和选类搜索。有意向性的知识创新可选择选类搜索，先选择基本技巧方法（表 1-7）中的某一类别，然后缩小搜索范围。知识创新（KI）过程：根据创新的大致方向，基于原产品的和新的信息、知识、技术，通过巧妙地运用所选择的某种方法，加工形成操作性知识，即由 I、K、T 再加上创造性思维运用 M 达到 KI（可参阅图 1-15 中实线箭头指向 KI）。

表 1-7 创新基本技巧方法

方法类别	方法基本元													
组集类	联合	整合	组合	合并	融合	合成	集成	一体化	复合	混合	化合	结合	交合	聚合	综合
转换类	逆向	颠倒	反转	反射	反演	反求	反馈	还原	放大	缩小	折叠	变换	转移	转变	移动
类似类	模仿	仿生	移植	杂交	嫁接	模拟	拟合	类比	衍生	虚拟					
增减类	附加	增加	叠加	简化	简并	扣除	清除	减少	减轻	排除	配套	镶嵌	兼容	扩展	扩大	压缩
改变类	替代	置换	对调	调整	重组	变质	变形	换元	更材	分离	分裂	分块	分解	分散	

2. 技术的创新（IOT）

技术的创新是实现知识创新的技术手段和措施。技术的创新与 I、K、M、T 有关系。但是，由知识创新（KI）引发技术的创新（IOT）时，I、K 的影响和联系要少些、间接些，不像 M 和 T 直接（可参阅图 1-15 中实线箭头指向 IOT）。由 KI 获得的操作性知识，结合与研究对象实体关联的技术，通过巧妙地运用所选择的某种方法完成新的实体性知识，达到技术的创新。

3. 方法工具（M）

根据剖析分合创新需要，表 1-7 列出了创新基本技巧方法 5 类 70 种。某些基本元之间的组合又可产生新的技巧方法。基本技巧方法与某些方法相结合可以产生新的创新方法，所有这些方法都可收集并存储在图 1-14 所示的方法工具库中。技巧方法仅仅是工具，它的选取和运用需要通过创造性思维并与所考虑的对象相结合，与采取的措施和采用的技术相结合。

通过上面说明，不难得到知识创新引发技术创新的要素关系和创新过程 KT 模式（图 1-15）。图 1-15 中实线指向表示直接关系，虚线指向表示间接关系。

KT 模式是以原产品的信息、知识和技术为前提的，不管是在剖析中直接掌握还是通过其他途径获得，它是后发优势的创新方法。但如果把图 1-15 所示模式中的 I、K、T 所代表的换成来自自主创新科研成果或多项先进技术，那么，KT 模式不仅适用于剖析先进产品消化吸收后再创新，同样也适用于原始创新和集成创新。如果不从先发或后发优势划分，也可按整体或局部划分为整体自主创新或局部自主创新。

1.11　评价系统

依照产品创新的特点把新产品开发过程划分为三个阶段：准备阶段（新产品概念开发阶段）、设计试制阶段（新产品开发实质性阶段）和批量生产、投放市场阶段（商业化阶段）。这种划分保持了国内过去对新产品开发管理的习惯做法，把准备阶段和小批量生产阶段都纳入了新产品开发过程。三阶段划分比过去四阶段或六阶段简化了，照顾了创新的特点。不同学者对新产品开发的划分不尽相同，也有人认为只有在正式列入新产品试制计划才算开始，但不同阶段划分方法和名称在这里并不重要，只要满足产品创新评价需要。譬如评价产品创新的市场价值，需要为市场提供一定数量的新产品，那么就需要进行小批量生产（有别于大规模生产），这里就把小批量生产投放市场阶段视为新产品开发过程的一部分。准备阶段中需要对众多的设想进行评价选择，只有少数创新构想才进入下一个阶段。如果是直接接受科研成果或应用研究产品，有二次开发阶段。二次开发中也还有产生创新构想和评价选择。总之，三阶段一环扣一环，形成新的产品开发过程链。

评价是用于决策参考的，也是决策的依据，是为决策服务的，评价贯穿于新产品开发全过程。对新产品开发的不同阶段做出评价，及时发现问题以便采取有效的措施解决，它对推进新产品开发进程，使流程畅通，对新产品开发的成败是至关重要的。对应于新产品开发过程三阶段，把评价划分为初期评价、中期评价和后期评价，形成评价系统，如图 1-16 所示。

在新产品开发准备阶段中，需要有大量的新产品设想，在提供足够的设想的前提下，大约只有 1/7 的创新构想能进入商业化阶段。有调查表明：新产品整体成功的概率 = 设计成功的概率（57%）×试制成功的概率（70%）×引入市场成功的概率（65%）= 26%。另有调查表明：新产品整体成功的概率 = 技术实现的概率（57%）×商业化成功的概率（65%）×经济成功的概率（74%）= 27%。这里提供的是平均值，不同产品类别会有很大差异。例如：技术实现的概率是 57%，在药品创新中可能低至 32%，而在电子产品创新中又可能高至 73%。

新产品整体成功的概率如此低，说明新产品开发有极大的风险。随着科技发展、竞争激烈和顾客需求的快速变化，新产品的寿命周期越来越短，风险也越来越大。如何降低风险，就创新和把关角度来说，一是要求提高创新构想质量，二

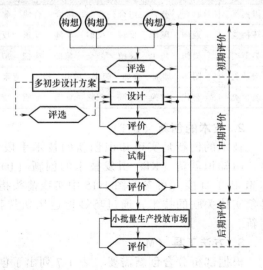

图 1-16　新产品开发过程中的评价系统

是谨慎而又认真进行评价和选择。本书倡导的产品创新方法，由于针对性强，产生创新构想的深度有所发展，体现了构想的质的提高。高质量的构想对新产品原型的"优生"和快速成长具有重要意义。同时，要求严格把关，要正确有效地进行评价和选择，这是产品创新获得商业化成功的先决条件。

1. 初期评价

初期评价处在准备阶段，这阶段最明显的特征是存在着诸多不确定因素，具有不确定性和模糊性，它是无规律的和动态的，表现在环境的未知因素、能否产生较好的创新构想、评选和决策过程包含修改和反复过程以及其他风险因素。

如果把产生的大量设想全部进入设计试制阶段，势必增加新产品开发的工作量和延长开发周期。所以只有通过对大量设想进行预选，进而评选出少数构想，成为必不可少的步骤。初期评价的目的和特点概括如下：

1）初期评价目的是评选，要通过对大量产品设想进行评价，选择出少数几个优秀的创新构想经决策成为方案进入设计试制阶段。

2）初期评价处于新产品开发的前期，存在着许多可变因素和不可知因素，包括设想和创新构想本身的含糊性，使它处于混沌和朦胧之中。

3）由于不确定性，评价的依据不可能具体化，给有效正确地进行初期评价带来困难。

4）正是由于前期的不确定，有效快速的评价可争取并赢得机会。初期评选中若选出优秀方案，会使产品原型具有先天性优势。

2. 中期评价

初期评价后选出的产品创新构想方案，通过设计，按设计施工，试制出合格的正式实样，此时进行的评价，即中期评价。中期评价是经过设计和试制后的阶段性评价。

这阶段内实际上环节很多，包括方案设计、多方案选择和论证，市场预测、技术设计和初样试制，正样试制和正样初评。从进入设计到正样结束，其间反复修改和试验少不了。这阶段中的工作与初期评价阶段相比，工作性质较为明确而具体。设计中也有创新的工作，如采用新材料、新结构、新技术，这些也有反复修正和试验。

在多初步设计方案情况下，需要对多方案进行评选。产生多初步设计方案有两类情形：一类是进入的创新构想就是几个；另一类虽然只有一个构想，但根据不同的设计思想会有两个或多个初步设计方案，需对多方案评选。

在设计试制阶段，多方案同时进行试制，这是因为在技术上有不确定因素或其他因素。设计评价时，就要开始进行对市场预测，一个构想方案即使是精心设计，也很难保证在商业化中一定成功。当试制样品出来后，除了测定样品能达到的技术性能指标外，还要把样品展示给用户测试他们的反应，市场预测在中期评价过程中有着十分重要的地位。应该说设计试制阶段的工作在全过程中是极其繁重的，它是新产品开发的实质性阶段，新产品本质属性的内容全都要在这阶段中肯定下来，所以修改和反复试验都会多次发生。对于复杂性新产品的开发，可能会在试验、初样和产生创新之间反复进行。

中期评价目的和特点概括如下：

1）中期评价目的是评定，要对产品设计和试制成果做出评定，对产品创新的技术、经济价值做出评价，对正式样品是肯定、否定还是需要进一步改进，同时也是对产品创新方案的技术可行性下结论。

2）评价依据进一步具体化。新产品能否达到预期的技术性能指标，可以通过对实样测定获取数据来核查；通过样品试制可计算新产品的初步成本，评估经济效益；有了实样可到顾客中去征求意见；等等。

3）中期评价是全面的综合性评价，除了对产品创新做出明确的评定外，同时也为大规模生产投资和生产技术发展作决策提供评价信息。

3. 后期评价

通过小批生产投放市场，需要收集用户反应和进行市场的现场调查，所以做出评价需要相隔一段时间。后期评价是必要的，通过后期评价，以便达到以下目的：

1）验证产品创新的市场价值。

2）评估市场规模，为进行大规模生产确定生产规模提供依据。

3）计算经济效益，包括短期的和长期的。

4）核查新产品开发其余预期目标、指标。

5）通过评价为今后产品改进提供信息。

第2章

UG NX 8.5创新产品实体造型

2.1 UG NX 8.5 入门

2.1.1 UG NX 8.5 的操作界面

UG NX 软件是一个高度集成的 CAD/CAM/CAE 软件系统，可应用于产品的整个开发过程，包括产品的概念设计、建模、分析和加工等。自 2007 年 UGS 公司被西门子（Siemens）收购之后，其产品已不再以 UG 冠名，而是以 Siemens 冠名，但人们习惯上仍称之为 UG。UG NX 软件不仅具有实体造型、曲面造型、虚拟装配和生成工程图等设计功能，而且在设计过程中可以进行有限元分析、机构运动分析、动力学分析和仿真模拟，以提高设计的可靠性。同时，UG NX 软件可以运用建立好的三维模型直接生成数控代码，用于产品的加工，其后处理程序支持多种类型的数控机床。

用户启动 UG NX 8.5 后，新建一个文件或者打开一个文件，将进入 UG NX 8.5 的基本操作界面，如图 2-1 所示。

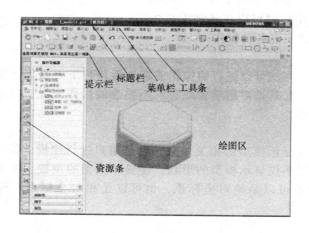

图 2-1 UG NX 8.5 的基本操作界面

从图 2-1 中可以看到，UG NX 8.5 的基本操作界面主要包括标题栏、菜单栏、工具条、提示栏、绘图区和资源条等，下面介绍一下各主要的部分。

1. 标题栏

标题栏用来显示 UG 的版本、进入的功能模块名称和用户当前正在使用的文件名。如

图 2-1 所示。标题栏中显示的 UG 版本为 "NX 8"，进入的功能模块为 "建模"，用户当前使用的文件名为 "_model1. prt（修改的）"。

如果用户想进入其他的功能模块，可以在【标准】工具条中单击【开始】按钮，在其下拉菜单中选择相应的命令即可。

2. 菜单栏

菜单栏中显示用户经常使用的一些菜单命令，包括【文件】、【编辑】、【视图】、【插入】、【格式】、【工具】、【装配】、【信息】、【分析】、【首选项】、【窗口】、【GC 工具箱】和【帮助】等菜单命令。每个主菜单选项都包含有下拉菜单，而下拉菜单中的命令选项有可能还包含有更深层级的下拉菜单（级联菜单），如图 2-2 所示。通过选择这些菜单，用户可以实现 UG 的一些基本操作，如选择【文件】菜单，可以在其下打开的下拉菜单中选择相应的命令实现文件管理操作。

3. 工具条

工具条中的按钮是各种常用操作的快捷方式，用户只要在工具条中单击相应的按钮即可方便地进行相应的操作。如单击【新建】按钮，即可打开【新建】对话框，用户可以在该对话框中创建一个新的文件。

UG 的功能十分强大，提供的工具条也非常多，为了方便管理和使用各种工具条，UG 允许用户根据自己的需要，添加当前需要的工具条，隐藏那些不用的工具条，而且工具条可以拖动到窗口的任何位置。这样用户就可以在各种工具条中单击自己需要的按钮来实现各种操作。

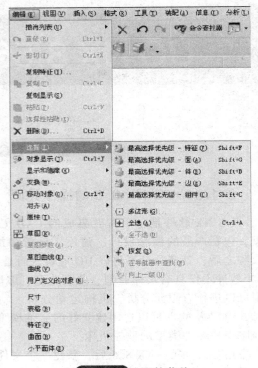

图 2-2　下拉菜单

4. 提示栏

提示栏用来提示用户当前可以进行的操作或者告诉用户下一步怎么做。提示栏在用户进行各种操作时特别有用，尤其是对初学者或者对不熟悉的操作来说，根据系统的提示，就可以很顺利地完成一些操作。

5. 绘图区

绘图区以图形的形式显示模型的相关信息，它是用户进行建模、编辑、装配、分析和渲染等操作的区域。绘图区不仅显示模型的形状，还显示模型的位置。模型的位置是通过各种坐标系来确定的。坐标系可以是绝对坐标系，也可以是相对坐标系。这些信息也显示在绘图区。

6. 资源条

资源条可以显示装配、部件、HD3D 工具、创建模型的历史、培训、帮助和系统默认选项等信息。通过资源条，用户可以很方便地获取相关信息。如用户想知道自己在创建过程中用了哪些操作，哪些部件被隐藏了，以及一些命令的操作过程等信息，那么都可以在资源条获得。

2.1.2　UG NX 8.5 功能模块

UG NX 8.5 包含几十个功能模块，采用不同的功能模块，可以实现不同的功能，这使得

UG NX 成为数字化产品开发解决方案应用软件。在 UG 入口模块界面窗口上单击【标准】工具条中的【开始】按钮,在图 2-3 所示的下拉菜单中显示了部分的功能模块命令,包括钣金、外观造型设计、制图、加工等。

按照这些命令应用的类型分为:CAD 模块、CAM 模块、CAE 模块和其他专用模块。

1. CAD 模块

(1) NX 8.5 基本环境模块 (NX 8.5 入口模块) NX 8.5 基本环境模块是执行其他交互应用模块的先决条件,是当用户打开 NX 8.5 软件时进入的第一个应用模块。在计算机左下角处选择【开始】→【所有程序】→【Siemens NX 8.5】→【NX 8.5】命令,可以打开 NX 8.5 启动窗口,如图 2-4 所示,然后就会进入 NX 8.5 初始模块,如图 2-5 所示。

NX 8.5 基本环境模块给用户提供了一个交互环境,它允许打开已有部件文件,建立新的部件文件,保存部件文件,选择应用,导入和导出不同类型的文件,以及其他一般功能。该模块还提供强化的视图显示操作、视图布局和图层功能、工作坐标系操控、对象信息和分析以及访问联机帮助。

图 2-3 【开始】下拉菜单

图 2-4 NX 8.5 启动窗口

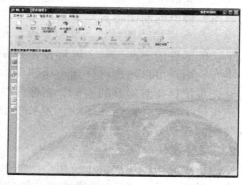

图 2-5 NX 8.5 初始模块

在 NX 8.5 中,通过选择【标准】工具条的【开始】下拉菜单中的命令,可以直接打开其他相应的模块。

(2) 零件建模应用模块 零件建模应用模块是其他应用模块实现其功能的基础,由它建立的几何模型广泛应用于其他模块。新创建模型时,模型模块能够提供一个实体建模的环境,从而使用户快速实现概念设计。用户可以交互式地创建和编辑组合模型、仿真模型和实体模型,可以通过直接编辑实体的尺寸或者通过其他构造方法来编辑和更新实体特征。

模型模块为用户提供了多种创建模型的方法,如草图工具、实体特征、特征操作和参数化编辑等。比较好的建模方法是从【草图】工具开始。在【草图】工具中,用户可以将自己最初的一些想法，用概念性的模型轮廓勾勒出来，这样便于抓住创建模型的灵感。一般来说，用户创建模型的方法取决于模型的复杂程度。用户可以选择不同的方法去创建模型。

1）实体建模：这一通用的建模应用子模块，支持二维和三维线框模型的创建、体扫掠和旋转、布尔操作以及基本的相关编辑。实体建模是"特征建模"和"自由形状建模"的先决条件。

2）特征建模：这一基于特征的建模应用子模块，支持诸如孔、槽和腔体、凸台及凸垫等标准设计特征的创建和相关编辑。该建模应用模块允许用户抽空实体模型并创建薄壁对象。一个特征可以相对于任何其他特征或对象来设置，并可以被引用来建立相关的特征集。"实体建模"是该应用子模块的先决条件。

3）自由形式建模：这一复杂形状的建模应用子模块，支持复杂曲面和复杂实体模型的创建。常使用沿曲线的一般扫描；使用轨迹方式按比例地展开形状；使用标准二次曲线方式的放样形状等技术。"实体建模"是该应用子模块的先决条件。

此外，零件建模应用模块还支持直接建模及用户自定义特征建模。

（3）外观造型设计应用模块　外观造型设计应用模块是为工业设计应用提供的专门设计工具。此模块为工业设计师提供了产品概念设计阶段的设计环境，它主要用于概念设计和工业设计，如汽车开发设计的早期概念设计等。创建新模型时，可以打开【外观造型设计】模块，它包括所用于概念阶段的基本选项。如创建并且可视化最初的概念设计，可以逼真地再现产品造型的最初曲面效果图。外观造型设计模块中不仅包含所有建模模块中的造型功能，而且包括一些较为专业的、用于创建和分析曲面的工具。

（4）图样应用模块　图样应用模块是让用户从建模应用中创建的三维模型，或使用内置的【曲线/草图】工具创建的二维设计布局，来生成工程图样。【图样】模块用于创建模型的各种制图，该模型一般是在新建模块时创建。在图样模块中生成制图的最大优点是，创建的图样都和模型完全相关联。当模型发生变化后，该模型的制图也将随之发生变化。这种关联性使得用户修改或者编辑模型变得更为方便，因为只需要修改模型，并不需要再次去修改模型的制图，模型的制图将自动更新。

（5）装配建模应用模块　装配建模应用模块用于产品的虚拟装配。【装配】模块为用户提供了装配部件的一些工具，能够使用户快速地将一些部件装配在一起，组成一个组件或者部件集合。用户可以增加部件到一个组件，系统将在部件和组件之间建立一种联系，这种联系能够使系统保持对组件的追踪。当部件更新后，系统将根据这种联系自动更新组件。此外，用户还可以生成组件的爆炸图。它支持"自顶向下建模""从底向上建模"和"并行装配"三种装配的建模方式。

2. CAM 模块

NX CAM 应用模块提供了应用广泛的数控（Numerical Control，NC）加工编程工具，使加工方法有了更多的选择。UG 将所有的数控编程系统中的元素集成到一起，包括刀具轨迹的创建和确认、后处理、机床仿真、数据转换工具、流程规划、车间文档等，以使制造过程中的所有相关任务能够实现自动化。

NX CAM 应用模块可以让用户获取和重复使用制造知识，以给数控编程任务带来更高层次的自动化；NX CAM 应用模块中的刀具轨迹和机床运动仿真及验证有助于编程工程师改善数控程序质量和机床效率。CAM 模块包括以下部分：

1）加工基础模块。

2）后处理器。

3）车削加工模块。

4）铣削加工模块。

5）线切割加工模块。

6）样条轨迹生成器。

3. CAE模块

CAE模块是进行产品分析的主要模块，包括以下部分：

（1）强度向导　强度向导提供了极为简便的仿真向导，它可以快速地设置新的仿真标准，适合于非仿真技术专业人员进行简单的产品结构分析。

强度向导通过快速、简单的步骤，将一组新的仿真能力带给使用NX产品设计工具的所有用户。仿真过程的每一阶段都为分析者提供了清晰而简洁的导航。由于它采用了结构分析的有限元方法，自动地划分网格，因此该功能也适合于对复杂的几何结构模型进行仿真。

（2）设计仿真模块　设计仿真是一种CAE应用模块，适用于需要基本CAE工具来对其设计执行初始验证研究的设计工程师。NX设计仿真允许用户对实体组件或装配执行仅限于几何体的基本分析。这种基本验证可使设计工程师在设计过程的早期了解其模型中可能存在结构应力或热应力的区域。

NX设计仿真提供一组有针对性的预处理和后处理工具，并与一个流线化版本的NX Nastran解算器完全集成。用户可以使用NX设计仿真执行线性静态、振动（正常）模式、线性屈曲、热分析，还可以使用NX设计仿真执行适应性、耐久性、优化的求解过程。

（3）高级仿真模块　高级仿真模块是一种综合性的有限元建模和结果可视化的产品，旨在满足资深CAE分析师的需要。NX高级仿真包括一整套预处理和后处理工具，并支持多种产品性能评估法。NX高级仿真提供对许多业界标准解算器的无缝、透明支持，这样的解算器包括NX Nastran、MSC Nastran、ANSYS和ABAQUS。NX高级仿真提供NX设计仿真中可用的所有功能，还支持高级分析流程的许多其他功能。

（4）运动仿真模块　运动仿真模块可以帮助设计工程师理解、评估和优化设计中的复杂运动行为，使产品功能和性能与开发目标相符。用户在运动仿真模块中可以模拟和评价机械系统的一些特性，如较大的位移、复杂的运动范围、加速度、力、锁止位置、运转能力和运动干涉等。一个机械系统中包括很多运动对象，如铰链、弹簧、阻尼、运动驱动、力、弯矩等。这些运动对象在运动导航器中按等级有序地排列着，反映着它们之间的从属关系。

（5）注塑流动分析模块　注塑流动分析模块用于对整个注塑过程进行模拟分析，包括填充、保压、冷却、翘曲、纤维取向、结构应力和收缩，以及气体辅助成型分析等，使模具设计师可以在设计阶段就找出未来产品可能出现的缺陷，提高一次试模的成功率。它还可以作为产品开发工程师优化产品设计的参考。

4. 其他专用模块

除上面介绍到的常用CAD/CAM/CAE模块外，NX还提供了非常丰富的面向制造行业的专用模块，主要有以下几种：

1）钣金模块。

2）管线布置模块。

3）工装设计向导。

2.1.3　UG NX 8.5基本操作

1. 鼠标和键盘操作

（1）鼠标操作　鼠标操作是NX基本操作中最为常见，也是最为重要的操作，用户大部分的操作都是通过鼠标完成的。表2-1是对用户在对话框和绘图区中使用鼠标操作的一些说明。

表 2-1 鼠标操作说明

目　的	操　作
选择菜单或者选择对话框中的选项	单击
当用户在对话框中完成所有参数的设置后,需要确定或者应用操作	鼠标中键
取消	Alt+鼠标中键
显示剪切/复制/粘贴菜单	在文本中单击鼠标右键
选择一些连续排列的对象	Shift+单击
选择或者取消一些非连续排列的对象	Ctrl+单击
放大模型视图	滚动鼠标滚轮
弹出对象选择菜单	在对象上单击鼠标右键
激活对象的默认操作	在对象上双击鼠标左键
旋转视图	在绘图区按下并拖动鼠标中键
平移视图	在绘图区拖动鼠标中键+鼠标右键或者按下 Shift+鼠标中键
放大视图	在绘图区拖动鼠标中键+鼠标左键或者按下 Ctrl+鼠标中键

（2）键盘操作　键盘操作也是 NX 基本操作中最为常见的一种操作,用户可以通过键盘和鼠标完成 UG NX 8.5 的大部分操作。用户也可以根据自己的习惯,选择使用键盘操作或者鼠标操作。尽管鼠标是最基本的操作方式,但是用户也可以通过键盘来完成很多交互操作功能。

2. 文件管理操作

文件管理包括新建文件、打开文件、保存文件、关闭文件、查看文件属性、打印文件、导入文件、导出文件和退出系统等操作。

在菜单栏中选择【文件】命令,打开【文件】菜单。【文件】菜单包括【新建】、【打开】、【关闭】、【保存】和【打印】等命令,下面将介绍一些常用的文件操作命令。

（1）新建　【新建】命令用来重新创建一个文件。选择【文件】→【新建】菜单命令或者在【标准】工具条中直接单击【新建】按钮,都可以执行该命令。执行该命令后,将打开【新建】对话框,对话框顶部有【模型】、【图样】、【仿真】以及【加工】等选项卡标签,单击某个标签,切换至某个选项卡,会有一个对应的【模板】列表框,列出 NX 8.5 中可用的现存模板。用户只要从列表框中选择一个模板,NX 8.5 会自动地复制模板文件以建立新的 NX 8.5 文件,而且新建立的 NX 8.5 文件会自动地继承模板文件的属性和设置。

（2）打开　【打开】命令用来打开一个已经创建好的文件。选择【文件】→【打开】菜单命令或者在【标准】工具条中直接单击【打开】按钮,都可以执行该命令。执行该命令后打开【打开】对话框,它和大多数软件的【打开】对话框相似,这里不再详细介绍。

（3）保存　保存文件的方式有两种,一种是直接保存,另一种是另存为其他。

若要直接保存,可选择【文件】→【保存】菜单命令或者在【标准】工具条中直接单击【保存】按钮。执行该命令后,系统不打开任何对话框,文件将自动保存在创建该文件的保存目录下,文件名称和创建时的名称相同。

若要另存为其他,可选择【文件】→【另存为】菜单命令。执行该命令后,将打开【另存为】对话框,用户指定存放文件的目录后,再输入文件名称即可。此时的存放目录可以和创建文件时的目录相同，但是如果存放目录和创建文件时的目录相同，则文件名不能相同，否则不能保存文件。

（4）属性　【属性】命令用来查看当前文件的属性。选择【文件】→【属性】菜单命令，打开如图2-6所示的【显示的部件属性】对话框。

在【显示的部件属性】对话框中，用户通过单击不同的标签，就可以切换到不同的选项卡。图2-6所示为单击【显示部件】标签后的显示信息。【显示部件】选项卡显示了文件的一些属性信息，如部件名、全路径、单位、工作视图和工作图层等。

3. 编辑对象

编辑对象包括撤销对象、修剪对象、复制对象、粘贴对象、删除对象、选择对象、隐藏对象、变换对象和对象显示等操作。

在菜单栏中选择【编辑】命令，打开【编辑】下拉菜单。【编辑】下拉菜单包括【撤销列表】、【复制】、【删除】、【选择】、【变换】、【显示和隐藏】、【移动对象】和【属性】等命令。如果某个命令后带有小三角形，表明该命令还有子命令。如在【编辑】菜单中选择【显示和隐藏】命令后，子命令显示在【显示和隐藏】命令后面。

（1）撤销　【撤销】命令用来撤销用户上一步或者上几步的操作。这个命令在修改文件时特别有用。当用户对修改的效果不满意时，可以通过【撤销】命令来撤销对文件的一些修改，使文件恢复到之前的状态。

选择【编辑】→【撤销列表】菜单命令或者在【标准】工具条中直接单击【撤销】按钮，都可以执行该命令。

【撤销列表】子菜单中将显示用户最近的操作，以供用户选择撤销哪些操作。用户只要在相应的选项前选择即可撤销相应的操作。

（2）删除　【删除】命令用来删除一些对象。这些对象既可以是某一类对象，也可以是不同类型的对象。用户可以手动选择一些对象然后删除它们，也可以利用类选择器来指定某一类或者某几类对象，然后删除它们。

选择【编辑】→【删除】菜单命令或者在【标准】工具条中直接单击【删除】按钮，都可以打开图2-7所示的【类选择】对话框。

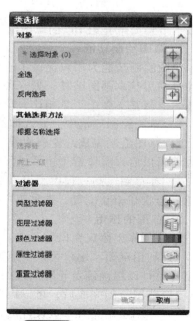

【类选择】对话框中的选项说明如下。

1）对象。选取方式有三种，它们分别是【选择对象】、【全选】和【反向选择】。

2）其他选择方法。可以根据名称选择，其后的文本框用来输入对象的名称。

3）过滤器。该选项用来指定选取对象的方式。过滤方式有5种方式，它们分别是【类型过滤器】、【图层过滤器】、【颜色过滤器】、【属性过滤器】和【重置过滤器】。对其中的两种过滤方式的说明如下：

●类型过滤器：该参数设置在选择对象时是按照类型来选取的。单击【类型过滤器】按钮，打开【根据类型选择】对话框，系统提示用户设置可选对象或者选择对象。【根据类型选择】对话框列出了用户可以选择的类型，如曲线、草图、实体、片体、指、尺寸和符号等类型。用户可以在该对话框中选择一个类型，也可以选择几个类型。如果要选择多个对象，按下【Ctrl】键，然后在对话框中选择多个类型即可。

●图层过滤器：该参数设置在选择对象时是按照图层来选取的。单击【图层过滤器】按钮，打开【根据图层选择】对话框，系统提示用户设置可选图层。【根据图层选择】对话框中提供给用户的选项有【范围或者类别】、【过滤器】和【图层】等。用户根据这些选项就可以指定删除哪些图层中的对象了。

2.2 草 绘 设 计

草图绘制（简称草绘）功能是 UG NX 8.5 为用户提供的一种十分方便的绘图工具。用户可以首先按照自己的设计意图，迅速勾画出零件的粗略二维轮廓，然后利用草图的尺寸约束和几何约束功能精确确定二维轮廓曲线的尺寸、形状和相互位置。草图绘制完成以后，可以用拉伸、旋转或扫掠生成实体造型。草图对象和拉伸、旋转或扫掠生成的实体造型相关。当草图修改以后，实体造型也发生相应的变化。因此，对于需要反复修改的实体造型，使用草图绘制功能以后，修改起来非常方便快捷。

2.2.1 草图功能和作用

本节将简单介绍 UG 的草图绘制功能和草图的作用。

1. 草图绘制功能

草图绘制功能为用户提供了一种二维绘图工具，在 UG 中，有两种方式可以绘制二维图，一种是利用基本画图工具，另一种就是利用草图绘制功能。两者都具有十分强大的曲线绘制功能。但与基本画图工具相比，草图绘制功能还具有以下三个显著特点。

1）草图绘制环境中，修改曲线更加方便快捷。

2）草图绘制完成的轮廓曲线与拉伸或旋转等扫描特征生成的实体造型相关联，当草图对象被编辑以后，实体造型也紧接发生相应的变化，即具有参数设计的特点。

3）在草图绘制过程中，可以对曲线进行尺寸约束和几何约束，从而精确确定草图对象的尺寸、形状和相互位置，满足用户的设计要求。

2. 草图的作用

草图的作用体现在以下 4 点。

1）利用草图，用户可以快速地勾画出零件的二维轮廓曲线，再通过施加尺寸约束和几何约束，就可以精确确定轮廓曲线的尺寸、形状和位置等。

2）草图绘制完成后，可以用拉伸、旋转或扫掠生成实体造型。

3）草图绘制具有参数设计的特点，这对于在设计某一需要进行反复修改的附件时非常有用。因为只需要在草图绘制环境中修改二维轮廓曲线即可，而不用去修改实体造型，这样就节省可很多修改时间，提高了工作效率。

4）草图可以最大限度地满足用户的设计要求，这是因为所有的草图对象都必须在某一指定的平面上进行绘制，而该指定平面可以是任一平面，既可以是坐标平面和基准平面，也可以是某一实体的表面，还可以是某一片体或碎片。

2.2.2 草图工作平面

草图平面是指用来附着草图对象的平面，它可以是坐标平面，如 XC-YC 平面，也可以是实体上的某一平面，如长方体的某一个面，还可以是基准平面。因此草图平面可以是任一平面，即草图可以附着在任一平面上，这也就给设计者带来了极大的设计空间和创造自由。在绘制草图对象时，首先要指定草图平面，这是因为所有的草图对象都必须附着在某一指定平面上。因此在讲解草图设计前，我们先来学习指定草图平面的方法。制定草图平面的方法有两种，一种是在创建草图对象之前就指定草图对象，另一种是在创建草图对象时使用默认的草图平面，然后重新附着草图平面。后一种方法也适用于需要重新指定草图平面的情况。

1. 指定草图平面

下面将详细介绍在创建草图对象之前，指定草图平面的方法。

在【直接草图】工具条中单击【草图】按钮，弹出【创建草图】对话框。此时系统提示用户"选择草图平面的对象或选择要定向的草图轴"，同时在绘图区显示绘图平面和 X、Y、Z 三个坐标轴。

（1）类型　在【类型】下拉列表框中，包含两个选项，分别是【基于路径】和【在平面上】，用户可以选择其中的一种作为新建草图的类型。系统默认的草图类型为【在平面上】的草图。

（2）草图平面　该选项组参数用来指定实体平面为草图平面。它有 4 种类型，分别是【自动判断】、【现有的平面】、【创建平面】和【创建基准坐标系】。

1）自动判断。自动判断是指由系统自动判断绘图者的意图，选取绘图平面。

2）现有平面。当部件中已经存在实体时，用户可以直接选择某一实体平面作为草图的附着平面。当指定实体平面后，该实体平面在绘图区高亮度显示。

当部件中既没有实体平面，也没有基准平面时，用户可以指定坐标平面为草图平面，如图 2-8 所示。当指定某一坐标平面为草图平面后，该坐标在绘图区高亮度显示，同时高亮度显示三个坐标轴的方向。如果用户需要修改坐标轴的方向，只要双击三个坐标轴中的一个即可。例如，变更原坐标系方向后，显示如图 2-9 所示。

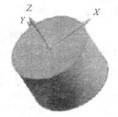

图 2-8　指定草图平面

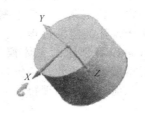

图 2-9　变更坐标系方向

3）创建平面。选择【创建平面】选项，打开【创建草图】对话框，要求用户创建一个平面作为草图平面。

4）创建基准坐标系。选择【创建基准坐标系】选项，打开【创建草图】对话框，当部件中存在基准坐标系时，用户可以指定某一坐标系，系统将根据指定的坐标系创建草图平面。如果部件中不存在基准坐标系，那么单击【创建基准坐标系】按钮，打开【基准坐标系】对话框，要求用户创建一个基准坐标系。

（3）草图方向　该选项组参数用来设置草图轴的方向，它包含两个选项：【水平】和

【竖直】。

（4）草图原点　指定草图的原点，单击相应的按钮，在绘图区指定原点。

（5）设置　启用【创建中间基准 CSYS】复选框，会在草图上创建基准坐标系。启用【关联原点】复选框，会将原点与模型特征进行关联。启用【投影工作部件原点】复选框，不会将坐标系原点设置在选择的平面上。

2.3　实体设计基础

UG NX8.5 具有强大的实体创建功能，可以创建各种实体特征，如长方体、圆柱体、圆锥、球体、管体、孔、圆形凸台、腔体、凸垫和键槽等。通过对点、线、面的拉伸、旋转和扫掠也可以创建用户所需的实体特征。此外，UG NX8.5 提供的布尔运算功能，可以将用户已经创建好的各种实体特征进行加、减和合并等运算，使用户具有更大、更自由的创造空间。

实体建模是一种复合建模技术，它基于特征和约束建模技术，具有参数化设计和编辑复杂实体模型的能力，是 UG CAD 模块的基础和核心建模工具。

2.3.1　实体建模的特点

1）UG 可以利用草图工具建立二维截面的轮廓曲线，然后通过拉伸、旋转或者扫掠等得到实体。这样得到的实体具有参数化设计的特点，当草图中的二维轮廓曲线改变以后，实体特征自动进行更新。

2）特征建模提供了各种标准设计特征的数据库，如长方体、圆柱体、圆锥、球体、管体、孔、圆形凸台、型腔、凸垫和键槽等，用户在建立这些标准设计特征时，只需要输入标准设计特征的参数即可得到模型，既方便又快捷，从而提高了建模速度。

3）在 UG 中建立的模型可以直接被引用到 UG 的二维工程图、装配、加工、机构分析和有限元分析中，并保持关联性。如在工程图上，利用 Drafting 中的相应选项，可从实体模型提取尺寸、公差等信息并标注在工程图上，实体模型编辑后，工程图尺寸自动更新。

4）UG 提供的特征操作和特征修改功能，可以对实体模型进行各种操作和编辑，如倒角、抽壳、螺纹、比例、裁剪和分割等，从而简化了复杂实体特征的建模过程。

5）UG 可以对创建的实体模型进行渲染和修饰，如着色和消隐，方便用户观察模型。此外，还可以从实体特征中提取几何特性和物理特性，进行几何计算和物理特性分析。

2.3.2　特征工具条

UG 的操作界面非常方便快捷，各种建模功能都可以直接使用工具条上的按钮来实现。新建文件后，单击【开始】按钮，在打开的菜单中选择【建模】命令，UG 进入建模环境。在非图形区单击鼠标右键，打开如图 2-10 所示的快捷菜单。

从图 2-10 中可以看到，【特征】命令已经被启用，这表明【特征】工具条已经显示在 UG 界面的工具条中了。【特征】工具条用来创建基本的建模特征，它在 UG 界面中显示如图 2-11 所示。

图 2-11 中只显示了一部分特征的按钮，如果用户需要添加其他的

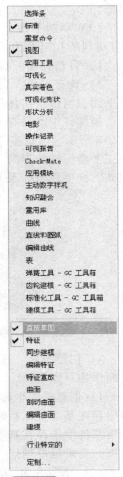

图 2-10　快捷菜单

特征按钮，单击图2-11中的下三角形，则显示【添加或移除按钮】菜单。单击【添加或移除按钮】菜单，再选择【特征】命令，系统打开特征的所有按钮。

　　工具条显示的是系统默认显示的特征。如果用户需要显示其他的特征，只需要启用相应的按钮即可。

　　【特征】工具条也可以用鼠标拖动到窗口的其他位置。当添加所有的特征按钮后，用鼠标将【特征】工具条拖动到图形区后，如图2-12所示。

　　如图2-12所示，特征的按钮按照不同类型分类排列，这样既简单明了，又方便用户选取某一类特征的按钮。

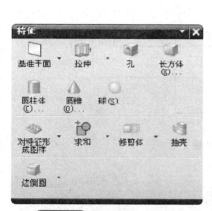

图2-11　【特征】工具条

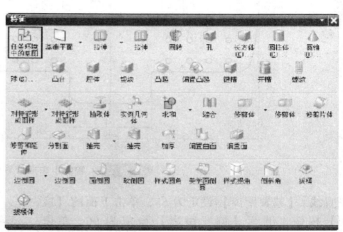

图2-12　显示特征分类按钮的【特征】工具条

2.4　UG NX 8.5产品实体设计案例

　　为了方便大家学习产品创新设计的方法和过程，学习UG NX8.5软件的基本建模和装配方法，下面将以智能小车为例，介绍零件的UG建模和小车的装配。选择智能小车的理由：①目前国内高校的各级比赛，很多指定智能小车；②智能小车具有新型产品的最基本的几个构成部分；③智能小车将在今后会有较大的应用空间。曲面造型在产品设计中应用较广，下面也将介绍一些基本的建模方法。

2.4.1　智能小车底板与支架建模

1. 底板

　　图2-13为智能小车底板零件图，鉴于学习者刚接触UG NX8.5软件，下面的示例将其一些孔做了简化。

　　打开UG NX8.5软件，单击【新建】，选择【模型】，设置零件名称，设定文件的存储路径，单击【确定】进入建模界面。

　　单击【草图】，出现创建草图对话框，【类型】选择"在平面上"，【平面方法】选择"创建平面"，【指定平面】单击右侧小黑箭头，选择Z轴，单击对话框下面的【确定】按钮，进入草图界面。

　　单击【直线】起点坐标（-130，0），直线长度为260，角度为0；另一直线起点（0，100），直线长度为200，角度为270，完成两条基准线绘制。

　　单击【偏置曲线】，出现偏置曲线对话框，【要偏置的曲线】选择上面绘制的一条水

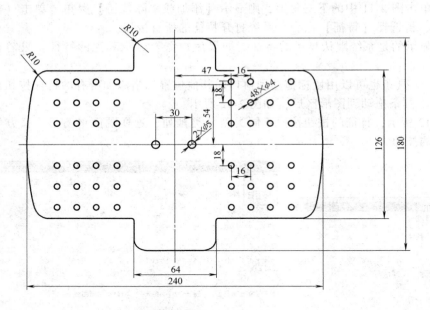

图 2-13 智能小车底板零件图

平直线,【偏置距离】设定为 63,单击下面的【应用】按钮,继续【偏置距离】设定为 90,单击【确定】。再单击【偏置曲线】,出现偏置曲线对话框,【要偏置的曲线】选择上面绘制的一条垂直直线,【偏置距离】设定为 32,单击下面的【应用】按钮,继续【偏置距离】设定为 120,单击【确定】,完成直线偏置,如图 2-14 所示。

单击【快速修剪】，从外向内逐步剪切多余的图线,成为图 2-15 所示的形状,单击【关闭】快速修剪对话框。注意:两条基准线不要剪切了。

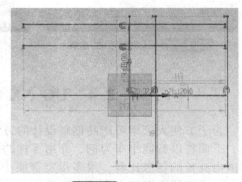

图 2-14 直线偏置

单击【镜像曲线】，出现镜像曲线对话框。【选择对象】:将鼠标移到上面剪切完成的图形,单击拾取镜像对象,【中心线】:将鼠标移到绘制直线时绘制的一条垂直直线。单击【应用】,如图 2-16 所示。继续【选择对象】:将鼠标移到上面镜像完成的图形,单击拾取镜

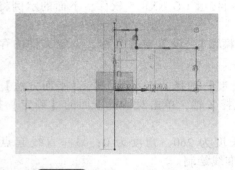

图 2-15 快速修剪后的图形

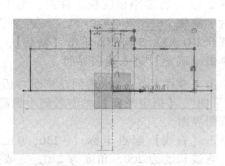

图 2-16 一次镜像后的图形

54

像对象。【中心线】：将鼠标移到绘制直线时绘制的一条水平直线。单击【确定】，完成镜像，如图2-17所示，关闭镜像曲线对话框。

单击【圆弧】，绘制圆弧，单击【自动判断尺寸】，标注圆弧半径为240。注意：三点圆弧的第二个点，必须是一侧与水平基准线的交点。使用【快速修剪】，剪掉多余图线，删除所有两侧的多余直线，如图2-18所示。

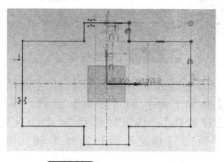

图 2-17　二次镜像图形

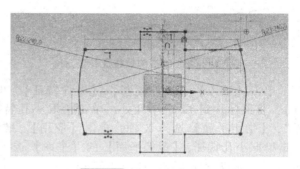

图 2-18　两端圆弧线绘制

单击【圆角】，出现移动数据框，在数据框内输入半径为10，回车。将光标移到需要圆角的直线相交点上，单击【确定】，即完成圆角，如图2-19所示。

最后，单击【转换至/自参考对象】，出现对话框，用鼠标拾取前面绘制的两条基准线，将两条基准线设定为参考线，单击【确定】，单击【完成草图】。

单击【拉伸】，出现拉伸对话框，【截面】选取刚才绘制的草图曲线，【方向】为不设定，采用默认状态，【限制】的【开始】的【距离】为0，【结束】的【距离】为3，即底板厚为3，单击【确定】，完成底板拉伸，如图2-20所示。

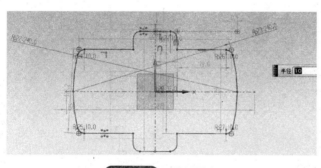

图 2-19　绘制圆角

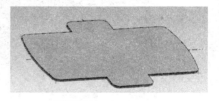

图 2-20　底板拉伸

单击【孔】，出现孔的对话框，【类型】选择"常规孔"，【位置】为"指定点"，单击【绘制截面】出现创建草图对话框，【草图平面】选择"现有平面"，用鼠标单击拉伸后的底板上表面，单击【确定】，出现草图点的对话框，单击【点对话框】，设置点的坐标为(47，54，0)，单击【确定】，单击【完成草图】。继续孔的对话框设置，【形状和尺寸】的【大小】设定为4（直径），【深度】为>3，【布尔】设定为"求差"，单击【确定】，完成孔。

单击【插入】→【关联复制】→【阵列特征】，出现对话框。【要形成阵列的特征】的【选择特征】：将鼠标移到小孔处，单击拾取。【阵列定义】的【布局】选择"线性"。【方向1】选择X轴方向，【数量】为4，【节距】为16；【方向2】选择Y轴方向，【数量】为3，【节距】为18，单击【确定】，完成阵列特征，如图2-21所示。

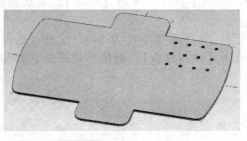

图 2-21　线性阵列特征

图 2-22　镜像特征

单击【插入】→【关联复制】→【镜像特征】，出现对话框。【要镜像的特征】的【选择特征】：将鼠标移到 12 个小孔处，单击拾取小孔特征。【镜像平面】的【平面】选择"新平面"，【指定平面】选择 X 轴，单击【应用】。继续【选择特征】：将鼠标移到 24 个小孔处，单击拾取小孔特征，【镜像平面】的【平面】选择"新平面"，【指定平面】选择 Y 轴，单击【确定】，完成特征镜像，如图 2-22 所示。

2. 支架

在智能小车中，电动机、传感器、电池等元器件都需要固定在底板上，如图 2-23 所示。这些支撑和定位的零件统称支架。下面介绍一个简单的支架的建模过程，支架的零件主要尺寸如图 2-24 所示，有些圆角之类的外观尺寸，读者可以自行设计给定。

注意：下面建模过程，对于前面已经介绍过的功能命令的使用后面就不再重复，读者自行练习巩固。

图 2-23　智能小车底盘

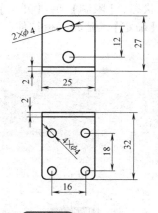

图 2-24　支架零件图

打开软件，单击【草图】，创建平面，选择 Z 轴，进入草图。绘制矩形（尺寸为 26×29），如图 2-25 所示，单击【完成草图】，完成草图 1 的绘制。

单击【拉伸】，选择草图 1，拉伸板厚为 2，完成拉伸，如图 2-26 所示。

单击【草图】，选择"现有平面"为已拉伸板的上表面，选择 Z 轴，进入草图面。绘制矩形（尺寸为 26×3），单击【完成草图】，完成草图 2 的绘制；单击【拉伸】，选择草图 2，拉伸高度为 20，完成拉伸，如图 2-27 所示。

单击【草图】，出现草图对话框，选择"现有平面"为底板的上表面，进入草图，单击【圆】，圆心在（4，−25），直径为 4，单击【完成草图】，完成草图 3，如图 2-28 所示；单击【拉伸】，选择草图 3，拉伸深度>3，设定拉伸方向，【布尔】选择"求差"，完成小孔，如图 2-29 所示。单击【阵列特征】，选择"线性"阵列，【方向 1】选择 X 轴方向，【数量】为 2，

【节距】为16；【方向2】选择Y轴方向，【数量】为2，【节距】为18，单击【确定】，完成阵列特征，如图2-30所示。

图 2-25　支架草图 1

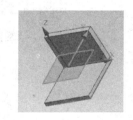

图 2-27　支架立板拉伸

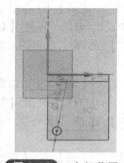

图 2-28　支架草图 3

图 2-29　拉伸求差小孔

图 2-30　阵列特征小孔

单击【草图】，选择"现有平面"为立板的前面，单击【圆】，绘制两个圆，圆心分别为（13，6）和（13，18），直径均为4，单击【完成草图】，完成草图4，如图2-31所示。单击【拉伸】，选择草图4，拉伸深度>3，设定拉伸方向，【布尔】选择"求差"，完成两个小孔，如图2-32所示。完成支架建模。

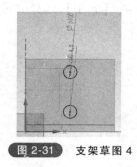

图 2-31　支架草图 4

图 2-32　支架建模

2.4.2　智能小车车轮与电动机建模

1. 车轮

智能小车的车轮的主要尺寸如图2-33所示。外观漏掉的尺寸，读者可以自行设计。

单击【命令查找器】，出现命令查找器对话框，在【搜索】里输入"圆柱"，回车，即可搜索到"圆柱"的命令和图标，关闭命令查找器；单击【圆柱】，出现圆柱对话框，【类型】选择"轴、直径和高度"，【轴】的【指定矢量】设定为Y轴，【指定点】的【点的对话框】，设定点的坐标为（0，0，0），单击【确定】，返回圆柱对话框，【尺寸】的【直径】为

50，【高度】为12，单击【确定】，完成车轮外廓，如图2-34所示。

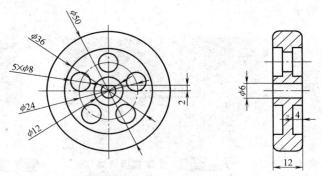

图 2-33　智能小车车轮零件图

　　继续单击【圆柱】，出现圆柱对话框，【类型】选择"轴、直径和高度"，【轴】的【指定矢量】设定为Y轴，【指定点】的【点的对话框】设定点的坐标为（0，0，0），单击【确定】，返回圆柱对话框，【尺寸】的【直径】为36，【高度】为4，【布尔】选择"求差"，单击【确定】，完成车轮腹板一侧。

　　继续单击【圆柱】，出现圆柱对话框，【类型】选择"轴、直径和高度"，【轴】的【指定矢量】设定为Y轴，【指定点】的【点的对话框】设定点的坐标为（8，0，0），单击【确定】，返回圆柱对话框，【尺寸】的【直径】为36，【高度】为4，【布尔】选择"求差"，单击【确定】，完成车轮腹板另一侧，如图2-35所示。

　　继续单击【圆柱】，出现圆柱对话框，【类型】选择"轴、直径和高度"，【轴】的【指定矢量】设定为Y轴，【指定点】的【点的对话框】设定点的坐标为（0，0，0），单击【确定】，返回圆柱对话框，【尺寸】的【直径】为12，【高度】为4，【布尔】选择"求和"，单击【确定】，完成车轮轮毂凸缘一侧。

　　继续单击【圆柱】，出现圆柱对话框，【类型】选择"轴、直径和高度"，【轴】的【指定矢量】设定为Y轴，【指定点】的【点的对话框】设定点的坐标为（8，0，0），单击【确定】，返回圆柱对话框，【尺寸】的【直径】为12，【高度】为4，【布尔】选择"求和"，单击【确定】，完成轮毂凸缘另一侧，如图2-36所示。

　图 2-34　车轮外廓圆柱　　　图 2-35　车轮腹板　　　图 2-36　轮毂凸缘

　　单击【边倒圆】，出现边倒圆对话框，【形状】选择"圆形"，【半径】设定为3，将鼠标移到车轮的外廓边缘，拾取交点，完成边倒圆，如图2-37所示。

　　单击【草图】，出现草图对话框，选择"现有平面"为车轮腹板侧面，进入草图，单击【圆】，圆心在（0，12），直径为8，单击【完成草图】，完成车轮草图1，如图2-38所示。单击【拉伸】，选择车轮草图1，拉伸深度>4，设定拉伸方向，【布尔】选择"求差"，完成小孔，如图2-39所示。

图 2-37　车轮
外廓倒圆

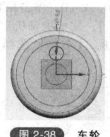

图 2-38　车轮
草图 1

图 2-39　车轮
腹板小孔

图 2-40　腹板 5
孔阵列

单击【阵列特征】，【布局】选择"圆形"，【旋转轴】选择 Y 轴方向，【指定点】的【点对话框】设定旋转中心为（0，0，0），【角度方向】的【数量】为 5，【节距角】为 72，单击【确定】，完成阵列特征，如图 2-40 所示。

单击【草图】，出现草图对话框，选择"现有平面"为车轮轮毂凸缘的前端面，进入草图；单击【圆】，圆心在（0，0），直径为 6；单击【直线】，与小圆相交，绘制一条水平的直线；单击【自动判断尺寸】，标注直线与 X 轴之间的距离为 2，或图形上有尺寸时，双击该尺寸，修改尺寸数据为 2，回车即可，如图 2-41 所示。单击【快速修剪】，将直线和圆弧的多余图形剪掉，单击【完成草图】，完成轴孔草图 2，如图 2-42 所示。

单击【拉伸】，选择轴孔草图 2，拉伸深度>12，设定拉伸方向，【布尔】选择"求差"，完成小孔，如图 2-43 所示。

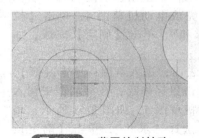

图 2-41　草图绘制轴孔

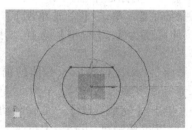

图 2-42　完成轴孔草图

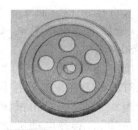

图 2-43　智能小车车轮

2. 电动机

电动机作为创新设计的部件，在产品的整理设计中，它只是一个应用单元，不担负产品结构创新的任务，所以，在这里只需要画出它的外形，保证产品整体结构的完整性即可。智能小车选用的电动机外形主要尺寸如图 2-44 所示。

单击【草图】，选择"创建平面"，选择 Y 轴，进入草图；单击【矩形】，出现对话框，【矩形方法】选择对角两点，【输入模式】选择"XY"，在鼠标的移动 XY 坐标框中输入 X = −10，Y = 10，回车；在移动框中输入宽度和高度均为 20，回车，单击鼠标确定，单击【完成草图】，完成电动机草图 1，如图 2-45 所示；单击【拉伸】，选择电动机草图 1，设置拉伸高度为 30，单击【确定】完成，如图 2-46 所示。

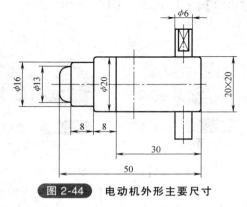

图 2-44　电动机外形主要尺寸

单击【草图】，选择"现有平面"，用鼠标拾取长方体左侧面，进入草图；单击【圆】，出现对话框，在鼠标的移动 XY 坐标框中输入 X＝0，Y＝0，单击鼠标确定；在移动框中输入直径为 20，回车，单击鼠标确定，单击【完成草图】，完成电动机草图 2，如图 2-47 所示；单击【拉伸】，选择电动机草图 2，设置拉伸高度为 8，【布尔】选择"求和"，单击【确定】，完成如图 2-48 所示。

图 2-45　电动机草图 1

图 2-46　电动机长方体

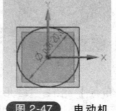

图 2-47　电动机草图 2

图 2-48　电动机圆柱 1

　　单击【草图】，选择"现有平面"，鼠标拾取圆柱体 1 的左侧端面，进入草图；单击【圆】，出现对话框，在鼠标的移动 XY 坐标框中输入 X＝0，Y＝0，单击鼠标确定；在移动框中输入直径为 16，回车，单击鼠标确定，单击【完成草图】，完成电动机草图 3；单击【拉伸】，选择电动机草图 3，设置拉伸高度为 8，【布尔】选择"求和"，单击【确定】完成，如图 2-49 所示。

　　单击【草图】，选择"现有平面"，用鼠标拾取圆柱体 2 的左侧端面，进入草图；单击【圆】，出现对话框，在鼠标的移动 XY 坐标框中输入 X＝0，Y＝0，单击鼠标确定；在移动框中输入直径为 13，回车，单击鼠标确定，单击【完成草图】，完成电动机草图 4；单击【拉伸】，选择电动机草图 4，设置拉伸高度为 4，【布尔】选择"求和"，单击【确定】完成，如图 2-50 所示。

　　单击【草图】，选择"现有平面"，用鼠标拾取长方体的前表面，进入草图；单击【圆】，出现对话框，在鼠标的移动 XY 坐标框中输入 X＝24，Y＝0，单击鼠标确定；在移动框中输入直径为 6，回车，单击鼠标确定，单击【完成草图】，完成电动机草图 5，如图 2-51 所示；单击【拉伸】，选择电动机草图 5，设置拉伸高度为 15，【布尔】选择"求和"，单击【确定】；单击【拉伸】，选择电动机草图 5，反向拉伸，设置拉伸高度为 30，【布尔】选择"求和"，单击【确定】完成，如图 2-52 所示。

图 2-49　电动机圆柱 2

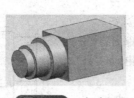

图 2-50　电动机圆柱 3

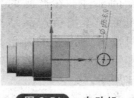

图 2-51　电动机草图 5

图 2-52　电动机两侧输出轴

　　单击【草图】，选择"现有平面"，用鼠标拾取电动机输出轴 15 长的一端面，进入草图；单击【矩形】，出现对话框，用鼠标移动取两点，任意绘制一个大小的矩形，矩形必须与轴的外圆相交；单击【几何约束】，【约束】选择"平行"，用鼠标拾取矩形的下面的一条线，再拾取 X 轴，使两者平行；单击【自动判断尺寸】，标注矩形的下面直线与 X 轴之间的距离为 2，或图形上有尺寸时，双击该尺寸，修改尺寸数据为 2，回车，即可，如图 2-53 所示。单击【完成草图】，完成电动机草图 6；单击【拉伸】，选择电动机草图 6，设置拉伸高度为 12，

【布尔】选择"求差"，单击【确定】完成，如图2-54所示。

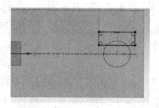
图 2-53　电动机草图6

图 2-54　电动机输出轴

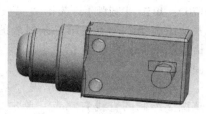
图 2-55　电动机安装孔

单击【草图】，选择"现有平面"，用鼠标拾取长方体的前表面，进入草图；单击【圆】，出现对话框，在鼠标的移动 XY 坐标框中输入 X＝4，Y＝6，单击鼠标确定；在移动框中输入直径为4，回车，单击鼠标确定；继续在鼠标的移动 XY 坐标框中输入 X＝4，Y＝－6，单击鼠标确定；在移动框中输入直径为4，回车，单击鼠标确定，完成两个圆。单击【完成草图】，完成电动机草图7；单击【拉伸】，选择电动机草图7，设置拉伸高度为15，【布尔】选择"求差"，单击【确定】完成，如图2-55所示。

2.4.3　曲面和螺纹

曲面造型用于产品外形的曲面设计，由于产品的个性化，这里以旋钮为例，介绍曲面造型的相关命令和操作，以支撑柱为例介绍内外螺纹绘制。

1. 旋钮

单击【草图】，"创建平面"，选择 Y 轴，进入草图；单击【直线】，以起点为原点，绘制长 30 的水平线；以起点为原点，绘制长度为 25 的垂直线；以垂直线的上端为起点，绘制任意长度的水平线，完成三条基准线的绘制；起点为下面水平线的右端，左上斜拉，长度适中，角度为110°；单击【圆弧】，选择"三点圆弧"，用鼠标拾取垂直线上端点为第一个点，第二点位置适中，第三个点在斜线的端点；单击【几何约束】，【约束】选择"相切"，用鼠标拾取上面的一条线基准线，再拾取圆弧线，使两者相切；继续用鼠标拾取斜线，再拾取圆弧，使两者相切；单击【转换至/自参考对象】，出现对话框，用鼠标拾取前面绘制的三条基准线，将三条基准线设定为参考线，单击【确定】，单击【完成草图】，完成旋钮草图1，如图2-56所示。

单击【草图】，"创建平面"，选择 Y 轴，进入草图；单击【直线】，起点坐标为（1.5，

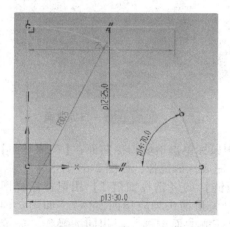
图 2-56　旋钮草图1

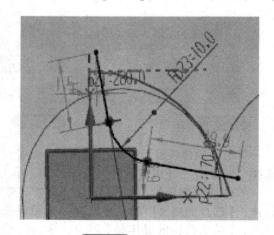
图 2-57　旋钮草图2

30），直线长度适中，角度为 280°；第二条线起点坐标（35，6），直线长度适中，角度为 170°；单击【圆弧】，选择"三点圆弧"，用鼠标拾取第一条斜线端点为第一个点，第二点位置适中，第三个点在第二条斜线的端点；单击【几何约束】，【约束】选择"相切"，用鼠标拾取第一条斜线，再拾取圆弧线，使两者相切；继续用鼠标拾取第二条斜线，再拾取圆弧，使两者相切，单击【完成草图】，完成旋钮草图 2，如图 2-57 所示。

单击【基准平面】，出现"基准平面"对话框，【类型】选择"自动判断"，将鼠标移到草图 2 绘制的直线右端点，单击拾取，出现一个基准平面，单击【确定】，创建一个基准平面，如图 2-58 所示。

单击【草图】，选择"现有平面"，在【草图原点】的【指定点】的右侧小黑箭头内，选择"终点"，然后将鼠标移动到草图 2 绘制的直线右端点，单击拾取，单击【确定】，进入草图；单击【圆弧】，绘制一条圆弧形，圆弧需通过草图 2 的直线端点，圆弧半径为 72，单击【完成草图】，完成旋钮草图 3，如图 2-59 所示。

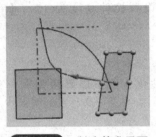

图 2-58　创建基准平面

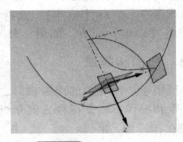

图 2-59　旋钮草图 3

单击【回转】，出现"回转"对话框，选择【截面】的【选择曲线】，用鼠标拾取草图 1；【轴】的【指定矢量】选择 Z 轴方向，旋转 360°，单击【确定】，完成旋转，如图 2-60 所示。

单击"视图工具条"里的【静态线框】，如图 2-61 所示；单击"曲面工具条"的【扫掠】，出现"扫掠"对话框，选择【截面】的【选择曲线】，用鼠标拾取草图 2 的曲线；选择【引导线】的【选择曲线】，用鼠标拾取草图 3 的曲线，单击【确定】，完成扫掠面；单击"视图工具条"里的【带边着色】，如图 2-62 所示。

图 2-60　回转造型

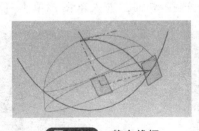

图 2-61　静态线框

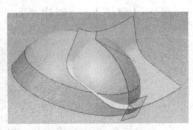

图 2-62　扫掠曲面

单击【镜像特征】，出现对话框，【要镜像的特征】用鼠标单击拾取扫掠曲面；【镜像平面】选择"新平面"，【指定平面】选择 X 轴，单击【确定】，完成特征镜像，如图 2-63 所示。

单击【面倒圆】，【类型】为"两个定义面链"，【面链】的【选择面链 1】用鼠标选择回转体，【选择面链 2】用鼠标选择一个扫掠曲面（注意：矢量箭头均应指向实体），如图 2-64 所示，【横截面】的【半径】为 1，单击【确定】，完成一侧的面倒圆；用相同的操作，完成另一侧的面倒圆，如图 2-65 所示。

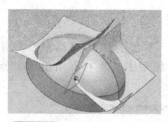

图 2-63　扫掠面镜像特征

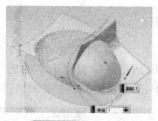

图 2-64　面倒圆

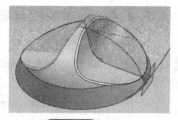

图 2-65　旋钮

2. 支撑柱

单击【草图】，选择"创建平面"，选择 Z 轴，进入草图，单击【多边形】出现对话框，【中心点】坐标为（0，0，0），【边数】为6，【内切圆半径】为4，【旋转】为0°。单击【确定】|【完成草图】，如图 2-66 所示。

单击【拉伸】，【距离】为40，单击【确定】，如图 2-67 所示，完成支撑柱体。

单击【草图】，选择"现有平面"，单击支撑柱的上端面，进入草图；绘制一个直接为4的圆形，【完成草图】；单击【拉伸】，【距离】为20，【布尔】为"求和"，单击【确定】完成圆柱体。

单击【孔】，【类型】为螺纹孔，【位置】单击【绘制截面】，【现有平面】选择支撑柱的另外一个端面，【中心坐标】为（0，0，0），单击【完成草图】；【大小】选择 M4X0.7，【螺纹深度】为18，【孔深度】为20；单击【确定】，完成支撑柱的孔和螺杆体，如图 2-68 所示。

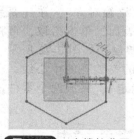

图 2-66　支撑柱草图

图 2-67　支撑柱体

图 2-68　支撑柱孔和螺杆体

单击【插入】→【设计特征】→【螺纹】，出现对话框，【螺纹类型】选择"详细"；将鼠标移到支撑柱的内孔表面，单击，获得相应数据，修改【长度】为18，单击【确定】，完成螺纹孔，如图 2-69 所示。单击【插入】→【设计特征】→【螺纹】，出现对话框，【螺纹类型】选择"详细"；将鼠标移到支撑柱的螺杆圆柱面，单击，获得相应数据，修改【长度】为18，单击【确定】，完成螺杆，如图 2-70 所示。

图 2-69　支撑柱的螺纹孔

图 2-70　支撑柱的螺杆

2.4.4 小车装配与爆炸图

打开软件，找到"装配工具条"，单击【添加组件】，出现"添加组件"对话框，单击【打开】的右侧的文件夹图标，根据路径选择智能小车的底板零件模型图，在右下角出现"组件预览"窗口，如图 2-71 所示，单击【确定】，完成添加。

图 2-71 添加底板

单击【添加组件】，同样通过路径打开支架的零件模型图，单击【确定】，完成添加支架。单击【装配约束】，出现"装配约束"对话框，【类型】选择"接触对齐"，在【要约束的几何体】的【方位】选择"首选接触"，将鼠标移动到底板的上表面，单击拾取，再将鼠标移动到支架的底面，单击拾取，于是支架的底面和底板的上表面接触，如图 2-72 所示。继续将鼠标移动单击拾取支架的一个孔的中心线，再单击底板相对应的安装孔的中心线，于是底板移动到规定的位置，实现位置固定，如图 2-73 所示。单击【确定】，完成两个零件的位置确定装配。

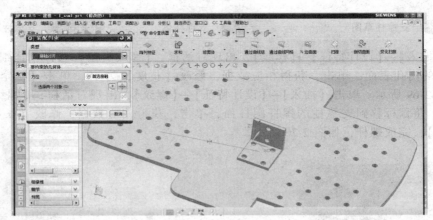

图 2-72 底板和支架接触对齐

单击【添加组件】，同样通过路径打开电动机的模型图，单击【确定】。单击【装配约束】，出现"装配约束"对话框，【类型】选择"接触对齐"，在【要约束的几何体】的【方位】选择"首选接触"，将鼠标移动到电动机的长轴一侧的侧面，单击拾取，再将鼠标移动到支架的安装侧面，单击拾取，于是支架的侧面和电动机长轴一端的侧面接触；继续将鼠标移

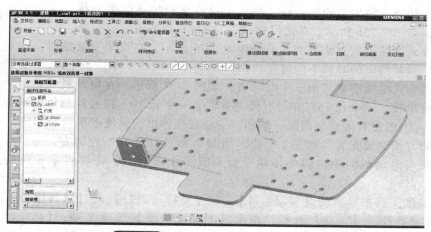

图 2-73　支架安放在底板的规定位置

动单击拾取支架的一个安装孔的中心线，再单击拾取电动机侧面上的安装孔的中心线，于是电动机移动到规定的位置，如图 2-74 所示。单击【确定】，完成电动机的安装。

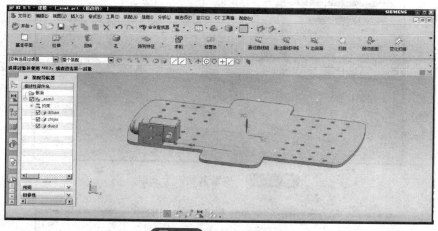

图 2-74　电动机的安装

单击【添加组件】，同样通过路径打开车轮的零件模型图，单击【确定】，如图 2-75a 所示。单击【装配约束】，出现"装配约束"对话框，【类型】选择"接触对齐"，在【要约束的几何体】的【方位】选择"首选接触"，将鼠标移动到车轮的轮缘侧面，单击拾取，再将鼠标移动到底板的侧面，单击拾取，于是底板的侧面和车轮轮缘的侧面接触；继续将鼠标移

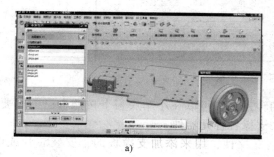

a)

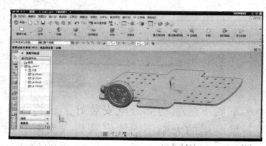

b)

图 2-75　车轮的安装

动单击拾取电动机的输出轴的中心线，再单击拾取车轮轴孔的中心线，于是车轮安装到电动机输出轴上，如图 2-75b 所示。单击【确定】，完成车轮的安装。

相同的方式继续安装其他三个支架，如图 2-76 所示，在支架安装的时，注意：安装孔的位置要对应！装配约束的时候不能过度约束！

以相同的方式继续安装其他三个电动机，如图 2-77 所示。在电动机安装时，注意：电动机两个都有输出轴，一个长 15，并带有传动平面，一个长 10，没有绘制传动平面。安装时一定要将长度为 15 的带有传动平面的一端轴，安放在外伸出，以便于车轮的安装！

用相同的方式继续安装其他三个车轮，如图 2-78 所示。在车轮的安装时，注意：车轮的传动平面如果与电动机的输出轴的传动平面不在一个方向上，需要将车轮旋转。具体操作如下：

单击"装配工具条"里的【移动组件】，在【要移动组件】的【选择组件】用鼠标单击拾取车轮；【变换】的【运动】选择"角度"，【指定矢量】选择 Y 轴，【指定轴点】选择圆点，并将鼠标移动要车轮的圆孔轮廓，单击拾取，【角度】输入 180，回车，单击【确定】，完成车轮旋转 180°。

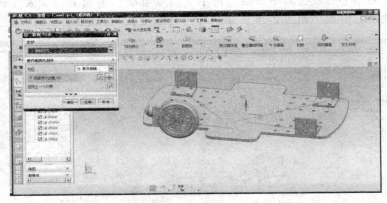

图 2-76　安装其他三个支架

图 2-77　安装其他三个电动机

小车底下的驱动部分就安装好了，将小车翻转过来，可以在小车底板上按照自己的需要，安装一层一层的大小不同的安装板或支架，用来支撑各种元器件。

例如：用相同的方式，在所需要的位置安装支撑柱，用来添加支撑板的，安装芯片或电器元件，如图 2-79 所示。

图 2-75　车轮的安装

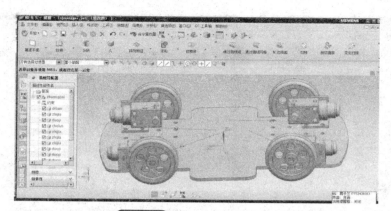

图 2-78　安装其他三个车轮

　　由于方法相同，这里就不继续添加了，学习根据自己的设计需要，添加自己的组件，完成产品的机械结构设计。

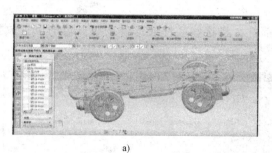
a)

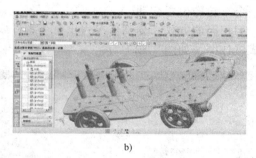
b)

图 2-79　支撑柱的安装

　　一个产品的创新设计，需要完成一系列的零件和部件结构设计，最后将它们组装在一起，形成一个整体的产品。为了集中清晰地看产品的零件和部件，通常需要将装配好的产品再爆炸开。下面就介绍装配后的爆炸图。

　　单击"装配工具条"的【爆炸图】，出现一个工具条，如图 2-80 所示。

图 2-80　爆炸图工具条

　　单击【新建爆炸图】，出现一个对话框，输入新的爆炸图的名称，单击【确定】。

　　单击【自动爆炸组件】，在【对象】的【选择对象】用鼠标点击拾取车轮，单击【确定】，出现"自动爆炸组件"对话框，在【距离】的右框里，输入相应80，单击【确定】，完成一个车轮的爆炸移动，如图 2-81 所示。

　　接下来，如果继续自动爆炸支架、电动机等零部件，就会出现较乱的零部件。为了将零部件有条不紊地放置在规定的位置，最好采用编辑爆炸的方式。

　　单击【编辑爆炸图】，出现"编辑爆炸图"的对话框，鼠标单击对话框中的"选择对象"，再将鼠标移动到一个车轮上，单击拾取；鼠标单击对话框中的"移动对象"，绘图区出现一个可移动的坐标系，单击将要移动的某一坐标轴，于是对话框中【距离】的数据框中，

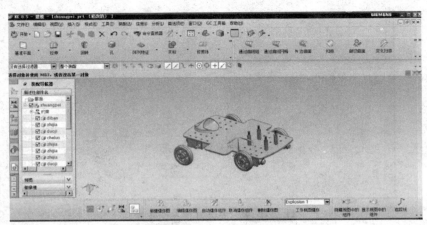

图 2-81　一个车轮的自动爆炸图

可输入设计的移出距离。注意：数据的正负应与移动坐标系的方向相一致。单击【确定】完成一个车轮的位置移动。

用相同的方式，分别依次移出每个零件或部件，将这些零件或部件按照一定的位置放置，完成爆炸图，如图 2-82 所示。

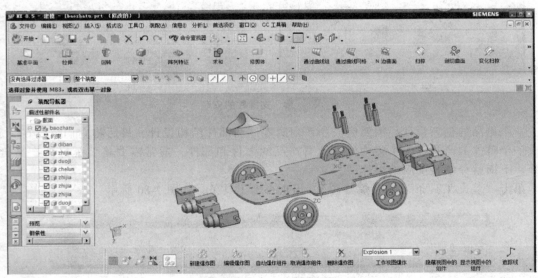

图 2-82　产品的爆炸图

第3章

创新产品机械结构设计

创新产品种类繁多，其结构、形状也千变万化，所以机械结构也是繁杂多样的。虽然机械结构具有多样性，但机械结构设计也有一定的常见结构和规则。下面介绍机械设计的常见机构和常用零件结构、类型和特点，用于指导学习者实现产品创新设计的机械结构设计。

工程产品要实现相应的运动功能，需要原动机（常用伺服电动机，这部分将在第4章介绍）、执行部件、传动部件、联接与紧固件、包容件和支撑件等部分。执行部件是产品的末端操作器，根据产品的适用情况，其执行部件的种类繁多，外形各异，功能也是千差万别，这是产品创新机械设计的重要内容，是指产品末端功能执行的零部件。包容件是指产品的壳体部分，用来包容和固定产品的所有元器件，其结构形状因内部零部件的需求和产品的功能需求不同而有着较大的差异。支撑件用于将产品的各个零部件固定在规定的位置，支架的机构要依据零部件的形状而定，也是一个结构差异性很大的部分。由于执行部件、包容件和支撑件的差异性太大，缺乏共性规律，因此可以根据功能需要设计零部件的形状和结构，这里就不作介绍。

传动部件的作用是将动力传送给执行部件；联接与紧固件的作用是将没有相对要求的零件和部件固定在规定的位置；执行部件的作用是直接完成工程产品的运动功能动作；包容和支撑件的作用是用箱体和壳体将产品的全部零件包容在一起，用支架将产品的部件和零件固定支撑在规定的位置。下面将分别介绍工程产品机械结构设计中传动部件的设计、联接与紧固的设计。

3.1 联接与紧固

3.1.1 螺纹的形成、主要参数与分类

1. 螺纹的形成

如图3-1所示，将一直角三角形 abc 绕在直径为 d_2 的圆柱体表面上，使三角形底边 ab 与圆柱体的底边重合，则三角形的斜边 amc 在圆柱体表面形成一条螺旋线 am_1c_1。三角形 abc 的斜边与底边的夹角 Ψ，称为螺纹升角。若取一平面图形（如三角形、矩形和梯形等），使其一边与圆柱体的母线贴合，沿着螺旋线运动，并保持该图形平面始终位于圆柱体的轴线平面内，该

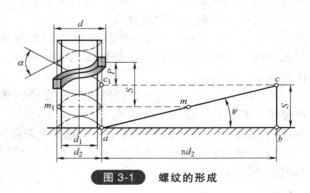

图 3-1　螺纹的形成

平面图形在空间所形成的轨迹即为相应的螺纹。

如图3-2所示，根据螺纹轴向剖面的形状，常用的螺纹牙型有三角形、矩形、梯形和锯齿形等。其中，三角形螺纹多用于联接，其他多用于传动。

根据螺旋线绕行的方向，螺纹可分为右旋螺纹和左旋螺纹，如图3-3a所示。机械中一般常用右旋螺纹，有特殊需要时才采用左旋螺纹。

按螺纹的线数，螺纹可分为单线螺纹、双线螺纹和多线螺纹，如图3-3b所示。双线螺纹有两条螺旋线，线头相隔180°。多线螺纹由于加工制造困难的原因，线数一般不超过4。

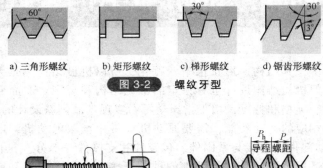

a) 三角形螺纹　　b) 矩形螺纹　　c) 梯形螺纹　　d) 锯齿形螺纹

图 3-2　螺纹牙型

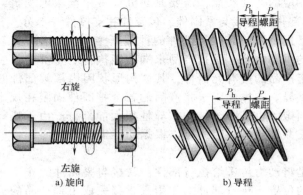

右旋

左旋

a) 旋向　　　　　　　　　　b) 导程

图 3-3　螺纹旋向和导程

螺纹分布在圆柱体的外表面称为外螺纹（阳螺纹），螺纹分布在圆柱体的内表面称为内螺纹（阴螺纹）。在圆锥外表面（或内表面）上的螺纹称为圆锥外螺纹（或圆锥内螺纹）。

2. 螺纹的主要参数

现以圆柱螺纹为例说明螺纹的主要参数，如图3-4所示。

1）大径 d（D）：与外螺纹牙顶或内螺纹牙底相重合的假想圆柱面的直径，是螺纹的最大直径，在有关螺纹的标准中称为公称直径。

2）小径 d_1（D_1）：与外螺纹牙底或内螺纹牙顶相重合的假想圆柱面的直径，是螺纹的最小直径，常作为强度计算直径。

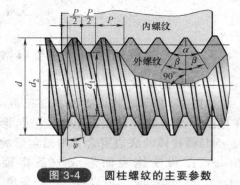

图 3-4　圆柱螺纹的主要参数

3）中径 d_2（D_2）：一个假想圆柱的直径，该圆柱母线上的螺纹牙厚等于牙间宽。

4）螺距 P：相邻两螺纹牙型在中径线上对应两点间的轴向距离。

5）导程 P_h：同一条螺纹线上相邻两螺纹牙型在中径线上对应两点之间的轴向距离。导程 P_h、螺距 P 和线数 n 的关系为

$$P_h = nP$$

6）升角 Ψ：在中径圆柱上，螺旋线的切线与垂直于螺纹轴线的平面间的夹角，如图 3-1 所示，其计算公式为

$$\tan \Psi = \frac{P_h}{\pi d_2} = \frac{nP}{\pi d_2}$$

7）牙型角 α：在轴向剖面内，螺纹牙型两侧边的夹角。

8）牙型斜角 β：牙型侧边与螺纹轴线的垂线间的夹角称为牙型斜角 β。对称牙型的牙型斜角 $\beta = \alpha/2$。

3. 几种常用螺纹的特点和应用

螺纹是螺纹联接和螺旋传动的关键部分，现将机械中几种常用螺纹的特性和应用分述如下：

（1）普通（三角形）螺纹　公制三角形螺纹的牙型角 $\alpha = 60°$，其大径 d 为公称直径。三角形螺纹的当量摩擦系数大，自锁性能好，螺纹牙根部较厚，牙根强度高，广泛应用于各种紧固联接。同一公称直径可以有多种螺距，其中螺距最大的称为粗牙螺纹，其余都称为细牙螺纹。细牙螺纹的螺距 P' 小但中径 d'_2 及小径 d'_1 均比粗牙螺纹的大，即 $P'<P$，$d'_2>d_2$，$d'_1>d_1$，故细牙螺纹的螺纹升角小，自锁性能好，但牙的工作高度小，不耐磨、易滑扣，适用于薄壁零件、受振动或变载荷的联接，还可用于微调机构中。

（2）管螺纹　管螺纹牙型角 $\alpha = 55°$，以管子的内径（英寸）表示尺寸代号，以每 25.4mm 内的牙数表示螺距。管螺纹分为非螺纹密封的管螺纹（GB/T 7307—2001）和用螺纹密封的管螺纹（GB/T 7306.1—2000 和 GB/T 7306.2—2000）。

非螺纹密封的圆柱管螺纹（图 3-5a），本身不具有密封性，如要求联接后具有密封性时，可在密封面间添加密封物。用螺纹密封的管螺纹（图 3-5b），其外螺纹分布在锥度为 1∶16（$\varphi = 1°47'24''$）的圆锥管壁上，不用填料即能保证联接的紧密性。

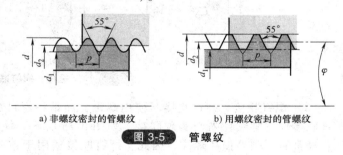

a) 非螺纹密封的管螺纹　　　b) 用螺纹密封的管螺纹

图 3-5　管螺纹

管螺纹适用于管接头、旋塞、阀门等处的螺纹联接。

（3）矩形螺纹　牙型为长方形，牙型角 $\alpha = 0°$。其传动效率最高，但牙根强度弱，精加工困难，螺纹牙磨损后难以补偿，使传动精度降低，常用于传力或传导螺旋。矩形螺纹未标准化，已逐渐被梯形螺纹所代替。

（4）梯形螺纹　牙型为等腰梯形，牙型角 $\alpha = 30°$。其传动效率虽较矩形螺纹低，但工艺性好，牙根强度高，对中性好。梯形螺纹广泛用于车床丝杠、螺旋起重器等各种传动螺旋中。

（5）锯齿形螺纹　锯齿形螺纹工作面的牙型斜角 $\beta = 3°$，非工作面的牙型角为 30°，它兼有矩形螺纹和梯形螺纹的效率与牙根强度高的优点，但只能用于承受单方向的轴向载荷的传动中。

3.1.2　螺纹联接的基本类型及螺纹联接件

1. 螺纹联接的基本类型

螺纹联接的基本类型有螺栓联接、双头螺柱联接、螺钉联接和紧定螺钉联接等。

（1）螺栓联接　螺栓联接是将螺栓穿过被联接件上的通孔并用螺母拧紧，使被联接件固

连成一体的一种联接形式。螺栓联接用于被联接件能够制成通孔，且能够在被联接件两边装配的场合，无需在被联接件上加工螺纹。

螺栓联接有普通螺栓联接和铰制孔螺栓联接两种，如图3-6所示。其中，普通螺栓联接的结构特点是被联接件的通孔与螺栓杆间有间隙（图3-6a）。这种联接的螺栓杆受拉，由于这种联接的通孔加工精度低，结构简单，装拆方便，因此应用广泛。铰制孔螺栓联接（图3-6b），孔和螺栓杆多采用基孔制过渡配合（H7/m6 或 H7/n6）。这种联接的螺栓杆受剪，主要用来承受横向载荷。

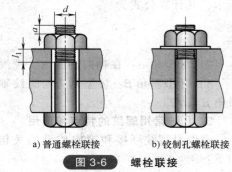

a) 普通螺栓联接　　b) 铰制孔螺栓联接

图 3-6　螺栓联接

（2）双头螺柱联接　图3-7a为双头螺柱联接。这种联接的被联接件之一较厚不宜制成通孔，而将其制成螺纹不通孔，另一薄件制成通孔。拆卸时，只需拧下螺母而不必从螺纹孔中拧出螺柱即可将被联接件分开，可用于经常拆卸的场合。

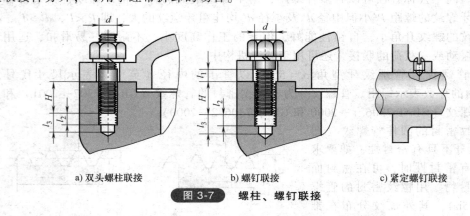

a) 双头螺柱联接　　　b) 螺钉联接　　　c) 紧定螺钉联接

图 3-7　螺柱、螺钉联接

（3）螺钉联接　螺钉联接不使用螺母，而是将螺钉穿过一被联接件的通孔，直接拧入另一被联接件的螺纹孔内而实现联接，如图3-7b所示。使用螺钉联接的结构比螺栓联接简单，但若经常装拆则易损坏螺纹。因此，螺钉联接适用于被联接件之一较厚，且不必经常拆装的场合。

（4）紧定螺钉联接　紧定螺钉联接是利用紧定螺钉拧入一被联接件上的螺纹孔，并以螺钉末端直接顶住另一被联接件的表面或相应的凹坑，以固定两被联接件的相对位置，如图3-7c所示。紧定螺钉联接主要用于传递不大的力和转矩。

2. 标准螺纹联接件

螺纹联接件的类型很多，大多已标准化，设计时可根据有关标准选用。下面简单介绍机械制造中常用的螺纹联接件。

（1）螺栓　螺栓的头部有六角头、方头、沉头、半圆头等多种形式。其中，六角头螺栓最为常用。图3-8a中上侧为标准六角头螺栓；图3-8a下侧为六角头铰制孔用螺栓，它可承受剪切并具有联接定位作用。

（2）双头螺柱　双头螺栓两端部都有螺纹，旋入被联接件螺纹孔的一端称为座端（图3-8b中 b_m 为座端长度），另一端为螺母旋入端（图3-8b中 b 为螺母旋入端长度）。

（3）螺钉　螺钉的头部有十字槽头、六角头、内六角圆柱头和一字开槽沉头等形式（图3-9a），以适应不同的联接场合。其中，十字槽头不易拧滑，应用较为广泛。

（4）紧定螺钉　紧定螺钉的末端顶住零件的表面或顶入该零件的凹坑中，将零件固定，

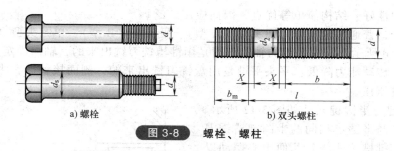

a) 螺栓　　　　　　　　b) 双头螺柱

图 3-8　螺栓、螺柱

它可以传递不大的载荷。为了满足不同的工作要求，紧定螺钉的头部和末端有多种结构形式，如图 3-9b 所示。

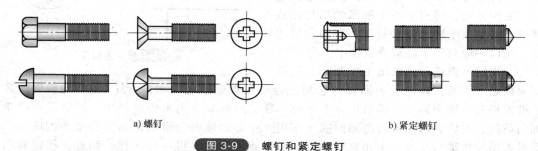

a) 螺钉　　　　　　　　　　　　　　　　b) 紧定螺钉

图 3-9　螺钉和紧定螺钉

（5）螺母　螺母的形状有六角形、圆形和方形等。其中，六角螺母应用最普遍（图 3-10a）；圆螺母（图 3-10b）常用于轴上零件的轴向固定。

（6）垫圈　垫圈常放在螺母与被联接件之间，其作用是增加被联接件的支承面积以减小接触面的压强和避免拧紧螺母时擦伤被联接件

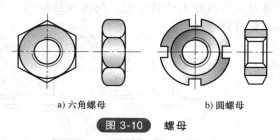

a) 六角螺母　　　　　b) 圆螺母

图 3-10　螺母

的表面或起防松作用。垫圈有平垫圈、斜垫圈、弹簧垫圈和各种止动垫圈等。

3.1.3　键和销

1. 键

（1）平键　键的两侧面是工作面，工作时，靠键与键槽侧面的挤压来传递转矩。如图 3-11a 所示，这种键联结不能承受轴向力，因而对轴上的零件不能起到轴向固定的作用。具有

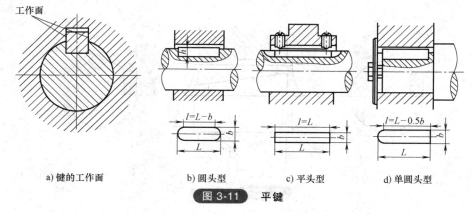

a) 键的工作面　　　　b) 圆头型　　　c) 平头型　　　d) 单圆头型

图 3-11　平键

拆装方便、对中性好、结构简单等优点，因而应用广泛。

　　按结构来分，普通平键又分为圆头型（A 型）、平头型（B 型）、单圆头型（C 型），分别如图 3-11b、c、d 所示。圆头平键的轴上键槽是用键槽铣刀铣出来的，轴向固定良好，但侧面接触面积减小，传动能力降低；平头平键是用盘铣刀铣出来的，侧面接触面积大，但易松动，一般用紧定螺钉压住。

　　（2）半圆键　半圆键联结如图 3-12 所示。轴上键槽用尺寸与半圆键相同的半圆键槽铣刀铣出，因而键在键槽中能绕其几何中心摆动以适应键与轮毂上键槽的倾角。半圆键工作时，依靠侧面传递转矩。这种键联结的优点是工艺性好、装配方便，特别适用于锥形轴端与轮毂的联结。但是由于轴上键槽较深，会削弱轴的强度，所以一般只用于轻载静联结中。

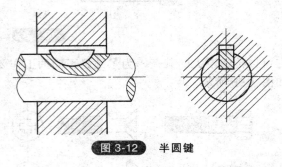

图 3-12　半圆键

　　（3）楔键　楔键联结如图 3-13 所示，键的上下表面是工作面，键的上表面和与它相配合的轮毂键槽底面均具有 1：100 的斜度。装配后，键即楔紧在轴和轮毂的键槽里。工作时，靠键的楔紧作用来传递转矩，同时还承受单向的轴向载荷，对轮毂起到单向的轴向固定作用。楔键的侧面与键槽侧面间有很小的间隙，当转矩过大而导致轴与轮毂发生相对转动时，键的侧面能像平键一样工作。因此，楔键联结在传递有冲击或较大的转矩时，仍能保证联结可靠。楔键主要用于轮毂类零件的定心精度要求不高和低转速场合。

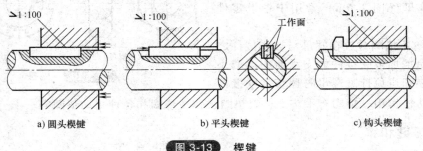

a) 圆头楔键　　　　　　b) 平头楔键　　　　　　c) 钩头楔键

图 3-13　楔键

　　（4）切向键　切向键是由两个斜度为 1：100 的楔键组成的，装配后，两楔以其斜面相互贴合，共同楔紧在轴与毂之间（图 3-14）。切向键的上下表面是工作面，键联结中必须有一个

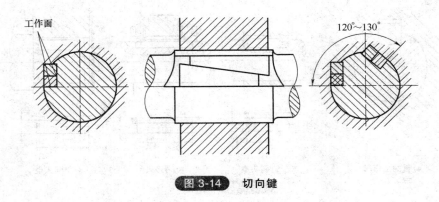

图 3-14　切向键

工作面处于包含轴线的平面之内。这样，当联结工作时，工作面上的挤压力沿着轴的切线方向作用，靠挤压力传递转矩。当要传递双向转矩时，必须用两个切向键，两者之间夹角为120°～130°。由于切向键的键槽会削弱轴的强度，因此常用于直径大于100mm的轴上，例如：大型带轮、大型飞轮、矿山用大型绞车的卷筒及齿轮等与轴的联结。

（5）花键 花键联结由键和轴做成一体的外花键与具有相应凹槽的内花键组成，多个键齿和凹槽在轴及轮毂的周向均匀分布，如图3-15所示。

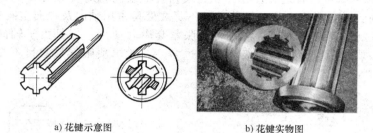

a) 花键示意图　　　　　　　　　　　b) 花键实物图

图 3-15　花键

与平键联结相比，花键联结具有以下优点：
1）对称布置，轴毂受力均匀。
2）齿轴一体，齿槽较浅，齿根应力集中较小，被联结件的强度削弱较少。
3）齿数多，总接触面积大，压力分布较均匀，可承受较大的载荷。
4）轴上零件与轴的对中性和导向性较好。
5）可用磨削的方法提高加工精度及联结质量。

2. 销

根据销在联接中所起的作用不同，可将销分为定位销、联接销和安全销，如图3-16所示。主要用于固定零件之间相对位置的销称为定位销。根据销的形状结构，又将其分为圆柱销和圆锥销。

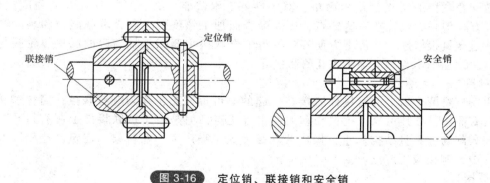

图 3-16　定位销、联接销和安全销

3.1.4　其他联接

1. 型面联接

把安装轮毂的那一段轴做成表面光滑的非圆形截面柱体或锥体，并在轮毂上制出相应的孔，这种利用非圆截面的轴与相应的毂孔构成的联接称为型面联接，也可称为成形联接，如图3-17所示。由于型面联接中没有键的存在，所以型面联接属于无键联接。柱形的型面联接只能传递转矩，锥形的型面联接除传递转矩外，还能传递单向的轴向力。

型面联接装拆方便，能保证良好的对中性，没有应力集中源，承载能力大，但是加工工艺复杂。为了保证配合精度，非圆截面轴先经过车削，毂孔先经钻、镗或拉削，最后工序要在专用机床上磨削加工。型面联接常用的型面曲线有摆线和等距曲线两种，此外，方形、正六边形及带切口的非圆形截面形状，在一般工程中也较为常见。

2. 胀紧联接

胀紧联接（图3-18）具有定心性好，装拆或调整轴毂间相对位置方便的特点，应力集中较小，承载能力高，并具有安全保护功能。其不足之处是占用轴向及径向空间较大。

为提高胀紧联接的承载能力，常常将多对胀紧套串联使用，但是由于轴向压紧力在各套之间传递中逐渐减弱，所以串联套的级数不宜过多，一般单项胀紧套数目不超过4对，双向胀紧套数目不超过8对。

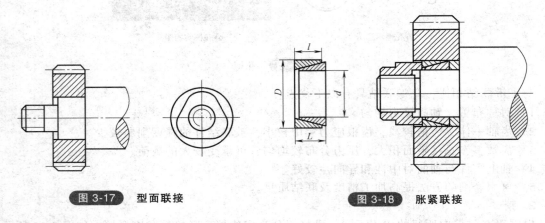

图 3-17　型面联接　　　　　　　图 3-18　胀紧联接

3. 过盈配合

过盈配合联接是利用相互配合的零件间的装配过盈量来达到联接的目的，这种联接也称为干涉配合联接或紧配合联接。

过盈配合联接的特点是结构简单、对中性好、承载能力大、对轴及轮毂的强度削弱小、耐冲击性好。但是它也存在一些缺点，比如配合面加工精度要求高，承载能力和装配产生应力对实际过盈量很敏感，装拆不方便等。过盈配合联接主要用于轴与毂的联接、轮圈与轮芯的联接以及滚动轴承与轴或轴承座孔的联接等。

4. 铆接

利用铆钉将两个以上的铆接件联接在一起的不可拆联接，称为铆钉联接，简称铆接。这种工艺具有简单、联接可靠、抗振动和耐冲击等优点，但是由于被联接件上制有钉孔，使强度受到较大削弱，并且结构笨重，操作劳动强度大，噪声大。在桥梁、建筑、造船以及飞机制造过程中，铆接应用广泛。

5. 焊接

利用局部加热或者加压的方式将两个或两个以上分离的被联接件，通过原子的扩散与结合，使被联接件联接成一个整体的不可拆联接方式，称为焊接。

焊接的能量来源有很多种，包括气体焰、电弧、激光、电子束、摩擦和超声波等。焊接应用场合非常广泛，如金属构架、容器和壳体结构的制造，巨型复杂形状零件的制造等。除了在工厂中使用外，焊接还可以在多种环境下进行，如野外、水下和太空。无论在何处，焊接都可能给操作者带来危险，所以在进行焊接时必须采取适当的防护措施。焊接给人体可能造成的伤害包括烧伤、触电、视力损害、吸入有毒气体、紫外线照射过度等。

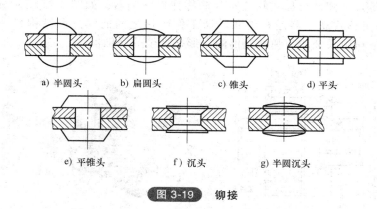

a) 半圆头　　　b) 扁圆头　　　　c) 锥头　　　　d) 平头

e) 平锥头　　　　f) 沉头　　　　g) 半圆沉头

图 3-19　铆接

按照工业特点，焊接可分为熔焊、压焊和钎焊三大类。

6. 胶接

胶接是利用胶黏剂在一定条件下把预制的元件联接在一起，并且具有一定联接强度的不可拆联接。胶接不仅适用于同种材料，也适用于异种材料。胶接工艺简便，不需要复杂的工艺设备，胶接操作不必在高温高压下进行，因而胶接件不易产生变形，接头应力分布均匀。在通常情况下，胶接接头具有良好的密封性、电绝缘性和耐蚀性。目前胶接在机床、汽车、拖拉机、造船、化工、仪表、航空航天等工艺领域应用广泛。

3.1.5　联轴器、离合器和制动器

联轴器、离合器及制动器都是常用部件。联轴器和离合器的功用都是把不同部件的两根轴联接成一体，以传递运动和转矩。联轴器和离合器的区别是：在机器运转过程中，联轴器联接的两根轴始终一起转动而不能分离，只有在机器停止运转并把联轴器拆开，才能把两轴分离；而用离合器联接的两根轴则可在运转过程中很方便地分离或接合。制动器是用来降低轴的运转速度或使其停止运转的部件。

1. 联轴器

联轴器是机械传动中一种常用的轴系部件，它的基本功用是联接两轴，有时也用于联接轴和其他回转零件，以传递运动和转矩，有时也可作为一种安全装置用来防止被联接机件承受过大的载荷，起到过载保护的作用。

联轴器的种类很多，按被联接两轴的相对位置是否有补偿能力，联轴器可分为固定式和可移式两种。其中，固定式联轴器用在两轴轴线严格对中，并在工作时不允许两轴有相对位移的场合；可移式联轴器允许两轴线有一定的安装误差，并能补偿被联接两轴的相对位移和相对偏斜。

可移式联轴器按补偿位移的方法不同，可分为刚性可移式联轴器（如图 3-20 所示凸缘联

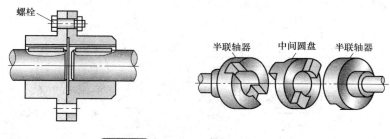

螺栓

半联轴器　　　中间圆盘　　　半联轴器

图 3-20　凸缘联轴器和滑块联轴器

轴器和滑块联轴器）和弹性可移式联轴器（简称弹性联轴器，如图 3-21 所示弹性套柱销联轴器）。其中，刚性可移式联轴器是利用联轴器工作零件之间的间隙和结构特性来补偿的联轴器；弹性联轴器是利用联轴器中弹性元件的变形来补偿的联轴器。

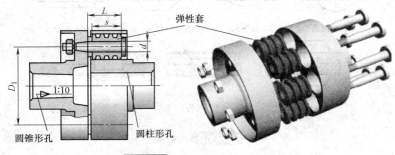

图 3-21　弹性套柱销联轴器

2. 离合器

离合器是一种用于轴与轴之间的联接，使它们一起回转并传递运动和转矩的装置。离合器的主要功用是在机器工作时可以根据需要随时使两轴接合或分离。这是离合器与联轴器的根本区别。离合器也可用于起动、停机、换向、变速、定向及过载保护等工作。单片摩擦离合器如图 3-22 所示。牙嵌离合器如图 3-23 所示。多片摩擦离合器如图 3-24 所示。

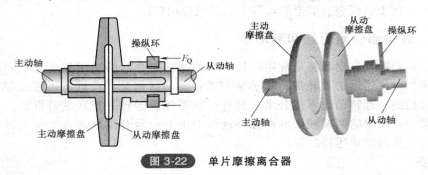

图 3-22　单片摩擦离合器

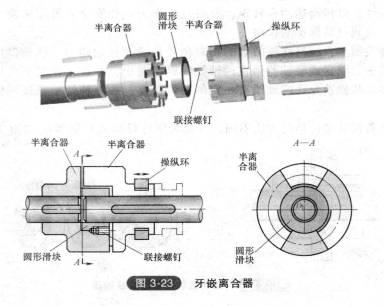

图 3-23　牙嵌离合器

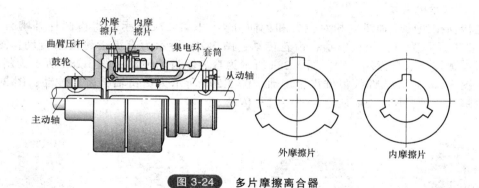

图 3-24　多片摩擦离合器

3. 制动器

制动器是用来降低机械运转速度或迫使机械停止运转的装置。制动器通常装在机构中转速较高的轴上，这样所需制动力矩和制动器尺寸可以小一些。

制动器的分类有很多种，常见的有以下几种。

1）按照制动零件的结构特征：制动器可分为带式（图 3-25）、块式（图 3-26）、盘式等形式的制动器。

2）按机构不工作时制动零件所处状态：制动器可分为常闭式和常开式两种制动器。其中，常闭式制动器经常处于紧闸状态，需加外力才能解除制动作用，如提升机构中的制动器；常开式制动器经常处于松闸状态，必须施加外力才能实现制动，如车辆中的制动器。

3）按照控制方式：制动器可分为自动式和操纵式两类。其中，自动式制动器是不需要人操纵的制动器；操纵式制动器是用人力、液压、气动及电磁等操纵的制动器。

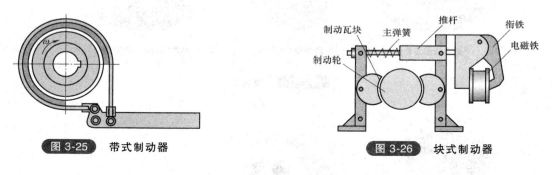

图 3-25　带式制动器

图 3-26　块式制动器

3.2　传动机构及零件

3.2.1　齿轮传动

齿轮传动用来传递任意两轴之间的运动和动力，其圆周速度可达 300m/s，传递功率可达 105kW，是现代机械中应用最广泛的一种机械传动。

1. 齿轮传动的特点

齿轮传动的主要优点有：瞬时传动比恒定不变；机械效率高；使用寿命长，工作可靠性高；结构紧凑，适用的圆周速度和功率范围较广等。

齿轮传动的主要缺点有：要求较高的制造和安装精度，成本较高；低精度齿轮在传动时会产生噪声和振动；不适宜于距离远的两轴之间的传动。

2. 齿轮传动的分类

齿轮传动按照两轮轴线的相对位置和齿向分类。图 3-27a 所示为直齿圆柱外啮合齿轮传动；图 3-27b 所示为直齿圆柱内啮合齿轮传动；图 3-27c 所示为直齿齿轮齿条传动；图 3-27d 所示为斜齿圆柱外啮合齿轮传动。图 3-28a 所示为直齿锥齿轮传动；图 3-28b 所示为斜齿锥齿轮传动；图 3-28c 所示为曲线齿锥齿轮传动。图 3-29a 所示为交错轴斜齿轮传动；图 3-29b 所示为蜗轮蜗杆传动；图 3-29c 所示为非圆齿轮传动。

a) 直齿圆柱外啮合齿轮传动　　b) 直齿圆柱内啮合齿轮传动　　c) 直齿齿轮齿条传动　　d) 斜齿圆柱外啮合齿轮传动

图 3-27　圆柱齿轮

a) 直齿锥齿轮传动　　　　　b) 斜齿锥齿轮传动　　　　　c) 曲线齿锥齿轮传动

图 3-28　锥齿轮

a) 交错轴斜齿轮传动　　　　b) 蜗轮蜗杆传动　　　　　c) 非圆齿轮传动

图 3-29　交错轴斜齿轮、蜗轮蜗杆和非圆齿轮

3. 渐开线齿轮各部分名称、参数及几何尺寸计算

为了进一步研究齿轮的啮合原理和齿轮设计问题，现将齿轮各部分的名称、符号及其几何尺寸的计算介绍如下。图 3-30 所示为一标准直齿圆柱齿轮的一部分。

1）齿数：在齿轮整个圆周上轮齿的数目称为该齿轮的齿数，用 z 表示。

2）齿顶圆：包含齿轮所有齿顶端的圆称为齿顶圆，用 r_a 和 d_a 分别表示其半径和直径。

3）齿槽宽：齿轮相邻两齿之间的空间称为齿槽；在任意半径 r_K 的圆周上所量得齿槽的弧长称为该圆周上的齿槽宽，以 e_K 表示。

4）齿厚：沿任意半径的圆周上，同一轮齿两侧齿廓上所量得的弧长称为该圆周上的齿厚，以 s_K 表示。

5）齿根圆：包含齿轮所有齿槽底的圆称为齿根圆，用 r_f 和 d_f 分别表示其半径和直径。

6）齿距：沿任意圆周上所量得的相邻两齿同侧齿廓之间的弧长为该圆周上的齿距，以 p_K 表示。由图 3-30 可知，在同一圆周上的齿距等于齿厚与齿槽宽之和，即 $p_K = s_K + e_K$。

7）分度圆和模数：在齿顶圆和齿根圆之间，规定一直径为 d 的圆，作为计算齿轮各部分尺寸的基准，并把这个圆称为分度圆。在分度圆上的齿厚、齿槽宽和齿距，统称为齿厚、齿槽宽和齿距，分别用 s、e 和 p 表示，且 $p = s + e$。分度圆的大小是由齿距和齿数决定的，因分度圆的周长 $d\pi = pz$，于是得 $d = pz/\pi$。式中，π 是无理数，为了设计、制造和互换的方便，规定 p/π 的比值为一个简单的有理数列，并把这个比值称为模数，以 m 表示，即 $m = p/\pi$。

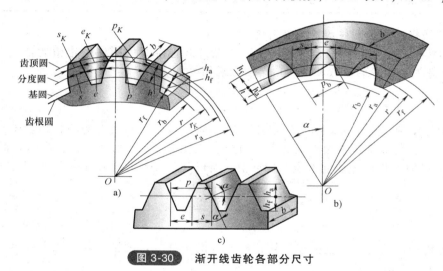

图 3-30　渐开线齿轮各部分尺寸

模数 m 是齿轮尺寸计算中重要的参数，其单位是 mm。模数 m 越大，则轮齿的尺寸越大，轮齿所能承受的载荷也越大。齿轮的模数在我国已经标准化。

8）压力角：渐开线齿廓在不同的圆周上有不同的压力角。通常所说的齿轮压力角，是指分度圆上的压力角，以 α 表示，并规定分度圆上压力角为标准值，我国取 $\alpha = 20°$。

9）齿顶高、齿根高和全齿高：轮齿被分度圆分为两部分，分度圆和齿顶圆之间的部分称为齿顶，其径向高度称为齿顶高，以 h_a 表示。位于分度圆和齿根圆之间的部分称为齿根，其径向高度称为齿根高，以 h_f 表示。轮齿在齿顶圆和齿根圆之间的径向高度称为全齿高，以 h 表示。

标准直齿圆柱齿轮的基本参数有齿数 z、模数 m、压力角 α、齿顶高系数 h_a^*、顶隙系数 c^* 等。我国规定的标准值为 $h_a^* = 1$，$c^* = 0.25$。标准直齿圆柱齿轮的所有尺寸均可用上述五个参数来表示，都与模数成一定的比例关系，齿数相同的齿轮，模数大，其尺寸也大。

表 3-1　标准直齿圆柱齿轮几何尺寸计算公式

序号	名称	符号	计算公式
1	齿顶高	h_a	$h_a = h_a^* m$

（续）

序号	名称	符号	计算公式
2	齿根高	h_f	$h_f = (h_a^* + c^*) m$
3	全齿高	h	$h = h_a + h_f = (2h_a^* + c^*) m$
4	顶隙	c	$c = c^* m$
5	分度圆直径	d	$d = mz$
6	基圆直径	d_b	$d_b = mz\cos\alpha$
7	齿顶圆直径	d_a	$d_a = d \pm 2h_a = m(z \pm 2h_a^*)$
8	齿根圆直径	d_f	$d_f = d \mp 2h_f = m(z \mp 2h_a^* \mp 2c^*)$
9	齿距	p	$p = \pi m$
10	基圆齿距	p_b	$p_b = p\cos\alpha = \pi m\cos\alpha$
11	齿厚	s	$s = p/2 = \pi m/2$
12	齿槽宽	e	$e = p/2 = \pi m/2$
13	标准中心距	a	$a = (d_2 \pm d_1)/2 = (z_2 \pm z_1) m/2$

4. 渐开线标准直齿圆柱齿轮的啮合传动

（1）直齿圆柱齿轮正确啮合的条件 一对渐开线标准直齿圆柱齿轮相啮合，它们必须满足的啮合条件为：两轮的模数和压力角必须分别相等。

$$\begin{cases} m_1 = m_2 = m \\ \alpha_1 = \alpha_2 = \alpha \end{cases}$$

（2）斜齿轮圆柱齿轮正确啮合的条件 斜齿圆柱齿轮在端面内的啮合相当于直齿轮的啮合。因此斜齿轮传动螺旋角大小应相等，外啮合时旋向相反（"−"号），内啮合时旋向相同（"+"号），同时斜齿轮的法向参数为标准值，所以其正确的啮合条件为

$$\begin{cases} \alpha_{n1} = \alpha_{n2} = \alpha \\ m_{n1} = m_{n2} = m \\ \beta_1 = \pm\beta_2 \end{cases}$$

（3）直齿锥齿轮传动 直齿锥齿轮正确啮合的条件为：两锥齿轮的大端模数和压力角分别相等且等于标准值，即

$$m_1 = m_2 = m$$
$$\alpha_1 = \alpha_2 = \alpha$$

此外，两齿轮的节锥角之和应等于两轴夹角。

（4）蜗杆传动 一对蜗杆蜗轮啮合时，蜗轮螺旋角 β 与蜗杆螺旋升角 γ 应大小相等，旋向相同，即 $\gamma = \beta$。由以上讨论可知蜗杆传动正确啮合的条件为

$$\begin{cases} m_{a1} = m_{t2} = m \\ \alpha_{a1} = \alpha_{t2} = \alpha \\ \gamma = \beta \end{cases}$$

3.2.2 带传动和链传动

带传动的主要作用是传递转矩和改变转速，广泛应用于金属切削机床、汽车、农机等各种机械传动系统中。带传动一般由固连于主动轴上的主动轮、固连于从动轴上的从动轮和紧套在两轮上的挠性带 3 组成，如图 3-31 所示。

1. 带传动的类型

根据工作原理的不同，带传动分为摩擦型（图 3-31a）和啮合型（图 3-31b）两大类。绝

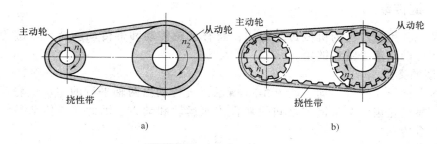

图 3-31　带传动的基本组成

大部分带传动属于摩擦型带传动，当主动轮回转时，依靠带与带轮表面间的摩擦力带动从动轮转动，从而传递运动和动力。摩擦型带传动属于有中间挠性件的摩擦传动。

摩擦型带传动根据横截面形状不同可分为平带传动（矩形截面）、V 带传动（梯形截面）等，如图 3-32 所示。

1）平带：包含胶帆布带、编织带、锦纶片复合平带、高速环形胶带等。各种平带规格可查阅有关标准。平带传动结构最简单，挠曲性好，平带轮易于加工，在传动中心距较大场合应用较多。高速带传动通常也使用平带。

2）V 带：目前在一般传动机械中应用最广。V 带只和轮槽的两个侧面接触，即以两个侧面为工作面。V 带又分普通 V 带、窄 V 带、

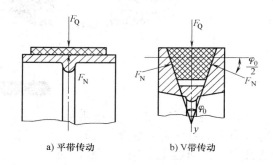

a) 平带传动　　　b) V 带传动

图 3-32　平带传动与 V 带传动

宽 V 带、联组 V 带等类型。其中，普通 V 带应用最广泛；窄 V 带传动的能力更强，应用越来越多。

目前，一些新型带传动，如多楔带传动和同步带传动，使用日益广泛。同步带传动是一种啮合传动，兼有带传动和齿轮传动的特点。同步带传动时无相对滑动，能保证准确的传动比。传动功率较大（数百千瓦）、传动效率高（达98%）、传动比较大（$i<12\sim20$）、传动速度高（可达50m/s），而且初拉力较小，作用在轴和轴承上的压力小，但制造、安装要求高、价格较贵。同步带传动主要用于要求传动比准确的中、小功率传动中，如电子计算机、录音机、数控机床、纺织机械等。

2. 带传动的特点

摩擦型带传动一般有以下特点：

1）带有良好的挠性和弹性，能吸收振动、缓和冲击，传动平稳、噪声小。

2）当带传动过载时，带在带轮上打滑，防止其他机件损坏，起到过载保护作用。

3）结构简单，制造、安装和维护方便。

4）带与带轮之间存在一定的弹性滑动，故不能保证恒定的传动比，传动精度和传动效率较低。

5）由于带工作时需要张紧，因此带对带轮轴有很大的压轴力。

6）带传动装置外廓尺寸大，结构不够紧凑。

7）带的寿命较短，需经常更换。

由于带传动存在上述特点，故通常用于中心距较大的两轴之间的传动，传递功率一般不超过 50kW。

3.2.3 链传动

链传动是一种用途广泛的机械传动形式，兼有齿轮传动和带传动的特点。链传动种类繁多，下面介绍传动用滚子链和链轮。

1. 链传动的类型

现代机械上广泛应用链传动。如图 3-33 所示，链传动由两轴平行的主动链轮、从动链轮和链条组成。靠链轮齿和链条链节之间的啮合传递运动和动力。因此，链传动是一种具有中间挠性件的啮合传动。

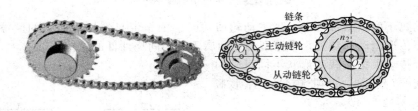

图 3-33　链传动

链的种类繁多：①按用途不同，链可分为传动链、起重链和输送链三类。其中，传动链主要用于一般的机械中，应用较广；起重链主要用于起重机械中提升重物；输送链主要用于各种输送装置和机械化装卸设备中，用于输送物品。②根据结构的不同，传动链又可分为滚子链、套筒链、弯板链和齿形链等，如图 3-34 所示。

2. 链传动的特点和应用

（1）链传动的特点　链传动兼有带传动和齿轮传动的特点，其主要优点有：

1）链传动与带传动类似，适用于两轴间距较大的传动。

2）链传动具有啮合传动的性质，即没有弹性滑动和打滑现象，平均传动比恒定。

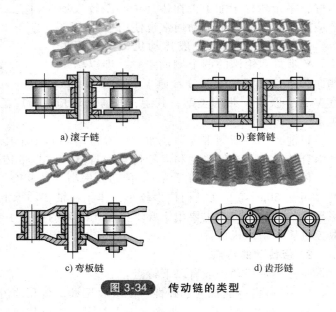

a) 滚子链　　b) 套筒链

c) 弯板链　　d) 齿形链

图 3-34　传动链的类型

3）链传动传动力大、效率较高（润滑良好的链传动效率为 97%~98%），经济可靠。

4）又因为链条不需要像带那样张得很紧，所以作用在轴上的压轴力较小。

5）链传动可在潮湿、高温、多尘等恶劣环境下工作。

6）与齿轮传动相比，链传动易于安装，成本低廉。

链传动的主要缺点有：

1）由于链节的刚性，链条是以折线形式绕在链轮上，所以瞬时传动比不稳定，传动的平稳性差，工作中冲击和噪声较大。

2）磨损后链节增大，链条会逐渐拉长而变松弛，易发生跳齿现象，必须使用张紧装置，故通常只用于平行轴间的传动。

（2）链传动的应用 链传动应用较广，一般应用在100kW以下，传动比 $i \leqslant 8$，中心距 $a \leqslant 5 \sim 6m$，链速 $v \leqslant 15m/s$ 的场合。目前，链传动主要用于要求工作可靠，且两轴相距较远，以及其他不宜采用齿轮传动的场合。例如：自行车和摩托车上应用链传动，结构简单，工作可靠。链传动还可应用于重型及极为恶劣的工作条件下。例如：建筑机械中的链传动，虽受到土块、泥浆及瞬时过载的影响，但仍能很好地工作。

3.2.4 连杆机构

连杆机构的共同特点是原动件的运动都要经过一个不与机架直接相连的中间构件（称为连杆），才能传动到从动件，故称为连杆机构。

当四杆机构各构件之间以转动副联接时，称该机构为铰链四杆机构。图3-35所示的铰链四杆机构中，固定不动的杆4称为机架，与机架相连的杆1与杆3，称为连架杆；其中能相对机架做整周回转的连架杆称为曲柄，仅能在某一角度范围内做往复摆动的连架杆称为摇杆；连接两连架杆的杆2称为连杆，连杆2通常做平面复合运动。

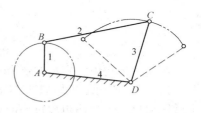

图 3-35 铰链四杆机构

根据连架杆运动形式的不同，铰链四杆机构可分为曲柄摇杆机构、双曲柄机构、双摇杆机构三种基本类型。

1. 铰链四杆机构的基本类型

（1）曲柄摇杆机构 具有一个曲柄，一个摇杆的铰链四杆机构，称为曲柄摇杆机构（图3-36）。

在曲柄摇杆机构中，取曲柄1为主动件时，可将曲柄的连续等速转动经连杆2转换为从动件摇杆3的变速往复摆动。图3-36a所示为送料机构，送料机构由两个完全相同的曲柄摇杆机构组合而成，取摇杆 AB 为主动件时，可将摇杆的不等速往复摆动经连杆 BC 转换为从动件曲柄 DC 的连续旋转运动。图3-36b为缝纫机踏板机构的简图。当脚踏动踏板3（相当于摇杆）使其做往复摆动时，通过连杆2带动曲轴1（相当于曲柄）做连续旋转运动，使缝纫机进行缝纫工作。

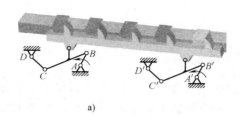

a)

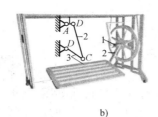

b)

图 3-36 曲柄摇杆机构

（2）双曲柄机构 具有两个曲柄的铰链四杆机构，称为双曲柄机构。图3-37a所示为双曲柄机构，双曲柄机构有两曲柄可分别为主动件。若曲柄1为主动件，当曲柄1由 AB 转180°至 AB' 时，从动件曲柄3由 CD 转至 $C'D$，转角为 ϕ_1；当主动曲柄继续再转180°由 AB' 转回至 AB 时，从动曲柄也由 $C'D$ 转回至 CD，转角为 ϕ_2，显然 $\phi_1 > \phi_2$。这表明主动曲柄匀速旋转一圈，从动曲柄变速旋转一圈。

在图3-37b所示的惯性筛中，$ABCD$ 为双曲柄机构。当曲柄1做等角速度转动时，曲柄3

做变角速转动，通过连杆 2 使筛体产生变速直线运动，筛面上的物料由于惯性来回抖动，从而达到筛分物料的目的。

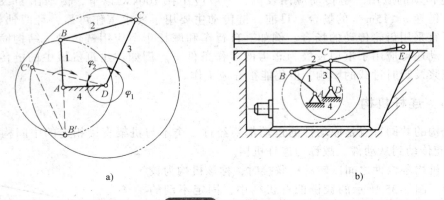

图 3-37　双曲柄机构

双曲柄机构中，常见的还有平行四边形机构和逆平行四边形机构。

1）平行四边形机构如图 3-38a 所示，两曲柄长度相等，且连杆与机架的长度也相等，呈平行四边形。平行四边形机构的运动特点是：当主动曲柄 1 做等速转动时，从动曲柄 3 会以相同的角速度沿同一方向转动，连杆 2 则做平行移动。图 3-38b 所示的机车车轮联动机构就是平行四边形机构的应用实例，它保证了机车车轮运动完全相同。

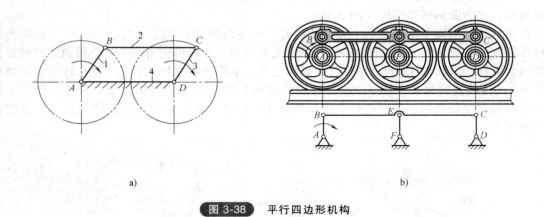

图 3-38　平行四边形机构

2）逆平行四边形机构如图 3-39a 所示，两曲柄长度相等，且连杆与机架的长度也相等但不平行。逆平行四边形机构的运动特点是：当主动曲柄 1 做等速转动时，从动曲柄 3 做变速转动，并且转动方向与主动曲柄相反。图 3-39b 所示的车门机构，采用了逆平行四边形机构，以保证与曲柄 1 和 3 固联的车门能同时开和关。

（3）双摇杆机构　铰链四杆机构中，若两连架杆均为摇杆，称为双摇杆机构。在双摇

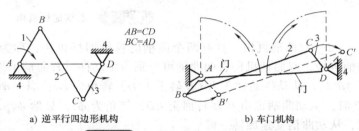

a) 逆平行四边形机构　　b) 车门机构

图 3-39　逆平行四边形机构及应用

杆机构中，两摇杆均可作为主动件。当主动摇杆往复摆动时，通过连杆带动从动摇杆往复摆动。

图 3-40a 所示为门座起重机的变幅机构即为双摇杆机构，当主动摇杆 1 摆动时，从动摇杆 3 随之摆动，使连杆延长部分上的 E 点（吊重物处），在近似水平的直线上移动，以避免因不必要的升降而消耗能量。图 3-40b 所示汽车前轮转向机构也是双摇杆机构，两摇杆长度相等，四杆组成一等腰梯形，车轮分别固连在两摇杆上，当推动摇杆时，前轮随之转动，使汽车顺利转弯。

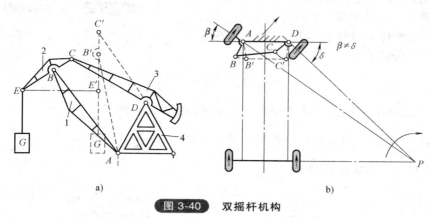

图 3-40 双摇杆机构

在实际机械中，为了满足各种工作的需要还有许多形式不同的平面机构。它们在外形和构造上虽然存在较大差别，但在运动特性上却有许多相似之处。其实它们都是通过铰链四杆机构演化而来的。

2. 连杆机构的特点

连杆机构的主要优点有：①由于组成运动副的两构件之间为面接触，因而承受的压强小，便于润滑，磨损较轻，可以承受较大的载荷；②构件形状简单，加工方便，工作可靠；③在主动件等速连续运动的条件下，当各构件的相对长度不同时，从动件实现多种形式的运动，满足多种运动规律的要求。

平面连杆机构的主要缺点有：①低副中存在间隙会引起运动误差，设计计算比较复杂，不易实现精确、复杂的运动；②连杆机构运动时产生的惯性力也不适用于高速的场合，因而在应用上受到了一定的限制。

3.2.5 螺旋传动

螺旋传动由螺杆（也称为丝杠或螺旋）和螺母组成，主要用来将旋转运动变换为直线移动，同时传递运动和动力。

1. 螺旋传动的类型与特点

螺旋传动按其用途和受力情况可分为传力螺旋、传导螺旋和调整螺旋三类。

1）传力螺旋：以传递动力为主，要求以较小的转矩产生较大的轴向力，如螺旋起重器摩擦压力机的螺旋等。通常要求具有自锁能力。

2）传导螺旋：主要用来传递运动，要求具有较高的传动精度，如车床刀架进给机构中的螺旋等。

3）调整螺旋：主要用来调整和固定零件间的相互位置，如车床尾座螺旋等。

这些螺旋传动一般采用梯形螺纹，单向受力传动时亦可采用锯齿形螺纹，次要场合则可采用矩形螺纹。螺旋传动主要特点是结构简单、运转平稳无噪声，便于制造、易于实现自锁，但传动效率低（一般为 30% ~ 40%）、摩擦和磨损较大。

在调整螺旋中，有时要求当主动件转动时，从动件做微量移动（如镗刀杆微调装置），此时可采用差动螺旋。图 3-41 为微调差动螺旋的工作原理图。螺杆 1 的 A 段螺距为 P_A，B 段螺距为 P_B 且 $P_A > P_B$。当两段螺旋的旋向相同时，如转动螺杆 1 转过 ϕ 角，螺杆 1 相对于螺母 3 前移 $L_A = P_A \phi / 2\pi$，则螺母 2 相对于螺杆 1 后移 $L_B = P_B \phi / 2\pi$，因此螺母 2 相对螺母 3 前移了

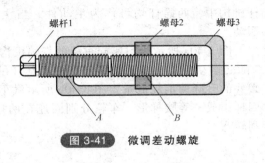

图 3-41　微调差动螺旋

$$L = L_A - L_B = (P_A - P_B) \frac{\phi}{2\pi}$$

当 P_A 与 P_B 相差很小时，可使 L 很小，从而达到微调的目的。

反之，如 A、B 两段螺旋的旋向相反，则 $L = (P_A + P_B) \dfrac{\phi}{2\pi}$

此时，螺母 2 将做快速移动。

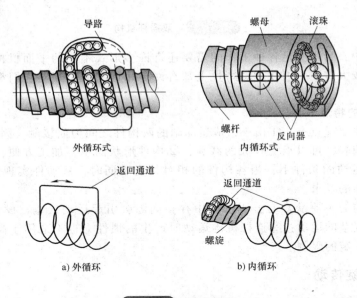

图 3-42　滚动螺旋

2. 滚动螺旋简介

在螺旋和螺母之间没有封闭循环的滚道，滚道间充以钢珠，这样就将螺旋面的摩擦变成滚动摩擦，这种螺旋传动称为滚动螺旋，又称为滚珠丝杠。

按滚道回路形式的不同，滚动螺旋分为内循环和外循环两种（图 3-42）。

内循环滚珠丝杠：钢珠在整个循环过程中始终不脱离螺旋表面的循环。内循环滚珠丝杠的螺母上开有侧孔，孔内装有反向器将相邻两螺纹滚道连通，钢珠越过螺纹顶部进入相邻滚道，形成一个循环回路。因此，一个循环回路里只有一圈钢珠和一个反向器。一个螺母常设置 2~4 个反向器。

外循环滚珠丝杠：钢珠在回路过程中离开螺旋表面的循环。外循环螺母只需前后各设一个反向器即可。

滚动螺旋的主要优点：①滚动摩擦系数小，传动效率高，可达90%以上；②磨损小，还可以用调整方法清除间隙并产生一定的预变形来增加刚度，因此其传动精度很高；③不具有自锁性，可以变直线运动为旋转运动。

滚动螺旋的缺点：①结构复杂，制造困难；②有些机构中为防止逆转需另加自锁机构。由于其显著的优点，目前，滚动螺旋广泛应用于要求高效率和高精度的机器中。

3.2.6　液压与气压传动

一般工程技术中使用的动力传递方式有：机械传动、电气传动、流体传动（其中流体传动包括液体传动和气压传动，以上三种传动常称为"三大传动"方式）以及由它们组合而成的复合传动。通常一部机器主要由动力装置、传动装置、操纵或控制装置、工作执行装置四部分构成。动力装置的性能一般都不可能完全满足执行装置各种工况（力、力矩、速度、功率等）的要求，这种矛盾常常由传动装置来解决。

液压传动与气压传动是以流体（液压油或压缩空气）作为工作介质对能量进行传递和控制的一种传动形式。以液体作为工作介质进行能量（动力）传递的传动方式称为液体传动，液体传动又可以分为液力传动和液压传动两种形式。液力传动主要是利用液体的动能来传递能量的，而液压（气压）传动则主要是利用液体（气体）的压力能来传递能量的。

1. 液压与气压传动系统的工作原理

（1）液压千斤顶的工作原理　液压千斤顶是常见的一种起升重物的工具，也是液压传动装置中的一种，它利用帕斯卡原理（在密闭容积内，施加在静止液体边界上的压力在液体内所有方向等值地传递到液体各点）成功地传递了动力并且放大了力，因此我们能够轻松地用一只手的力量就能抬起一辆汽车或几吨重的物体。图3-43为液压千斤顶的工作原理示意图。图3-43中，大小两个液压缸Ⅰ和Ⅱ内分别装有活塞，活塞可以在缸内滑动，且密封可靠。要举升重物12时，截止阀8应关闭。当向上提起杠杆1时，小活塞向上移动，缸Ⅰ下腔的密封容积增大，腔内压力下降，形成一定的真空度，这时排油单向阀3关闭，油箱5中的液压油在大气压力的作用下推开吸油单向阀4进入缸Ⅰ的下腔，从而完成了一次吸油过程。接着，压下杠杆1，小活塞下移，缸Ⅰ下腔密封容积减小，液压油受到挤压，压力上升，关闭吸油单向阀4，液压油推开排油单向阀3进入液压缸Ⅱ的下腔，从而推动大活塞克服重物12的重力 G 上升而做功。如此反复地提压杠杆

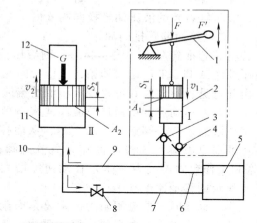

图 3-43　液压千斤顶的工作原理示意图

1—杠杆　2—液压缸Ⅰ　3—排油单向阀　4—吸油单向阀
5—油箱　6、7、9、10—油管　8—截止阀
11—液压缸Ⅱ　12—重物

1，就可以将重物12逐渐升起，从而达到起重的目的。若杠杆1不动，液压缸Ⅱ中的液压力使单向阀3关闭，大活塞不动。当需要将大活塞放下时，可打开截止阀8，液压油在重力作用下经截止阀8排回油箱5，大活塞下降到原位。

简要分析一下液压传动情况：密闭连通的液压缸Ⅰ和液压缸Ⅱ，作用在液压缸Ⅰ活塞上的力 F 使液压缸Ⅰ内部产生压力，$p_1 = F/A_1$。根据帕斯卡原理，此时液压缸Ⅱ内部的压力也是 p_1。但是，液压缸Ⅱ的活塞面积是 $A_2(A_2 > A_1)$，可以产生 $p_1 A_2$ 的力（显然 $p_1 A_2 > F = p_1 A_1$），当它能够克服重力 G 时，便可以抬起重物了。

（2）磨床工作台液压传动系统的工作原理　图3-44为磨床工作台液压传动系统的工作原理图。这个系统可使工作台做直线往复运动，并且可以调节工作台的运动速度。图3-44中，液压泵3由电动机驱动旋转，从油箱1中吸油，液压油经过滤器2进入液压泵。当液压油从液压泵输出进入油管后，通过节流阀4流至换向阀6。换向阀6有左、中、右三个工作位置。当换向阀的阀芯处于中位时（图3-44a），由于所有油口P、T、A、B均封闭，油路不通，液压油不能进入液压缸8，活塞9停留在某个位置上，所以工作台10不动。此时，液压泵输出的液压油只能在一定压力下通过溢流阀5流回油箱。

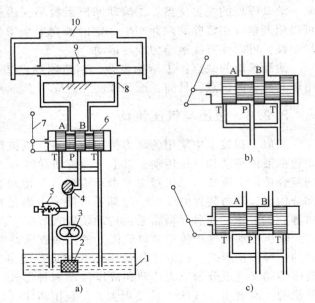

图 3-44　磨床工作台液压传动系统的工作原理图
1—油箱　2—过滤器　3—液压泵　4—节流阀
5—溢流阀　6—换向阀　7—手柄
8—液压缸　9—活塞　10—工作台

若将阀芯推到右边（图3-44b），液压泵3输出的液压油将流经节流阀4、换向阀6的P口、A口进入液压缸8左腔，推动活塞（和工作台）向右移动。与此同时，液压缸右腔的液压油经换向阀6的B口、T口又经回油管排回油箱。

若将阀芯推到左边（图3-44c），则液压油经P口、B口进入液压缸8右腔；液压缸左腔的液压油经A口、T口排回油箱，工作台向左移动。

由此可见，换向阀6可改变液压油的流向，使液压缸换向实现工作台的往复运动。

工作台的运动速度可通过节流阀4来调节。节流阀的作用是通过改变节流阀开口量的大小，来调节通过节流阀液压油的流量，从而控制工作台的运动速度，此时，液压泵输出的多余液压油通过溢流阀5流回油箱。当节流阀口开大时，进入液压缸的液压油增多，工作台（活塞和工作台固连成为一体）移动速度增大，当节流阀口关小时，进入液压缸的液压油减少，工作台的移动速度减小。

工作台运动时，要克服阻力，主要是磨削力和工作台与导轨之间的摩擦力等，这些阻力由液压油的压力能来克服；要克服的阻力越大，液压缸内的油压越高，反之油压就越低。压力取决于负载。根据工作情况的不同，液压泵输出液压油的压力可以通过溢流阀5进行调整。

综上所述，可以得出如下结论：液压传动系统是依靠液体在密封油腔容积变化中的压力能来实现运动和动力传递的。液压传动装置从本质上讲是一种能量转换装置，它先将机械能转换为便于输送的液压能，然后再将液压能转换为机械能做功。

2. 液压与气压系统的组成

（1）液压传动系统组成

1）动力元件：指液压泵。它的作用是把原动机（电动机）的机械能转变成液压油的压力能，给液压系统提供压力油，是液压系统的动力源。

2）执行元件：指各种类型的液压缸、液压马达。其作用是将油液压力能转变成机械能，输出一定的力（或力矩）和速度，以驱动负载。

3）控制调节元件：主要指各种类型的液压控制阀，如溢流阀、节流阀、换向阀等。它们的作用是控制液压系统中油液的压力、流量和流动方向，从而保证执行元件能驱动负载，并按规定的方向运动，获得规定的运动速度。

4）辅助装置：指油箱、过滤器、蓄能器、油管、管接头、压力表等。它们对保证液压系统可靠、稳定、持久地工作，具有重要作用。

5）工作介质：指各种类型的液压油。

（2）气压传动系统的组成

1）动力源装置：指压缩空气站。它由空气压缩机、气源净化装置等组成。它的作用是把空气处理成为气压系统可用的洁净且压力稳定的压缩空气，与液压传动有比较明显的不同。

2）执行元件：指各种类型的气缸、气马达。其作用是将压缩空气的压力能转变成机械能，输出一定的力（或力矩）和速度，以驱动负载。

3）控制调节元件：主要指各种类型的气压控制阀，如减压阀、节流阀、换向阀等。它们的作用是控制气压系统中压力、流量和流动方向，从而保证执行元件能驱动负载，并按规定的方向运动，获得规定的运动速度。

4）辅助装置：指过滤器、冷却器、干燥器、蓄能器、油雾器、消声器、管路、管接头、压力表等。它们对保证气压系统可靠、稳定、持久地工作，具有重要作用。与液压传动有比较明显的不同。

5）工作介质：指压缩空气。

3. 液压与气压系统的职能符号

图 3-44 是采用半结构式图形表示的液压系统原理图。这种原理图，直观性强，容易理解，但图形较复杂，绘制很不方便。为简化原理图的绘制，在工程实际中，除某些特殊情况外，系统中各元件一般采用国家标准规定的图形符号来表示，这些符号只表示元件的职能，不表示元件的结构和参数，通常称为"职能符号"。GB/T 786.1—2009 规定了液压与气压传动职能符号。

图 3-45 所示为用职能符号绘制的磨床工作台液压传动系统原理。

需要说明的是，液压元件职能符号表示的是元件的常态（静止状态）或零位，未必是其工作状态。元件图形符号只表示元件的职能和连接系统的通路，不表示元件的具体结构和参数，也不表示系统管路的具体位置和元件的安装位置。

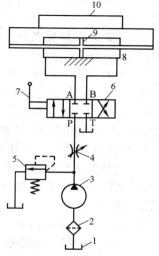

图 3-45 用职能符号绘制的磨床工作台液压传动系统原理

1—油箱 2—过滤器 3—液压泵
4—节流阀 5—溢流阀 6—换向阀
7—手柄 8—液压缸
9—活塞 10—工作台

4. 液压与气压传动的特点

（1）液压传动的主要优点 液压传动与机械传动、电气传动、气压传动相比，主要具有下列优点：

1）便于实现无级调速，调速范围比较大，可达 100：1 ~ 2000：1。

2）在同等功率的情况下，液压传动装置的体积小、重量轻、惯性小、结构紧凑（如液压马达的重量只有同功率电动机重量的 10% ~ 20%），而且能传递较大的力或转矩。

3）工作平稳，反应快、冲击小，能频繁起动和换向。液压传动装置的换向频率、回转运动可达 500 次/min，往复直线运动可达 400 ~ 1000 次/min。

4）控制、调节比较简单，操纵比较方便、省力，易于实现自动化，与电气控制配合使用能实现复杂的顺序动作和远程控制。

5）易于实现过载保护，若系统超负载，油液经溢流阀流回油箱。由于采用油液作为工作介质，能自行润滑，所以寿命长。

6）易于实现系列化、标准化、通用化，易于设计、制造和推广使用。

7）易于实现回转、直线运动，且元件排列布置灵活。

8）在液压传动系统中，功率损失所产生的热量可由流动着的油液带走，故可避免机械本体产生过度温升。

（2）气压传动的主要优点　气压传动与其他的传动和控制方式相比，其主要优点如下：

1）气动装置简单、轻便、安装维护简单。

2）压力等级低，使用安全。

3）工作介质——空气取之不尽，用之不竭；排气处理简单，泄漏不会污染环境，成本低。

4）输出力及工作速度的调节非常容易；气缸动作速度一般为 $50\sim500$mm/s，比液压和电气方式的动作速度快。

5）可靠性高，使用寿命长；电气元器件的有效动作次数为数百万次，而新型电磁阀（如 SMC 的一般电磁阀）的寿命大于 3000 万次，小型阀超过 2 亿次，适于标准化、系列化、通用化。

6）可短时间释放能量，以获得间歇运动中的高速响应；可实现缓冲；对冲击负载和过负载有较强的适应能力；在一定条件下，可使气动装置有自保持能力。

7）具有防火、防爆、耐潮湿的能力；与液压方式相比，气动方式可在恶劣的环境（高温、强振动、强冲击、强腐蚀和强辐射等）下进行正常工作。

8）由于空气的黏性很小，流动的能量损失远小于液压传动，可压缩性大，可储存能量，宜于远距离输送和控制，压缩空气可集中供应。

（3）液压传动的主要缺点

1）液体为工作介质，易泄漏，且具有可压缩性，故难以保证严格的传动比。

2）液压传动中有较多的能量损失（摩擦损失、压力损失、泄漏损失），效率低，所以不宜做远距离传动。

3）液压传动对油温和负载变化敏感，不宜于在很低或很高温度下工作。

4）液压传动需要有单独的能源（如液压泵站），液压能不能像电能那样从远处传来。

5）液压元件制造精度高，造价高，须组织专业化生产。

6）对污染很敏感，液压传动装置出现故障时不易查找原因，不易迅速排除。

（4）气压传动的主要缺点

1）由于空气有压缩性，气缸的动作速度易受负载的影响，平稳性不如液压传动，采用气液联动方式可以克服这一缺陷。

2）目前气动系统的压力一般小于 0.8MPa，系统的输出力较小，且传动效率低。

3）气压传动装置的信号传递速度限制在声速（约 340m/s）范围内，所以它的工作频率和响应速度远不如电子装置，并且信号要产生较大的失真和延滞，也不便于构成较复杂的回路。

4）工作介质——空气没有润滑性，系统中必须给油润滑。

5）噪声大，尤其在超声速排气时需要加装消声器。

5. 液压与气压传动的应用

由于液压传动的优点很多，所以在国民经济各部门中都得到了广泛的应用，但各部门应用液压传动的出发点不同。工程机械、压力机械采用液压传动的原因是结构简单，输出力量大；航空工业采用液压传动的原因是重量轻，体积小；机床中采用液压传动主要是可实现无级变速，易于实现自动化，能实现换向频繁的往复运动的优点。在电子工业、包装机械、食品机械等方面应用气压传动主要是因其操作方便，且无油、无污染的特点。

3.2.7 轴、轴承及其联接件

1. 轴的分类

（1）按轴受的载荷和功用的不同进行分类 按轴受的载荷和功用的不同，轴可分为心轴、传动轴和转轴。

1）心轴是指只承受弯矩不承受转矩的轴，主要用于支撑回转零件，如车辆轴（图3-46）和滑轮轴等。

2）传动轴是指只承受转矩不承受弯矩或承受很小弯矩的轴，主要用于传递转矩，如图3-47所示汽车的传动轴。

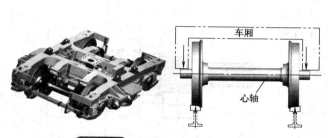

图 3-46　心轴（铁路车辆轮轴）

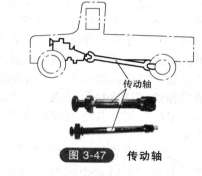

图 3-47　传动轴

3）转轴是指工作时既承受弯矩又承受转矩的轴。转轴既可支撑零件又可传递转矩，如图3-48所示。

（2）按轴线形状的不同进行分类 按轴线形状的不同，轴可分为直轴、曲轴和挠性轴。

1）直轴用于一般的机械传动中，按其外形不同可分为光轴和阶梯轴等。其中，光轴形状简单、加工容易、应力集中源少，主要用作传动轴；阶梯轴（图3-49）中各轴段截面的直径不同，便于轴上零件的装拆和固定，在机械中最为常见。另外，在实际应用中，有时为了减

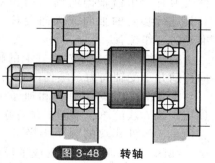

图 3-48　转轴

轻重量或满足某种使用要求（如中空部分可用作供料或润滑油等的通道），将轴制成空心轴。

2）曲轴主要用于需要将回转运动和往复直线运动进行相互转换的机械结构中，如图3-50所示。该曲轴是一种专用零件，在活塞式动力机械、曲轴压力机、空气压缩机等机械中最为常见。

3）挠性轴是由几层紧贴在一起的钢丝层构成的，可将转矩和回转运动传递到空间任一位置，具有良好的挠性，常用于医疗器械、汽车里程表、插入式振动器和手持电动工具等设备中，如图3-51所示。

图 3-49　阶梯轴

图 3-50　曲轴

图 3-51　挠性轴

2．轴的结构设计

轴的结构设计就是确定轴的形状和尺寸，这与轴上零件的安装、拆卸、定位及加工工艺有着密切的关系。进行轴的结构设计首先要分析轴上零件的定位、固定以及轴的结构工艺性等。

对轴的结构设计的基本要求是：

1）轴和轴上的零件定位准确、固定可靠。

2）轴上零件便于调整和装拆。

3）良好的制造工艺性。

4）形状、尺寸应尽量减小应力集中。

5）为了便于轴上零件的装拆，将轴制成阶梯轴。

（1）轴的各部分名称 轴通常由轴头、轴颈、轴身、轴肩和轴环等组成。其中，轴头是与回转零件相配合的部分，通常轴头上开有键槽，如图 3-52 所示；轴颈是与轴承配合的部分，其上装有轴承；轴身是联接轴头和轴颈的部分；轴肩和轴环是阶梯轴截面变化的部位，对轴起轴向定位作用，其中直径尺寸两边都变化的称为轴环。

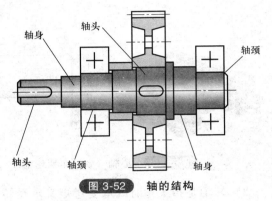

图 3-52 轴的结构

（2）零件在轴上的固定 为了防止轴上零件受力时发生沿轴向或周向的相对运动，必须对其进行必要的轴向或周向定位，以保证其有准确的工作位置。

1）轴向固定：零件在轴上的轴向定位是为了保证零件有确定的工作位置，防止零件沿轴向移动并承受轴向力。零件的轴向定位方式有很多种，常见的有以下几种：

① 轴肩和轴环。轴肩和轴环是阶梯轴上截面变化的部位，它对轴上的零件起轴向定位的作用。该方法简单，单向定位可靠。为了使轴上零件的端面能与轴肩紧贴，轴肩的圆角半径 R 必须小于零件孔端的圆角半径 R_1 或倒角 C_1，如图 3-53a 所示；否则，无法紧贴，定位不准确，如图 3-53b 所示。轴肩或轴环的高度 h 必须大于 R_1 或 C_1。轴环与轴肩尺寸 $h = (0.07d + 3\text{mm}) \sim (0.1d + 5\text{mm})$，轴环宽度 $b \approx 1.4h$。

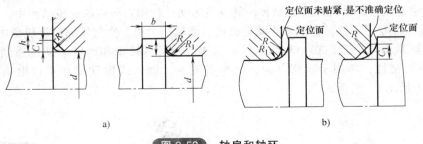

图 3-53 轴肩和轴环

② 轴端挡圈和圆锥面。当轴上零件位于轴端时，可用轴挡圈和轴肩、圆锥面与轴端挡圈联合使用，对零件进行双向固定，如图 3-54 所示。该方法简单可靠、拆装方便，多用于承受剧烈振动和冲击的场合。

③ 定位套筒和圆螺母。定位套筒（图 3-55）用于轴上两零件的距离较小的场合，结构简

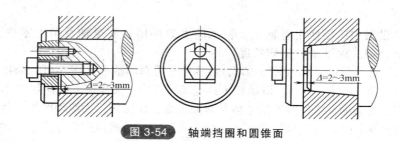

图 3-54　轴端挡圈和圆锥面

单，定位可靠。圆螺母（图 3-56）用于轴上两零件距离较大的场合，由于需要在轴上切制螺纹，因此对轴的强度影响较大。

④ 弹性挡圈和紧定螺钉。弹性挡圈和紧定螺钉的固定方法如图 3-57 和图 3-58 所示，常用于轴向力较小的场合。

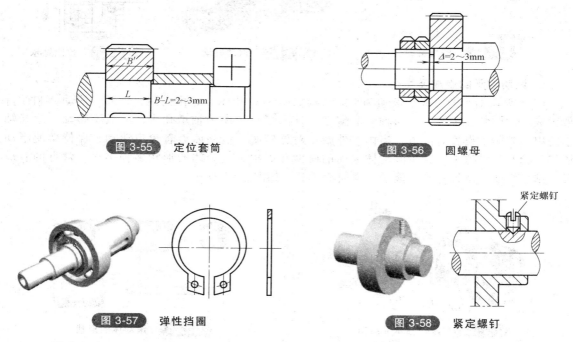

图 3-55　定位套筒

图 3-56　圆螺母

图 3-57　弹性挡圈

图 3-58　紧定螺钉

2）周向固定：周向定位的目的是为了传递转矩，并防止轴上零件与轴发生相对转动。常用的周向固定的定位方式有平键联结花键联结、过盈配合联接、圆锥销联接和成形联接等，如图 3-59 所示。

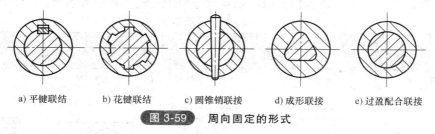

a) 平键联结　　b) 花键联结　　c) 圆锥销联接　　d) 成形联接　　e) 过盈配合联接

图 3-59　周向固定的形式

过盈配合是利用轴和零件轮毂孔之间的配合过盈量来联接的，能同时实现周向和轴向固定，结构简单，对中性好，对轴削弱小，但装拆不便；成形联接是利用非圆柱面与轮毂孔配合，对中性好，工作可靠，但制造困难，应用较少。

3. 轴承

在各种机器设备中广泛使用着轴承。轴承的主要作用是支撑轴及轴上零件，减少轴与支承之间的摩擦和磨损，保证轴的旋转精度。

根据工作面摩擦性质的不同（图 3-60），轴承可分为滑动轴承（图 3-61，轴瓦内表面和轴接触）和滚动轴承（图 3-62）。其中，滑动轴承具有工作平稳、无噪声、径向尺寸小、耐冲击和承载能力大等优点；滚动轴承工作时，滚动体与套圈是点、线接触，为滚动摩擦，其摩擦和磨损较小。滚动轴承是标准零件，可批量生产，成本低，安装方便，所以广泛应用于各种机械上。

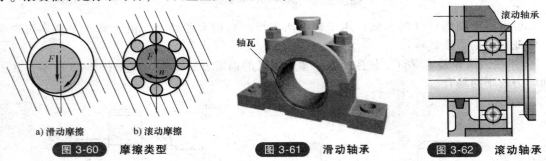

| a) 滑动摩擦　　b) 滚动摩擦 |
| 图 3-60　摩擦类型 | 图 3-61　滑动轴承 | 图 3-62　滚动轴承 |

4. 滚动轴承的组成及类型

（1）滚动轴承的组成　滚动轴承的结构如图 3-63 所示，它由内圈、外圈、滚动体和保持架组成。内圈装在轴颈上，与轴一起转动。外圈装在机座的轴承孔内，一般不转动。滚动轴承的内、外圈上设置有滚道，当内、外圈相对旋转时，滚动体沿着滚道滚动，保持架使滚动体均匀分布在滚道上，减少滚动体之间的碰撞和磨损。滚动体的形状多种多样，常见的有球形、圆柱滚子、滚针、圆锥滚子、球面滚子等，如图 3-64 所示。

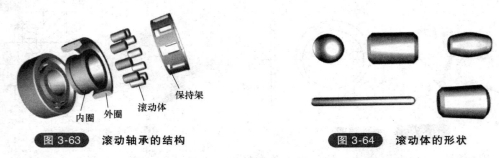

图 3-63　滚动轴承的结构　　　　　图 3-64　滚动体的形状

（2）滚动轴承的主要类型　滚动轴承有多种分类方式，主要的分类方式有以下几种：

1）按轴承所能承受载荷的方向或公称接触角 α 的大小进行分类：按所能承受载荷的方向或公称接触角 α 的大小（见表 3-2），滚动轴承可分为向心轴承和推力轴承。

表 3-2　公称接触角 α

轴承类型	向心轴承		推力轴承	
	径向接触	角接触	角接触	轴向接触
公称接触角 α	$\alpha = 0°$	$0° < \alpha \leqslant 45°$	$45° < \alpha < 90°$	$\alpha = 90°$
图例				

① 向心轴承。向心轴承可分为径向接触轴承和角接触向心轴承。其中，径向接触轴承的公称接触角 $\alpha=0°$，主要承受径向载荷，有些可承受较小的轴向载荷；角接触向心轴承的公称接触角 $\alpha=0°\sim45°$，可同时承受径向载荷和轴向载荷。

② 推力轴承。推力轴承可分为角接触推力轴承和轴向接触轴承。其中，角接触推力轴承的公称接触角 $\alpha=45°\sim90°$，主要承受轴向载荷，可承受较小的径向载荷；轴向接触轴承的公称接触角 $\alpha=90°$，只能承受轴向载荷。

2）其他分类方式：除了上述分类方式外，还可按照下列方式进行分类。

① 按滚动体的形状，滚动轴承可分为球轴承和滚子轴承。其中，球轴承的滚动体与滚道表面为点接触；滚子轴承的滚动体与滚道表面为线接触。在外廓尺寸相同的条件下，滚子轴承的承载能力和耐冲击能力好于球轴承，但球轴承摩擦小、高速性能好。

② 按工作时能否调心，滚动轴承可分为调心轴承和非调心轴承。其中，调心轴承可允许轴有较大的偏位角。

③ 按安装轴承时其内、外圈是否可分别安装，滚动轴承可分为可分离轴承和不可分离轴承等。

滚动轴承与滑动轴承各有优缺点。在使用轴承时，应结合工作情况和各类轴承的特点及性能，对比选出最实用的轴承。

第4章

伺服电动机及驱动

伺服电动机是一种执行电动机，在自动控制系统中作为执行元件。伺服电动机将输入的电压信号变换成转轴的角位移或角速度而输出。输入的电压信号又称为控制信号或控制电压。改变控制电压可以改变伺服电动机的转速及转向。伺服电动机按其使用的电源性质不同，可分为直流伺服电动机和交流伺服电动机两大类。

随着自动控制技术的发展，伺服电动机的应用范围日益广泛，对其性能的要求也在不断提高；另外新技术、新材料的出现也为伺服电动机的发展提供了可能，促使它有了很大发展，涌现出许多新型的结构。如快速响应低惯量的盘形电枢直流电动机、空心杯形电枢直流电动机和无槽电枢直流伺服电动机；取消了传统直流电动机上的电刷和换向器而采用电子器件换向的无刷直流伺服电动机；为了适应高精度低速伺服系统的需要，取消了减速机构而直接驱动负载的直流力矩电动机等。

4.1 直流伺服电动机及驱动

4.1.1 结构和分类

直流伺服电动机是指使用直流电源驱动的伺服电动机，它实质上就是一台他励式直流电动机。直流伺服电动机的结构可分为传统型和低惯量型两大类。

1. 传统型直流伺服电动机

传统型直流伺服电动机的结构和普通直流电动机基本相同，也是由定子、转子两大部分组成，只是它的功率与体积较小。按励磁方式的不同，传统型直流伺服电动机又可以划分为永磁式和电磁式两种。永磁式直流伺服电动机的定子磁极由永久磁钢组成。电磁式直流伺服电动机的定子磁极通常由硅钢片铁心和励磁绕组组成。这两种电动机的转子结构与普通直流电动机的结构相同，其铁心均由硅钢片冲制叠压而成，在转子冲片的外圆周上开有均匀布置的齿槽，在转子槽中放置电枢绕组，并通过换向器和电刷与外电路连接。

2. 低惯量型直流伺服电动机

与传统型的直流伺服电动机相比，低惯量型直流伺服电动机具有时间常数小、响应快速的特点。目前，低惯量型直流伺服电动机主要有：盘形直流伺服电动机、空心杯形直流伺服电动机和无槽电枢直流伺服电动机。

（1）盘形直流伺服电动机 这种电动机主要是盘形永磁直流电动机。图 4-1 为盘形永磁直流伺服电动机的结构示意图。

电动机的结构呈扁平状，其定子由永久磁钢和前后磁轭组成，磁钢若放置在圆盘的一侧称为单边结构，若同时放置在两侧则称为双边结构。电动机的气隙位于圆盘的两面。不论采

用哪种结构，永磁体都为轴向磁化，在气隙中
产生多极轴向磁场。电枢通常无铁心，仅由导
体以适当的方式制成圆盘状，其形式分为印制
绕组和绕线式绕组两种形式。印制绕组采用与
制造印制电路板相类似的工艺制成，它可以是
单片双面的，也可以采用多片重叠的结构，但
一般最多不超过 8 层。印制绕组电枢制造精度
高，成本也高，但转动惯量小。绕线式绕组则
是先绕制成单个线圈，然后将绕好的全部线圈
沿径向圆周排列起来，再用环氧树脂浇注成圆
盘形。盘形电枢上电枢绕组中的电流沿径向流

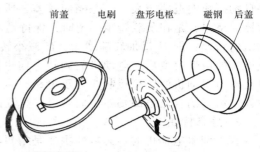

图 4-1　盘形永磁直流伺服电动机
的结构示意图

过圆盘表面，并与永磁体产生的多极轴向磁场相互作用而产生转矩。因此，绕组的径向段为
有效部分，弯曲段为端接部分。在这种电动机中也常用电枢绕组有效部分的裸导体表面兼作
换向器，与电刷直接接触实现与外电路的相连，从而可以省去换向器。

　　（2）空心杯形电枢永磁式直流伺服电动机　图4-2为空心杯形电枢永磁式直流伺服电动
机的结构简图。空心杯形转子上的绕组同盘式永磁直流伺服电动机的一样，其形式也可分为
印制绕组和绕线式绕组两种形式，不同之处是空心杯形转子上的绕组沿圆周的轴向排列成空
心杯形。其定子由一个外定子和一个内定子组成。通常外定子由两个半圆形的永久磁钢组成，
而内定子则用圆柱形的软磁材料做成，仅作为磁路的一部分，以减小磁路磁阻。但也有内定
子采用永久磁钢、外定子采用软磁材料的结构形式。空心杯形电枢直接装在电动机轴上，在
内、外定子间的气隙中旋转。电枢绕组通过换向器和电刷与外电路相连。

　　（3）无槽电枢直流伺服电动机　这种电动机的结构与传统的直流伺服电动机类似，不同
之处是在其电枢铁心上并不开槽，其电枢绕组直接排列在铁心表面，再用环氧树脂把它与电
枢铁心固化成一个整体。其磁路如图4-3所示。定子磁极可以用永久磁钢做成，也可以采用电
磁式结构。这种电动机的转动惯量和电枢绕组的电感比前面介绍的两种无铁心转子的电动机
要大些，因而其动态性能也较差。

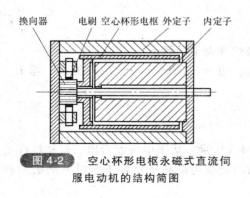

图 4-2　空心杯形电枢永磁式直流伺
服电动机的结构简图

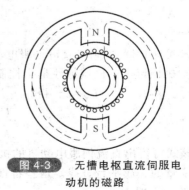

图 4-3　无槽电枢直流伺服电
动机的磁路

4.1.2　运行原理

1. 控制方式

　　如前所述，直流伺服电动机实质上就是一台他励式直流电动机，故其控制方式同他励式
直流电动机一样，可分为两类：对磁通进行控制的励磁控制法和对电枢电压控制的电枢控制
法。其中励磁控制法在低速时受磁饱和的限制，在高速时受换向火花和换向结构强度的限制，

并且励磁线圈电感较大，动态响应较差，所以这种方法应用较少。电枢控制法是以电枢绕组为控制绕组，是在负载转矩一定时，保持励磁电压 U_f 为恒定，通过改变电枢电压 U_a 来改变电动机的转速；即 U_a 增加转速增大，U_a 减小转速降低，若电枢电压为零，则电动机停转。当电枢电压的极性改变后，电动机的旋转方向也随之改变。因此，把电枢电压作为控制信号就可以实现对电动机的转速控制。对于电磁式直流伺服电动机采用电枢控制时，其励磁绕组必须由外施恒压的直流电源励磁，而永磁式直流伺服电动机则由永久磁铁励磁。

2. 静态特性

直流伺服电动机的静态特性主要是指机械特性与调节特性。电枢控制时直流伺服电动机的工作原理如图 4-4 所示。为了分析简便，先做如下假设：第一，电动机磁路不饱和；第二，电刷位于几何中性线。根据这两项假设，可认为负载时电枢反应磁动势的影响可以略去，电动机的每个电极气隙磁通将保持恒定。

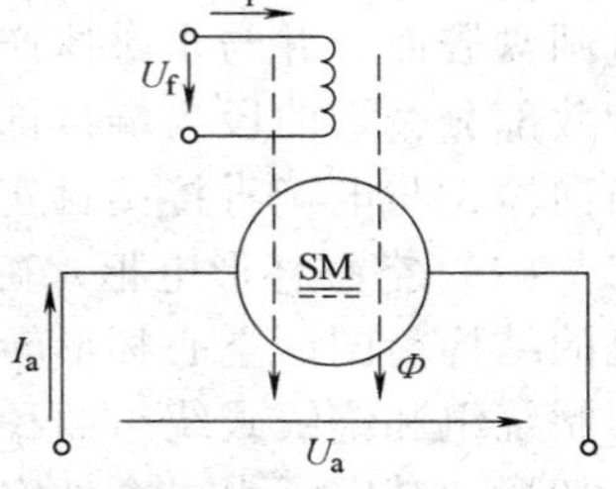

这样，直流电动机电枢回路的电压平衡方程式为

$$U_a = E_a + I_a R_a \qquad (4\text{-}1)$$

式中，U_a 是电动机电枢绕组两端的电压（V）；E_a 是电动机电枢回路电动势（V）；I_a 是电动机电枢回路的电流（A）；R_a 是电动机电枢回路的总电阻（包括电刷的接触电阻）(Ω)。

当磁通 Φ 恒定时，电枢绕组的感应电势将正比于转速，则

$$E_a = C_e \Phi n = K_e n \qquad (4\text{-}2)$$

式中，K_e 是电动势常数，表示单位转速时所产生的电动势 [V/(r/min)]；n 为电动机转速（r/min）。

图 4-4　电枢控制时直流伺服电动机的工作原理

另外，电动机的电磁转矩为

$$T_{em} = C_t \Phi I_a = K_t I_a \qquad (4\text{-}3)$$

式中，K_t 为转矩常数，表示单位电枢电流所产生的转矩（kg·m²/A）。

若忽略电动机的空载损耗和转轴机械损耗等，则电磁转矩等于负载转矩。

将式（4-1）~式（4-3）联立求解得

$$n = \frac{U_a}{K_e} - \frac{R_a}{K_t K_e} T_{em} \qquad (4\text{-}4)$$

根据式（4-4）可画出直流伺服电动机的机械特性和调节特性。

（1）机械特性　机械特性是指控制电压恒定时，电动机的转速与转矩的关系，即 $U_a = C$ 为常数时，$n = f(T_{em})|U_a = C$，得

$$n = \frac{U_a}{K_e} - \frac{R_a}{K_t K_e} T_{em} = n_0 - k T_{em} \qquad (4\text{-}5)$$

由该式可得出直流伺服电动机的机械特性如图 4-5 所示。从图中可以看出，机械特性是以 U_a 为参变量的一簇平行直线。这些特性曲线与纵轴的交点为电磁转矩等于零时电动机的理想空载转速 n_0，即

$$n_0 = \frac{U_a}{k_e} \qquad (4\text{-}6)$$

由于直流伺服电动机本身存在空载损耗和转轴的机械损耗等，即使负载转矩为零，电磁转矩也并不为零。只有在理想的情况下 T_{em} 才可能为零，为此，转速 n_0 是指在理想空载（即 $T_{em} = 0$）时的电动机转速，故称理想空载转速。

当 $n = 0$ 时机械特性曲线与横轴的交点对应的转矩称为电动机堵转时的转矩 T_k，即

$$T_k = \frac{U_a K_t}{R_a} \qquad (4\text{-}7)$$

在图 4-5 中机械特性曲线的斜率为

$$k = \frac{n_0}{T_k} = \frac{R_a}{K_t K_e} \qquad (4\text{-}8)$$

式中，k 是机械特性的斜率，它表示了电动机机械特性的硬度，即电动机的转速随转矩 T_{em} 的改变而变化的程度。

从图 4-5 中可以看出，随着电枢控制电压 U_a 的增大，空载转速 n_0 与堵转转矩 T_k 同时增大，但曲线的斜率保持不变，电动机的机械特性曲线平行地向转速和转矩增加的方向移动。斜率 k 的大小只与电枢电阻 R_a 成正比而与 U_a 无关。电枢电阻越大，斜率 k 越大，机械特性就变软；反之，电枢电阻 R_a 小，斜率 k 也小，机械特性就越硬。

在实际应用中，电动机的电枢电压 U_a 通常由系统中的放大器提供，所以还要考虑放大器的内阻，此时斜率公式中 R_a 应为电动机电枢电阻与放大器内阻之和。

（2）调节特性 调节特性是指在电磁转矩恒定时，电动机的转速与控制电压的关系，即 $n = f(U_a)|T_{em} = C$。电枢控制直流伺服电动机的调节特性如图 4-6 所示，它们是以 T_{em} 为参变量的一簇平行直线。

当 $n = 0$ 时调节特性曲线与横轴的交点，就表示在某一电磁转矩（若略去电动机的空载损耗和机械损耗等，则为负载转矩值）时电动机的始动电压 U_{a0}，即

$$U_{a0} = \frac{R_a}{K_t} T_{em} \qquad (4\text{-}9)$$

当电磁转矩一定时，只有电动机的控制电压大于相应的始动电压，电动机才能起动起来并达到某一需要的转速；反之，当控制电压小于相应的始动电压时，电动机所能产生的最大电磁转矩仍小于所要求的负载转矩值，电动机就不能起动。所以，在调节特性曲线上从原点到始动电压点的这一段横坐标所示的范围，称为在某一电磁转矩值时伺服电动机的失灵区（也称为"死区"）。显然，失灵区的大小与负载转矩的大小成正比，负载转矩越大，要想使直流伺服电动机运动起来，电枢绕组需要加的控制电压也要相应地增大。

由以上分析可知，电枢控制时直流伺服电动机的机械特性和调节特性都是一簇平行的直线，这是直流伺服电动机很可贵的优点，也是两相交流伺服电动机所不及的。需要注意的是，上述结论，是在开始时所作的两条假设的前提下得到的，若考虑到实际因素的影响，直流伺服电动机的特性曲线仅是一组接近直线的曲线。

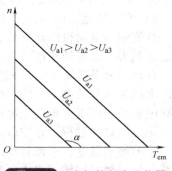

图 4-5　电枢控制直流伺服电动机的机械特性

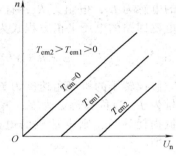

图 4-6　电枢控制直流伺服电动机的调节特性

3. 动态特性

伺服电动机在自动控制系统通常作为执行元件使用，对控制系统性能的影响很大，因此它应具备如下功能：

1）宽广的调速范围。要求伺服电动机的转速随着控制电压的改变，能在宽广的范围内连续调节。

2）机械特性和调节特性均为线性。线性的机械特性和调节特性有利于提高自动控制系统的控制精度。

3）无"自转"现象，即伺服电动机在控制电压为零时能立即自行停转。

4）响应快速，即过渡过程持续的时间要短，电动机的机电时间常数要小。

直流伺服电动机的动态特性是指电动机的电枢上外施电压突变时，电动机从一种稳定转速过渡到另一稳定转速的过程，即 $n=f(t)$ 或 $\Omega=f(t)$。

自动控制系统要求直流伺服电动机的机电过渡过程尽可能短，即电动机转速的变化能迅速跟上控制信号的改变。假设电动机在电枢外施控制电压前处于停转状态。当电枢外施一个阶跃电压后，由于电枢绕组电感储存的磁场能不能跃变，致使电枢电流 I_a 不能跃变，因此存在一个电磁过渡过程，相应电磁转矩的增长也有一个过程。在电磁转矩的作用下，由于转子有一定的转动惯量，机械转动的动能不能跃变，致使转速不能跃变，电动机从一种稳定转速过渡到另一种稳定转速也需要一定的时间，该过程称为机械过渡过程。电磁和机械的过渡过程交叠在一起，形成了伺服电动机的机电过渡过程。在整个机电过渡过程中，电磁的和机械的过渡过程相互影响。一方面由于电动机的转速从一种稳定转速过渡到另一种稳定转速由电磁转矩（或电枢电流）所决定；另一方面电磁转矩或电枢电流又随转速而变化。一般情况下，电磁过渡过程要比机械过渡过程短得多，因此常忽略电磁过渡过程。

通常研究直流伺服电动机动态特性的方法是，列出直流伺服电动机的动态方程，经拉普拉斯变换，求出伺服电动机的传递函数。再经拉普拉斯反变换得到在电枢电压发生跃变时，转速或角速度随时间变化的时域关系。

（1）直流伺服电动机的动态方程　可根据直流伺服电动机的等效电路列出，假设电枢绕组的电感为 L_a，电阻为 R_a，直流伺服电动机的等效电路如图 4-7 所示。在过渡过程中，对应于电枢回路的电压平衡方程式为

$$u_a = R_a i_a + L_a \frac{di_a}{dt} + e_a \qquad (4\text{-}10)$$

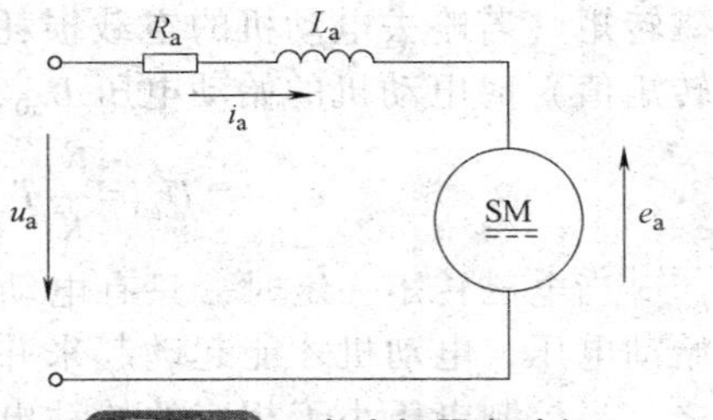

假设转子的机械角速度为 Ω，负载和电动机的总转动惯量为 J。当负载转矩为零，并略去电动机的铁心损耗和机械损耗等后，则电动机的电磁转矩全部用来使转子加速，即

$$T_{em} = J \frac{d\Omega}{dt} \qquad (4\text{-}11)$$

图 4-7　直流伺服电动机的等效电路

由 $n=60\Omega/2\pi$，可得

$$u_a = \frac{L_a J}{K_t} \frac{d^2\Omega}{dt^2} + \frac{R_a J}{K_t} \frac{d\Omega}{dt} + \frac{60}{2\pi} K_e \Omega \qquad (4\text{-}12)$$

两边同乘以 $2\pi/60K_e$，可得

$$\frac{2\pi}{60K_e} u_a = \tau_m \tau_e \frac{d^2\Omega}{dt^2} + \tau_m \frac{d\Omega}{dt} + \Omega \qquad (4\text{-}13)$$

式中，$\tau_m = 2\pi R_a J/60K_t K_e$ 是机械时间常数（s）；$\tau_e = L_a/R_a$ 是电磁时间常数（s）。

（2）直流伺服电动机的传递函数　分别以 U_a 和 n 表示输入变量和输出变量，将式（4-13）进行拉普拉斯变换可得传递函数为

$$F(s) = \frac{\Omega(s)}{U_a(s)} = \frac{\dfrac{2\pi}{60K_e}}{\tau_m \tau_e s^2 + \tau_m s + 1} \qquad (4\text{-}14)$$

因电枢绕组的电感很小，电磁时间常数和机械时间常数相比小得多，近似认为 $\tau_e=0$，则可简化为

$$F(s) = \frac{\Omega(s)}{U_s(s)} = \frac{\dfrac{2\pi}{60K_e}}{\tau_m s + 1} \tag{4-15}$$

（3）直流伺服电动机的时间常数　如果不考虑直流伺服电动机的电磁过渡过程，同时假设电压 U_a 为阶跃电压，其象函数 $U_a(s)$ 为

$$U_a(s) = \frac{U_a}{s} \tag{4-16}$$

可得

$$\Omega(s) = \frac{2\pi}{60K_e} U_a \left(\frac{1}{s} - \frac{1}{s + \dfrac{1}{\tau_m}} \right) \tag{4-17}$$

将式（4-17）进行拉普拉斯反变换即得电动机角速度随时间变化的规律为

$$\Omega(s) = \frac{2\pi}{60K_e} U_a (1 - e^{-\frac{t}{\tau_m}}) = \Omega_0 (1 - e^{-\frac{t}{\tau_m}}) \tag{4-18}$$

式中，$\Omega = 2\pi n_0/60$ 为伺服电动机理想空载角速度（rad/s）。

电动机的角速度随时间的变化关系如图 4-8 所示。当时间 $t = \tau_m$ 时，则电动机的角速度上升到理想空载角速度的 0.632 倍；当时间 $t = 4\tau_m$ 时，则电动机的角速度为 $\Omega = 0.985\Omega_0$，一般可认为这时过渡过程已经结束。所以将 $t = 4\tau_m$ 作为过渡过程的时间。

将机械时间常数 τ_m 进行变换得

$$\tau_m = \frac{2\pi R_a J}{60 K_e K_t} = J \frac{\dfrac{2\pi U_a}{60 K_e}}{\dfrac{U_a}{R_a} K_t} = J \frac{\Omega_0}{T_k} \tag{4-19}$$

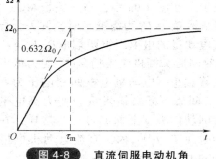

图 4-8　直流伺服电动机角速度的变化曲线

式中，Ω_0 是电动机理想空载角速度（rad/s）；T_k 是堵转转矩（kg·m^2）。

还可变换为

$$\tau_m = \frac{2\pi R_a J}{60 K_e K_t} = \frac{2\pi}{60} \frac{R_a J}{C_e C_t \Phi^2} \tag{4-20}$$

根据式（4-20）可以看出影响机械时间常数的因素有：

① τ_m 与电枢电阻 R_a 的大小成正比。为了减小电动机的机械时间常数，应尽可能减小电枢电阻，当伺服电动机用于自动控制系统并由放大器供给控制电压时，其机械时间常数还受到系统放大器的内阻 R_i 的影响，式中的电阻 R_a 应改写为 $R_a + R_i$。

② τ_m 与电动机电枢的转动惯量 J 的大小成正比。为了减小电动机的机械时间常数，宜采用细长形的电枢或采用空心杯形电枢、盘形电枢，以获得尽量小的 J 值。

③ τ_m 与电动机的每极气隙磁通的二次方成反比。为了减小电动机的机械时间常数，应增加每个电极气隙的磁通，即提高气隙的磁密。

需要说明的是，上述分析是在忽略电磁过渡过程的基础上得出的，由于电动机的过渡过程是电磁和机械过渡过程交叠在一起的复杂过程。因此电动机空载时外加阶跃电压，若考虑电磁过渡过程，情况将略微复杂，对电枢控制直流伺服电动机，一般总有 $\tau_e \ll \tau_m$，此时其角速度阶跃响应曲线与图 4-8 类似，只是转速从零升至理想空载转速的 63.2% 所需的时间实际上要略大于机械时间常数，应由电动机的电磁时间常数和机械时间常数两者所确定，称之为机

电时间常数 τ_{em}。当 $\tau_e \ll \tau_m$ 时，可取机电时间常数近似等于机械时间常数 τ_m。

我国目前生产的 SY 系列永磁式直流伺服电动机的机电时间常数一般也不超过 30ms。SZ 系列直流伺服电动机的机电时间常数不超过 30ms。在低惯量直流伺服电动机中，机电时间常数通常在 10ms 以下。其中空心杯电枢永磁式直流伺服电动机的机电时间常数可小到 2~3ms。

4.1.3 直流伺服电动机的应用

1. 直流伺服控制技术简介

近年来，直流伺服电动机的结构和控制方式都发生了很大变化。随着计算机技术的发展以及新型的电力电子器件的不断出现，采用全控型开关功率元件进行脉宽调制（PWM）的控制方式已经成为主流。

（1）PWM 调速原理　直流伺服电动机的转速控制方法可以分为两类：即对磁通 Φ 进行控制的励磁控制，和对电枢电压 U_a 进行控制的电枢电压控制。

绝大多数直流伺服电动机采用开关驱动方式，现以电枢控制方式的直流伺服电动机为分析对象，介绍通过脉宽调制（PWM）来控制电枢电压实现调速的方法。

图 4-9 是利用开关管对直流电动机进行 PWM 调速控制的工作原理和输入/输出电压波形。在图 4-9a 中，当开关管 MOSFET 的栅极输入信号 U_P 为高电平时，开关管导通，直流电动机的电枢绕组两端电压 $U_a = U_s$，经历 t_1 时间后，栅极输入信号 U_P 变为低电平，开关管截止，电动机电枢两端电压为零。经历 t_2 时间后，栅极输入重新变为高电平，开关管的动作重复上面的过程。这样，在一个周期时间 $T = t_1 + t_2$ 内，直流电动机电枢绕组两端的电压平均值 U_a 为

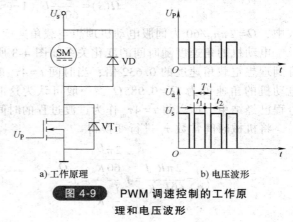

a）工作原理　　　　b）电压波形

图 4-9　PWM 调速控制的工作原理和电压波形

$$U_a = \frac{t_1 U_s + 0}{t_1 + t_2} = \frac{t_1}{T} U_s = \alpha U_s \qquad (4\text{-}21)$$

式中，占空比 $\alpha = t_1/T$。

α 表示了在一个周期 T 里，功率开关管导通的时间与周期的比值。α 的变化范围为 0~1。由式（4-21）可知，当电源电压不变的情况下，电枢的端电压平均值 U_a 取决于占空比 α 的大小，改变 α 的值，就可以改变 U_a 的平均值，从而达到调速的目的，这就是 PWM 的调速原理。

在 PWM 调速中，占空比是一个重要的参数。改变占空比有以下三种方法：

① 定宽调频法：保持 t_1 不变，只改变 t_2，这时斩波频率（或周期 T）也随之改变。

② 调宽调频法：与定宽调频方法正相反，保持 t_2 不变，只改变 t_1，此时斩波频率（或周期 T）也随之改变。

③ 定频调宽法：同时改变 t_1 和 t_2，而保持斩波频率（或周期 T）不变。

由于前两种方法中在调速过程中改变了斩波频率，当斩波频率的频率与系统固有频率接近时，会引起振荡，因此，前两种方法应用较少。在现阶段，一般采用定频调宽法。

在工作在正反转的场合工作时，直流电动机需要使用可逆 PWM 系统。可逆 PWM 系统可以分为单极性驱动和双极性驱动两种类型。

（2）单极性可逆调速系统　单极性驱动是指在一个 PWM 周期里，电动机电枢的电压极性呈单一性变化。单极性驱动电路有两种：

1）T形。它由两个开关管组成，需要采用正负电源，相当于两个不可逆系统的组合，因其电路形状像"T"字，故称为T形。由于T形单极性驱动系统的电流不能反向，并且两个开关管正反转切换的工作条件是电枢电流为0。因此，电动机动态性能较差。这种驱动电路很少采用。

2）H形。即桥式电路，这种电路中电动机动态性能较好，因此在各种控制系统中广泛采用。

图4-10是H形单极性PWM驱动系统示意图。系统由4个开关管和4个续流二极管组成，单电源供电。图中$U_{p1} \sim U_{p4}$分别为开关管$VT_1 \sim VT_4$的触发脉冲。若在$t_0 \sim t_1$区间，开关管VT_1根据PWM控制信号同步导通，而开关管VT_2则受PWM反相控制信号控制关断，VT_3触发信号保持为低电平，VT_4触发信号保持为高电平，4个触发信号波形如图4-10中所示，此时电动机正转。若在$t_0 \sim t_1$区间，开关管VT_3根据PWM控制信号同步导通，而开关管VT_4则受PWM反相控制信号控制关断，VT_1触发信号保持为0，VT_2触发信号保持为1，此时电动机反转。

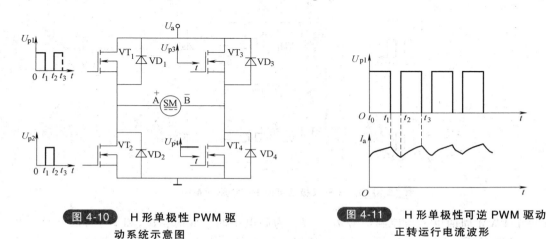

图 4-10　H形单极性PWM驱动系统示意图

图 4-11　H形单极性可逆PWM驱动正转运行电流波形

当要求电动机在较大负载下加速运行时，电枢平均电压U_a大于感应电动势E_a。在每个PWM周期的$0 \sim t_1$区间，VT_1导通，VT_2截止，电流I_a经VT_1、VT_4从A到B流过电枢绕组。在$t_1 \sim t_2$区间，VT_1截止，电源断开，在自感电动势的作用下，经二极管VD_2和开关管VT_4进行续流，使电枢中仍然有电流流过，方向仍然是从A到B。这时由于二极管VD_2的箝位作用，虽然U_{p2}为高电平，VT_2实际不导通。直流伺服电动机重载时电流波形如图4-11所示。

当电动机在减速运行时，电枢平均电压U_a小于感应电动势E_a。在每个PWM周期的$0 \sim t_1$区间，在感应电动势和自感电动势的共同作用下，电流经续流二极管VD_4、VD_1流向电源，方向是从B到A，电动机处于再生制动状态。在每个PWM周期的$t_1 \sim t_2$区间，VT_2导通、VT_1截止，在感应电动势作用下，电流经续流二极管VD_4和VT_2仍然从B到A流过绕组，电动机处于能耗制动状态。

当电动机轻载或者空载运行时，平均电压U_a与感应电动势E_a几乎相当，在每个PWM周期的$0 \sim t_1$区间，VT_2截止，电流先是经续流二极管VD_4、VD_1流向电源，方向是从B到A，电动机工作于再生制动状态。当电流减小到零后，VT_1导通，电流改变方向，从A到B经VT_4回到地，这期间工作于电动状态；在每个PWM周期的$t_1 \sim t_2$区间，VT_1截止，电流先经二极管VD_2和开关管VT_4进行续流，这期间工作于续流电动状态；当电流减小到零后，VT_2导通，在感应电动势的作用下，电流变向，经续流二极管VT_2、VD_4流动，此时工作于能耗制动状态。由上面的分析可知，在每个PWM周期中，电流交替呈现再生制动、电动、续流电动、能耗制动四种状态，电流围绕横轴上下波动。

单极性可逆 PWM 驱动的特点是驱动脉冲仅需两路，电路较简单，驱动的电流波动较小，可以实现四象限运行，是一种应用广泛的驱动方式。

（3）双极性可逆调速系统　双极性驱动是指在一个 PWM 周期内，电动机电枢的电压极性呈正负变化。

与单极性一样，双极性驱动电路也分为 T 形和 H 形。由于在 T 形驱动电路中，开关管要承受较高的反向电压，因此限制了这种结构在功率稍大的伺服电动机系统中的应用，而 H 形驱动电路结构却不存在这个问题，因而得到了广泛的应用。

H 形双极性可逆 PWM 驱动系统如图 4-12 所示。4 个开关管 $VT_1 \sim VT_4$ 分为两组，VT_1、VT_3 为一组，VT_2、VT_4 为另一组。同一组开关管同步关断或者导通，而不同组的开关管则与另外一组的开关状态相反。

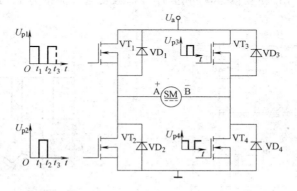

图 4-12　H 形双极性可逆 PWM 驱动系统

在每个 PWM 周期里，当控制信号 U_{p1}、U_{p4} 为高电平时，此时，U_{p2} 和 U_{p3} 为低电平，开关管 VT_1、VT_4 导通，VT_2、VT_3 截止。电枢绕组电压方向为从 A 到 B；当 U_{p1} 为低电平时，此时，U_{p2} 为高电平，VT_2、VT_3 导通，VT_1、VT_4 截止，此时电枢绕组电压方向为从 B 到 A。也即在每个 PWM 周期中，电压方向有两个，此即所谓"双极性"。

因为在一个 PWM 周期里电枢电压经历了正反两次变化，所以其平均电压 U_a 的计算公式可以表示为

$$U_a = \left(\frac{t_1}{T} - \frac{T - t_1}{T} \right) U_s \tag{4-22}$$

式（4-22）可以整理为

$$U_a = (2\alpha - 1) U_s \tag{4-23}$$

式中，α 为占空比。

由式（4-23）可见，双极性 PWM 驱动时，电枢绕组承受的电压取决于占空比 α 的大小。当 $\alpha = 0$ 时，$U_a = -U_s$，电动机反转，且转速最高；当 $\alpha = 1$ 时，$U_a = U_s$，电动机正转，转速最高。当 $\alpha = 1/2$ 时，$U_a = 0$，电动机不转动。此时，电枢绕组中仍然有交变电流流动，使电动机产生高频振荡，这种振荡有利于克服电动机负载的静摩擦，提高电动机的动态性能。

下面讨论电动机电枢绕组的电流。电枢绕组中电流波形如图 4-13 所示，下面分三种情况进行讨论。当要求电动机在较大负载情况下正转工作时，电枢平均电压 U_a 大于感应电动势 E_a。在每个 PWM 周期的 $0 \sim t_1$ 区间中，VT_1、VT_4 导通，VT_2、VT_3 截止，电枢绕组中的电流方向是从 A 到 B。在每个 PWM 周期的 $t_1 \sim t_2$ 区间，VT_2、VT_3 导通，VT_1、VT_4 截止，虽然绕组两端加反向电压，但由于绕组的负载电流较大，电流的方向仍然不改变，只不过电流幅值的下

降速率比单极性系统的要大。因此，电流波动较大。

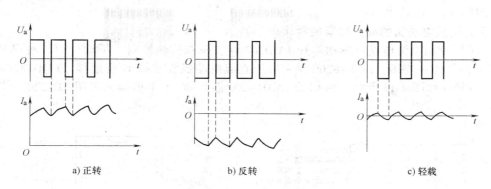

a) 正转   b) 反转   c) 轻载

图 4-13   H 形双极性可逆 PWM 驱动电流波形

当电动机在较大负载情况下反转工作时，情形正好与正转时相反，电流波形如图 4-13b 所示。

当电动机在轻载下工作时，电枢电流很小，电流波形基本上围绕横轴上下波动（图4-13 c），电流的方向也在不断变化。在每个 PWM 周期的 $0 \sim t_1$ 区间，VT_2、VT_3 截止。初始时刻，由于电感电动势的作用，电枢中的电流维持原流向——从 B 到 A，经二极管 VD_4、VD_1 到电源，电动机处于再生制动状态。由于二极管 VD_4、VD_1 的箝位作用，此时 VT_1、VT_4 不能导通。

当电流衰减到零后，在电源电压的作用下，VT_1、VT_4 开始导通，电流经 VT_1、VT_4 形成回路。这时电枢电流的方向从 A 到 B，电动机处于电动状态。在每个 PWM 周期的 $t_1 \sim t_2$ 区间，VT_1、VT_4 截止。电枢电流在电感电动势的作用下继续从 A 到 B，电动机仍然处于电动状态。当电流衰减为零以后，VT_2、VT_3 开始导通，电流从电源流经 VT_3 后，从 B 到 A 经 VT_2 回到地，电动机处于能耗制动状态。所以，在轻载下工作时，电动机的工作状态呈现点动和制动交替变化。

双极性驱动时，电动机可以在 4 个象限上工作，低速时的高频振荡有利于消除负载的静摩擦，低速平稳性好，但在工作过程中，由于 4 个开关管都处在开关状态，功率损耗较大。因此，双极性驱动只用于中小型直流电动机，使用时也要加"死区"，防止同一桥臂下开关管直通。

（4）死区   在双极性驱动下工作时，由于开关管自身都有开关延时，并且"开"和"关"的延时时间不同，所以在同一桥臂上的两个开关管容易出现直通现象，这将引起短路。为了防止直通，同一桥臂上的两个开关管在"开"和"关"交替时，增加一个低电平延时，如图 4-14 所示。使某一个开关管在"开"之前，保证另一个相对应的开关管处于"关"的状态。通常，我们把这个低电平延时称为死区。死区的时间长短可以根据开关管关断时间以及使用要求来确定，一般在 $5 \sim 20 \mu s$。由图可见，在每个 PWM 周期里，将有两个死区出现。

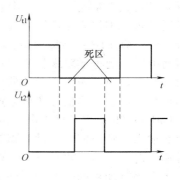

一般单片机的专用 PWM 口发出的 PWM 波没有死区设置功能，所以必须外接能产生死区功能的芯片。一种方式是采用专用 PWM 信号发生器集成电路，如 UC3637、SG1731 等，这些芯片都带有 PWM 波发生电路、死区以及保护电路。但是它们大部分都采用模拟信号（电压）控制，如果使用单片机控制，则必须首先进行 D-A 转换。

图 4-14   死区

另一种方式是使用单片机外加含有死区功能和驱动功能的专用集成电路,这对于小型直流电动机的控制而言,电路更简单。

2. 直流伺服电动机的微处理器控制

(1)采用专用直流电动机驱动芯片 LMD18200 实现双极性控制　下面介绍一种典型芯片 LMD18200 的性能和应用。LMD18200 是专用于直流电动机驱动的 H 桥组件。LMD18200 的外形结构有两种,如图 4-15 所示,常用的 LMD18200 芯片有 11 个引脚,采用 TO-220 封装,如图 4-15a 所示。

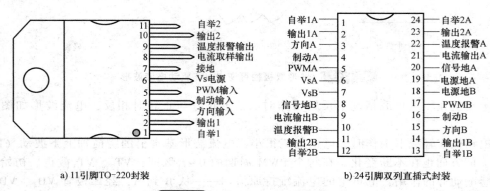

a) 11引脚TO-220封装　　　　　　　b) 24引脚双列直插式封装

图 4-15　LMD18200 的外形结构

LMD18200 芯片的功能如下:

① 峰值输出电流高达 6A,连续输出电流达 3A,工作电压高达 55V。

② 可接受 TTL/CMOS 兼容电平的输入。

③ 可通过输入的 PWM 信号实现 PWM 控制。

④ 可外部控制电动机转向。

⑤ 具有温度报警和过热与短路保护功能。

⑥ 内部设置防桥臂直通电路。

⑦ 可以实现直流电动机的双极性和单极性控制。

⑧ 具有良好的抗干扰性。

LMD18200 的工作原理如图 4-16 所示,图中引脚分布与 TO-220 封装形成对应。由图可见,它内部集成了 4 个 DMOS 管,组成一个标准的 H 桥驱动电路。通过自举电路为上桥臂的两个开关管提供栅极控制电压,充电泵电路由一个 300kHz 的振荡器控制,使自举电容可以充至 14V 左右,典型上升时间是 20μs,适用于 1kHz 左右的工作频率。可在引脚 1、11 外接电容形成第二个充电泵电路,外接电容越大,向开关管栅极输入的电容充电速度越快,电压上升的时间越短,工作频率可以更高。引脚 2、10 接直流电动机电枢,正转时电流的方向应该从引脚 2 到引脚 10;反转时电流的方向应该从引脚 10 到引脚 2。电流检测输出引脚 8 可以接一个对地电阻,通过电阻来输出过电流情况。内部保护电路设置的过电流阈值为 10A,当超过该值时会自动封锁输出,并周期性地自动恢复输出。如果过电流持续时间过长,过热保护将关闭整个输出。过热信号还可通过引脚 9 输出,当温度达到 145℃时引脚 9 有输出信号。

LMD18200 提供双极性和单极性两种驱动方式。单极性驱动方式中,PWM 控制信号通过引脚 5 输入,转向信号通过引脚 3 输入。根据 5 脚 PWM 控制信号的占空比来控制伺服电动机的转速。对于双极性驱动方式,PWM 控制信号通过 3 脚输入,根据 PWM 控制信号的占空比来决定伺服电动机的转速和转向。也即当占空比大于 50%时,伺服电动机正转,占空比小于 50%时,伺服电动机反转。

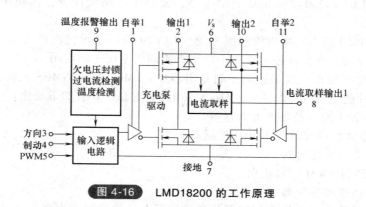

图 4-16　LMD18200 的工作原理

基于 LMD18200 的单极性可逆驱动方式下典型应用电路如图 4-17 所示。其理想波形如图 4-18 所示。

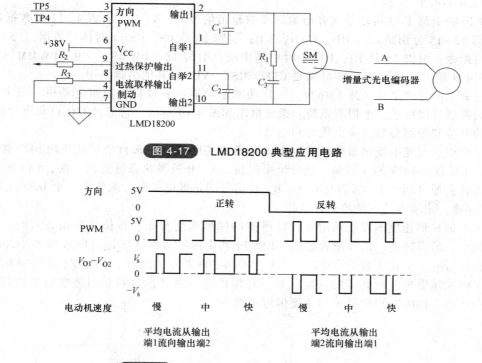

图 4-17　LMD18200 典型应用电路

图 4-18　单极性可逆驱动方式下的理想波形

这是一个单极性驱动直流电动机的闭环控制电路。在这个电路中，PWM 控制信号是通过引脚 5 输入的，而转向信号则通过引脚 3 输入。根据 PWM 控制信号的占空比来决定直流电动机的转速。

电路中采用一个增量型光电编码器来反馈电动机的实际位置，增量式旋转编码器是利用光源和光敏元件进行转动体角位移测量的装置。在转动体转动时，安装在同轴上的编码器将角位移转换成 A、B 两路脉冲信号，供可逆计数器计数。

电路中，编码器输出 A、B 两相，检测电动机转速和位置，形成闭环位置反馈，从而达到精确控制直流伺服电动机的目的。

由于采用了 LMD18200 功率集成驱动电路，使整个电路元件少，体积小，更适合在仪器仪表控制中使用。

（2）采用 LM629 的小功率直流伺服系统　LM629 是一款很优秀的专用运动控制处理器。下面以这种芯片为例，介绍这种芯片在小功率直流伺服系统中的应用。

LM629 是一种可编程全数字运动控制专用芯片，LM629N 是 NMOS 结构，采用 28 引脚双列直插封装，芯片的主频为 6MHz 和 8MHz，采用 5V 电源。它有如下功能：

① 32 位的位置、速度及加速度寄存器。

② 带 16 位参数的可编程数字 PID 控制器。

③ 可编程的微分采样时间。

④ 8 位脉宽调制 PWM 信号输出。

⑤ 内部梯形速度图发生器。

⑥ 速度、目标位置以及 PID 控制器的参数均可在运动过程中改变。

⑦ 位置、速度两种控制方式。

⑧ 可实时中断、增量式编码器接口。

⑨ 电压：4.5~5.5V。

LM629 的引脚 1~3 接增量式光电编码盘的输出信号 C、B、A；引脚 4~11 是数据口 D0~D7；引脚 12~15 分别是 CS、RD、GND、WR；引脚 16 是 PS，PS＝1 时读写数据，PS＝0 时读状态和写指令；引脚 17 是 HI，HI＝1 时申请中断；引脚 18（PWMS）、19（PWMM）分别是转向和 PWM 输出；引脚 26~28 分别是 CLK、RST、VDD；其他引脚不用。

通过一个微处理器，一片 LM629，一片功率驱动器，一台直流伺服电动机，一个增量式旋转编码器就可以构成一个伺服系统。系统框图如图 4-19 所示。它通过 I/O 口与单片机通信，输入运动参数和控制参数，输出状态和信息。

用一个增量式光电编码盘来反馈伺服电动机的实际位置。来自增量式光电编码盘的位置信号 A、B 经过 LM629 的 4 倍频，使分辨率提高。A、B 逻辑状态每变化一次，LM629 内的位置寄存器就会加（减）1。编码盘的 A、B、C 信号同是低电平时，就产生一个 IndEx 信号送入 IndEx 寄存器，记录电动机的绝对位置。

LM629 的梯形速度图发生器用于计算所需的梯形速度分布。在位置控制方式时，单片机送来加速度、最高转速、最终位置数据，LM629 利用这些数据计算运行轨迹如图 4-20a 所示。在电动机运行时，上述参数允许更改，产生如图 4-20b 所示的轨迹。在速度控制方式时，电动机用规定的加速度加速到规定的速度，并一直保持这一速度，直到新的速度指令执行。如果速度存在扰动，LM629 可使其平均速度恒定不变。

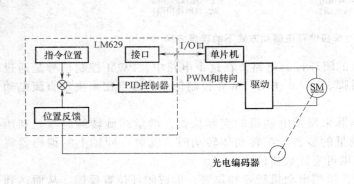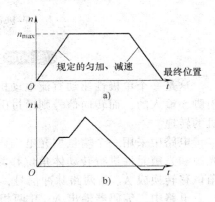

图 4-19　LM629 组成的控制系统框图　　图 4-20　两种典型的速度轨迹

LM629 内部有一个数字 PID 控制器，用来控制闭环系统。数字 PID 控制器采用增量式 PID 控制算法，所需的 K_p、K_i、K_d 系数数据由单片机提供。

4.2 步进电动机及驱动

步进电动机在自动控制系统中广泛应用，例如数控机床、绘图机、计算机外围设备、自动记录仪表、钟表和数-模转换装置等。

步进电动机是一种数字电动机，它受脉冲信号控制，并将电脉冲信号转换成相应的角位移或线位移的控制电动机。它由专用电源供给电脉冲，每输入一个脉冲，步进电动机就前进一步，所以称为步进电动机。又因其绕组上所加的电源是脉冲电压，有时也称它为脉冲电动机。

步进电动机受脉冲信号的控制。它的直线位移量或角位移量与电脉冲数成正比，所以电动机的直线速度或转速也与脉冲频率成正比，通过改变脉冲频率的高低就可以在很大的范围内调节电动机的转速，并能快速起动、制动和反转。由于步进电动机受脉冲控制，电动机的步距角和转速大小不受电压波动和负载变化的影响，也不受环境条件如温度、气压、冲击和振动等影响，它仅与脉冲频率有关。它每转一周都有固定的步数，在不失步的情况下运行，其步距误差不会长期积累。这些特点使它完全适用于数字控制的开环系统中作为伺服元件，并使整个系统大为简化而又运行可靠。当采用了速度和位置检测装置后，它也可以用于闭环系统中。

步进电动机种类繁多，按其运动形式分，有旋转式步进电动机和直线步进电动机两大类。按其工作原理又可分为反应式、永磁式和永磁感应子式（又称为混合式）三类。

4.2.1 反应式步进电动机的工作原理

反应式步进电动机不像传统交直流电动机那样依靠定、转子绕组电流所产生的磁场间的相互作用形成转矩与转速，它遵循磁通总是沿磁阻最小的路径闭合的原理，产生磁拉力形成转矩，即磁阻性质的转矩。所以反应式步进电动机也称为磁阻式步进电动机，图 4-21 所示为一台三相反应式步进电动机的工作原理。

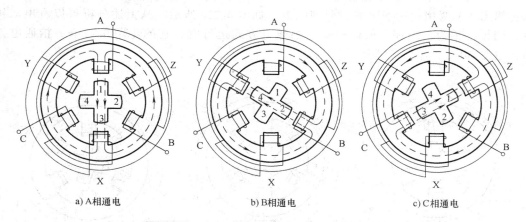

a) A相通电   b) B相通电   c) C相通电

图 4-21   三相反应式步进电动机的工作原理

它的定子上有 6 个极，每个极上都装有控制绕组，每相对的两极组成一相。转子由 4 个均匀分布的齿组成，其上是没有绕组。当 A 相控制绕组通电时，因磁通要沿着磁阻最小的路径闭合，将使转子齿 1、3 和定子极 A-X 对齐，如图 4-21a 所示。当 A 相断电、B 相控制绕组通电时，转子将在空间逆时针转过 30°，即步距角 $\theta_s = 30°$。转子齿 2、4 与定子极 B-Y 对齐，如图 4-21b 所示。如再使 B 相断电，C 相控制绕组通电，转子又在空间逆时针转过 $\theta_s = 30°$，使转子齿 1、3 和定子极 C-Z 对齐，如图 4-21c 所示。如此循环往复，按 A→B→C→A 的顺序通电，电动机便按一定的方向转动。电动机的转速取决于控制绕组与电源接通或断开的变化频率。若按 A→C→B→A 的顺序通电，则电动机反向转动。控制绕组与电源的接通或断开，通常是由电子逻辑电路或微处理器来控制完成的。

4.2.2 运行方式

定子控制绕组每改变一次通电方式，称为一拍。步进电动机按其通电方式可分为单拍运行方式、双拍运行方式和单双拍运行方式。每一拍转过的机械角度称它为步距角，通常用 θ_s 表示。即使同一台步进电动机，如果运行方式不同，其步距角也不相同。

1. 单拍通电运行方式

如图 4-21 所示，按 A→B→C→A 的顺序通电的方式称为三相单三拍。"单"是指每次只有一相控制绕组通电，"三拍"是指经过三次切换后控制绕组回到了原来的通电状态，完成了一个循环。对于图 4-21 所示的步进电动机，在三相单三拍通电运行方式中，步进电动机的步距角 $\theta_s = 30°$。

2. 双拍通电运行方式

在实际使用中，单三拍通电运行方式由于在切换时一相控制绕组，而断电后另一相控制绕组才开始通电，这种情况容易造成失步。此外，由单一控制绕组通电吸引转子，也容易使转子在平衡位置附近产生振荡，故运行的稳定性较差，所以很少采用。通常将它改为"双三拍"通电运行方式，即按 AB→BC→CA→AB 的通电顺序，即每拍都有两个绕组同时通电，假设此时电动机为正转，那么按 AC→CB→BA→AC 的通电顺序运行时则电动机反转。在双三拍通电方式下步进电动机的转子位置如图 4-22 所示，当 A、B 两相同时通电时，转子齿的位置同时受到两个定子极的作用，只有 A 相极和 B 相极对转子齿所产生的磁拉力相等时转子才平衡，如图 4-22a 所示；当 B、C 两相同时通电时，转子齿的位置同时受到两个定子极的作用，只有在 B 相极和 C 相极对转子齿所产生的磁拉力相等时转子才平衡，如图 4-22b 所示；当 C、A 两相同时通电时，原理同上，如图 4-22c 所示。从上述分析可以看出双拍运行时，同样三拍为一循环，所以按双三拍通电方式运行时，它的步距角与单三拍通电方式相同，也是 30°。

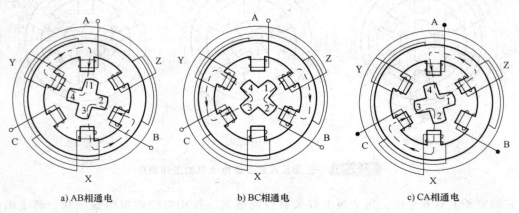

a) AB相通电　　　b) BC相通电　　　c) CA相通电

图 4-22 双拍运行时的三相反应式步进电动机

3. 单双六拍通电运行方式

若控制绕组的通电顺序为 A→AB→B→BC→C→CA→A 或 A→AC→C→CB→B→BA→A，称步进电动机工作在三相单双六拍通电方式。即先 A 相绕组通电；之后 A、B 相绕组同时通电；然后断开 A 相控制绕组，由 B 相控制绕组单独通电；再使 B、C 相控制绕组同时通电，以此进行。在这种通电方式下，定子三相控制绕组需经过六次切换通电状态才能完成一个循环，故称"六拍"。在通电时，有时是单个控制绕组通电，有时又为两个控制绕组同时通电，因此称为"单双六拍"。当 A 相控制绕组通电时和单三拍运行的情况相同，转子齿 1、3 和定子极 A-X 分别对齐，如图 4-23a 所示。当 A、B 相控制绕组同时通电时，转子齿 2、4 在定子极 B-Y 的吸引下使转子沿逆时针方向转动，直至转子齿 1、3 和定子极 A、X 之间的作用力与转子齿 2、4 和定子极 B-Y 之间的作用力相平衡为止，如图 4-23b 所示。A、B 两相同时通电时和双拍运行方式相同。当断开 A 相控制绕组而由 B 相控制绕组通电时，转子将继续沿逆时针方向转过一个角度使转子齿 2、4 和定子极 B、Y 对齐，如图 4-23c 所示。在这种通电方式下，$\theta_s = 30°/2 = 15°$。若继续按 BC→C→CA→A 的顺序通电，步进电动机就按逆时针方向连续转动。如通电顺序变为 A→AC→C→CB→B→BA→A，电动机将按顺时针方向反向转动。

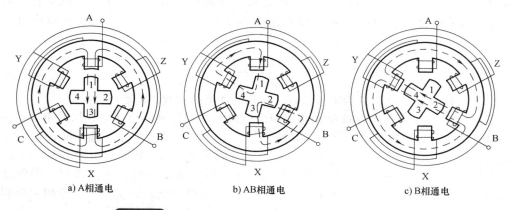

a) A相通电   b) AB相通电   c) B相通电

图 4-23 单双六拍运行时的三相反应式步进电动机

从上述分析可知，即使同一台步进电动机，若通电运行方式不同，其步距角也不相同。所以一般步进电动机会给出两个步距角，例如 3°/1.5°、1.5°/0.75°等。

4.2.3 小步距角步进电动机

上述反应式步进电动机的结构虽然简单，但是步距角较大，往往满足不了系统的精度要求，如使用在数控机床中就会影响到加工工件的精度。所以，在实际中常采用图 4-24 所示的一种小步距角的三相反应式步进电动机。图 4-24 中三相反应式步进电动机的定子上有 6 个极，上面装有控制绕组，这些绕组组成 A、B、C 三相。转子上均匀分布 40 个齿。定子每个极面上也各有 5 个齿，定、转子的齿宽和齿距都相同。当 A 相控制绕组通电时，电动机中产生沿 A 极轴线方向的磁场，因磁通总是沿磁阻最小的路径闭合，转子受到磁阻转矩的作用而转动，直至转子齿和定子 A 极面上的齿对齐为止。因转子上共有 40 个齿，每个齿的齿距为 $360°/40 = 9°$，而每个定子磁极的极距为 $360°/6 = 60°$，所以每一个极距所占的齿距数不是整数。从图 4-25 给出的步进电动机定、转子展开图中可以看出，当 A 极面下的定、转子齿对齐时，Y 极和 Z 极面下的齿就分别和转子齿相错位 1/3 的转子齿距，即 3°。

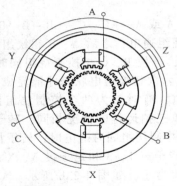

图 4-24　小步距角的三相反
应式步进电动机

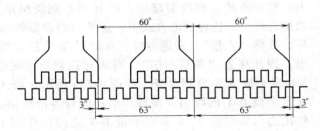

图 4-25　三相反应式步进电动机的展开图

设反应式步进电动机的转子齿数 Z_r 的大小由步距角的要求所决定。但是为了能实现"自动错位"，转子的齿数必须满足一定的条件，而不能是任意数值。当定子的相邻极为相邻相时，在某一极下若定、转子的齿对齐时，则要求在相邻极下的定、转子齿之间应错开转子齿距的 $1/m$，即它们之间在空间位置上错开 $360°/mZ_r$。由此可得出这时转子齿数应符合的条件为

$$\frac{Z_r}{2p} = K \pm \frac{1}{m} \qquad (4\text{-}24)$$

式中，$2p$ 是反应式步进电动机的定子极数；m 是电动机的相数；K 是正整数。

从图 4-24 中可以看到，若断开 A 相控制绕组而由 B 相控制绕组通电，这时电动机中产生沿 B 极轴线方向的磁场。同理，在磁阻转矩的作用下，转子按顺时针方向转过 3°使定子 B 极面下的齿和转子齿对齐，相应定子 A 极和 C 极面下的齿又分别和转子齿相错 1/3 的转子齿距。因此，当控制绕组按 A→B→C→A 顺序循环通电时，转子就沿顺时针方向以每一拍转过 3°的方式转动。若改变通电顺序，即按 A→C→B→A 顺序循序通电，转子便沿反方向同样以每拍转过 3°的方式转动。此时为单三拍通电方式运行。若采用三相单、双六拍通电方式与前述道理一样，只是步距角将要减小为原来的 1/2，即 1.5°。

由以上分析可知，步进电动机的步距角 θ_s 的大小由转子的齿数 Z_r、控制绕组的相数 m 和通电方式所决定。它们之间关系为

$$\theta_s = \frac{360°}{mZ_r C} \qquad (4\text{-}25)$$

式中　C——通电状态系数（采用单拍或双拍通电运行方式时，$C=1$；采用单双拍通电运行方式时，$C=2$）。

若步进电动机通电的脉冲频率为 f，由于转子经过 $Z_r C$ 个脉冲旋转一周，则步进电动机的转速为

$$n = \frac{60f}{mZ_r C} \qquad (4\text{-}26)$$

式中，f 是脉冲频率（1/s）；n 是转速（r/min）。

步进电动机除了做成三相外，也可以做成二相、四相、五相、六相或更多的相数。电动机的相数和转子齿数越多，则步距角就越小。常见的步距角有 3°/1.5°、1.5°/0.75° 等。相数多的电动机在脉冲频率一定时转速也较低。电动机相数较多，相应电源就越复杂，造价也越高。因此，步进电动机一般最多做到六相，只有个别电动机才做成更多的相数。

4.2.4 反应式步进电动机的结构

反应式步进电动机的结构有单段式和多段式两种形式。

1. 单段式

图 4-24 所示的结构即为单段式结构。其相数沿径向分布,所以又称为径向分相式。它是目前步进电动机中使用得最多的一种结构形式,转子上没有绕组,沿圆周有均匀布置的小齿,其齿距与定子的齿距必须相等。定子的磁极数通常为相数的两倍,即 $2p = 2m$。每个磁极上都装有控制绕组,并接成 m 相。这种结构形式使电动机制造简便,精度易于保证,步距角又可以做得较小,容易得到较高的起动频率和运行频率。其缺点是在电动机的直径较小而相数又较多时,沿径向分相较为困难。此外,这种电动机消耗的功率较大,断电时无定位转矩。

2. 多段式

多段式是指定转子铁心沿电动机轴向按相数分成 m 段,所以又称为轴向分相式。按其磁路的特点不同,多段式又可分为轴向磁路多段式和径向磁路多段式两种。

(1)径向磁路多段式步进电动机的结构 如图 4-26 所示,定、转子铁心沿电动机轴向按相数分段,每段定子铁心的磁极上只放置一相控制绕组。控制绕组产生的磁场方向为径向,定子的磁极数是由结构决定的,最多可与转子齿数相等,少则可为二极、四极、六极等。定、转子圆周上有齿形相近并有相同齿距的齿槽。每一段铁心上的定子齿都和转子齿处于相同的位置,转子齿沿圆周均布并为定子极数的倍数。定子铁心(或转子铁心)每相邻两段错开 $1/m$ 齿距。它的步距角同样可以做得较小,并使电动机的起动和运行频率较高。但铁心段的错位工艺比较复杂。

(2)轴向磁路多段式步进电动机的结构 如图 4-27 所示,定、转子铁心均沿电动机轴向按相数分段,每一组定子铁心中间放置一相环形的控制绕组,控制绕组产生的磁场方向为轴向。定、转子圆周上冲有齿形相近和齿数相同的均布小齿槽。定子铁心(或转子铁心)每两相邻段错开 $1/m$ 齿距。这种结构使电动机的定子空间利用率较高,环形控制绕组绕制较方便,转子的惯量较低,步距角也可以做得较小,因此起动和运行频率较高。但在制造时,铁心分段和错位工艺较复杂,精度不易保证。

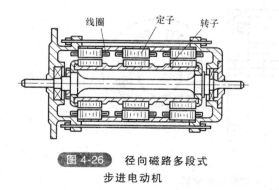

图 4-26 径向磁路多段式
步进电动机

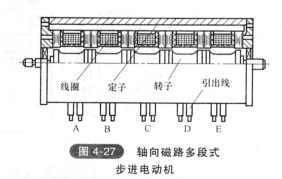

图 4-27 轴向磁路多段式
步进电动机

4.2.5 其他形式的步进电动机

前面已经讲到步进电动机按其工作原理可分为反应式、永磁式和永磁感应子式(又称为混合式)三类,上节主要介绍了反应式步进电动机的工作原理与结构,反应式步进电动机的效率较低,停电时无定位转矩。下面介绍永磁式和永磁感应子式步进电动机的工作原理与结构。

1. 永磁式步进电动机

永磁式步进电动机的典型结构如图 4-28 所示。它的定子和反应式步进电动机的结构相似，是凸极式，装设两相或多相控制绕组。转子是一对极或多对极的凸极式永久磁钢。转子的极数应与定子每相的极数相同。图 4-28 中定子为两相集中绕组，每相有两对磁极，因此转子也是两对极的永磁转子。这种电动机的特点是步距角较大，起动频率和运行频率较低，并且还需要采用正、负脉冲供电。但它消耗的功率比反应式步进电动机小，由于有永磁极的存在，在断电时具有定位转矩。这种步进电动机主要应用在新型自动化仪表制造领域。

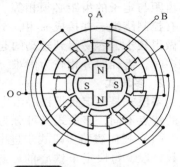

图 4-28　永磁式步进电动机

2. 永磁感应子式步进电动机

永磁感应子式步进电动机又称为混合式步进电动机。最常见的为两相，现以两相永磁感应子式步进电动机为例进行分析。

（1）永磁感应子式步进电动机的结构　永磁感应子式步进电动机的结构如图 4-29 所示。它的定子结构与单段反应式步进电动机相似，定子有 8 个磁极，每相下有 4 个磁极，转子由环形磁钢和两端铁心组成、两端转子铁心的外圆周上有均布的齿槽，它们彼此相差 1/2 齿距。即同一磁极下若一端齿与齿对齐时，另一端齿与槽对齐。定、转子齿数的配合与单段反应式步进电动机相似。当一相磁极下齿与齿对齐时，相邻相定、转子的相对位置错开 $1/m$，所以其步距角为 $\theta_s = 360°/mZ_r C$，和反应式相同，用电弧度表示为

$$\theta_{se} = \frac{2\pi}{2m} = \frac{\pi}{m} \tag{4-27}$$

这种电动机可以做成较小的步距角，因而也有较高的起动和运行频率，消耗的功率较小，并有定位转矩。它兼有反应式和永磁式步进电动机两者的优点。但它需要有正、负脉冲供电，在制造电动机时工艺也较为复杂。

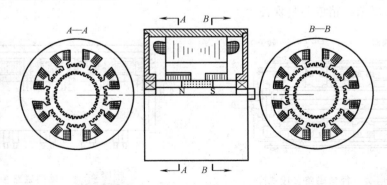

图 4-29　永磁感应子式步进电动机

（2）工作原理　永磁感应子式步进电动机的气隙中有两个磁动势：一个是永磁体产生的磁动势；另一个是控制绕组电流产生的磁动势。两个磁动势相互作用使步进电动机转动。与反应式步进电动机相比混入了永磁体产生的磁动势，所以永磁感应子式步进电动机又称为混合式步进电动机。

1）控制绕组中无电流。当控制绕组中无电流时，控制绕组电流产生的磁动势为零，气隙中只有永磁体产生的磁动势，如果电动机结构完全对称，定子各磁极下的气隙磁动势完全相

等，此时电动机无电磁转矩。永磁体磁路方向为轴向，永磁体产生的磁通总是沿磁阻最小的路径闭合，使转子处于一种稳定状态，保持不变，因此具有定位转矩。

2）控制绕组通电。当控制绕组通电时控制绕组电流便产生磁动势，它与永磁体产生的磁动势相互作用使步进电动机转动，其原理与反应式步进电动机基本相同，这里不再赘述。

3）通电方式。和反应式步进电动机一样，其通电方式有单拍通电运行方式；双拍通电运行方式；单双拍通电运行方式三种。

① 单4拍运行通电顺序：A→B→(−A)→(−B)→A。

② 双4拍通电顺序：AB→B(−A)→(−A)(−B)→(−B)A→AB。

③ 单双8拍通电顺序：A→AB→B→B(−A)→(−A)→(−A)(−B)→(−B)→(−B)A→A。

单双8拍的步距角是单4或双4步距角的1/2。假设 $Z_r = 50$，单4拍或双4拍运行时每拍转子转动1/4个齿距，每转一周需200步，而采用单双8拍每拍转子转动1/8个齿距，每转一周需400步。

4.2.6　驱动电源的组成及作用

驱动电源的基本部分包括变频信号源、脉冲分配器和脉冲功率放大器，如图4-30所示。

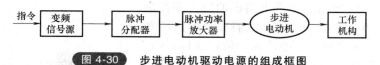

图 4-30　步进电动机驱动电源的组成框图

1. 变频信号源

变频信号源是一个脉冲频率由几赫兹到几万赫兹可连续变化的信号发生器。变频信号源可以采用多种电路，最常见的有多谐振荡器和单结晶体管构成的弛张振荡器两种。它们都是通过调节电阻 R 和电容 C 值的大小来改变电容充放电的时间常数，以达到选取脉冲信号频率的目的。随着微机在步进电动机中的应用，利用微机产生脉冲代替传统的变频信号源已得到了广泛的应用。

2. 脉冲分配器

传统的脉冲分配器是由门电路和双稳态触发器组成的逻辑电路，其作用是将单路脉冲转换成多相循环变化的脉冲信号。它有一路输入，多路输出。随着连续脉冲信号的输入，各路输出电压轮流变高和变低。例如，三相脉冲分配器有 A、B、C 三路输出，采用单三拍运行方式时，当变频信号将连续脉冲信号送入脉冲分配器后，三路输出电压将按 A→B→C→A……的次序轮流变高和变低。三路电压分别经功率放大器向步进电动机的三相绕组供电，步进电动机就一步一步地旋转起来。脉冲分配器一般还有一个旋转方向控制端，根据方向控制端的电平是低还是高，决定三路输出电压的轮流顺序是 A→B→C→A……还是 A→C→B→A……，完成对步进电动机的正反转控制。利用微处理器进行并行控制时可不用脉冲分配器。

3. 脉冲功率放大器

从环形分配器或微处理器输出的电流只有几毫安，不能直接驱动步进电动机。因为一般步进电动机需要几个到几十个安培的电流，因此在环形分配器后面应装有功率放大电路，用放大后的信号去驱动步进电动机。功率放大电路种类很多，它们对电动机性能的影响也各不相同。

4.2.7　驱动电源的分类

步进电动机的驱动电源有多种形式，相应地分类方法也很多。若按配套的步进电动机功率大小来分，有功率步进电动机驱动电源和伺服步进电动机驱动电源两类。按电源输出脉冲的极性来分，有单向脉冲电源和正、负双极性脉冲电源两种，后者是作为永磁步进电动机或永磁感应子式步进电动机的驱动电源。按功率元器件来分，有晶体管驱动电源、高频晶闸管驱动电源和门极可关断晶闸管驱动电源三种。按脉冲的供电方式来分，有单一电压型电源；高、低压切换型电源；电流控制高、低压切换型电源；细分电路电源等。

1. 单极性驱动电路

（1）单一电压型电源　单一电压型电源的电路原理如图 4-31 所示，此为一相控制驱动电路。当信号脉冲输入时，晶体管 VT_1 导通，电容 C 在起始充电瞬间相当于将电阻 R 短接，使控制绕组电流迅速上升。当电流达到稳定状态后，利用串联电阻 R 来限流。当晶体管 VT_1 关断时，R_2 与 VD2 组成续流回路，防止过电压击穿功率管。在整个工作过程中只有一种电源供电。步进电动机的每一相控制绕组只需要由一只功率元器件提供电脉冲。这种电路的特点是：结构简单，电阻 R 和控制绕组串联后可减小回路的时间常数。但由于电阻 R 上要消耗功率，所以电源的效率降低，用这种电源供电的步进电动机起动和运行频率都比较低。

（2）高、低压切换型电源　高、低压切换型电源的工作原理如图 4-32 所示。步进电动机的每一相控制绕组需要有两只功率元器件串联，它们分别由高压和低压两种不同的电源供电。在通电起始阶段 VT_1、VT_2 同时导通，高压控制回路使高压供电，此时 VD_1 截止阻断低压电源，加大电流的上升速率，改善电流波形的前沿，提高转矩。高压供电停止时 VT_1 截止，VD_1 导通低压电源供电。低压电源中串联一个数值较小的电阻 R_1，其目的是为了调节控制绕组的电流值，使各相电流平衡。VD_2 和 R_2 组成续流回路。这种电源效率较高，起动和运行频率也比单一电压型电源要高，但需要高、低压两种电源。

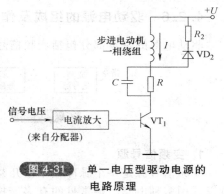

图 4-31　单一电压型驱动电源的电路原理

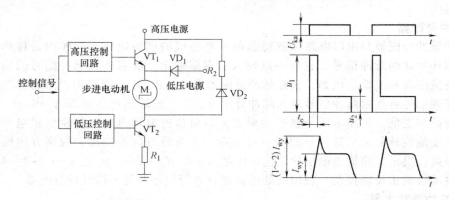

图 4-32　高、低切换型驱动电源的工作原理

（3）电流控制高、低压切换型电源　以上这两种电源均属于开环类型，控制精度相对较低。电流控制高、低压切换型电源的工作原理如图 4-33 所示，与开环高、低压切换型电源电路类似，只是在电路中增加了电流反馈环节。它是在高、低压切换型电源的基础上使高压部分的电流断续加入，以补偿因步进电动机控制绕组中旋转电动势所引起的电流波形顶部下凹造成的转矩下降。它是根据主回路电流的变化情况，反复地接通和关断高压电源，使电流波

形顶部维持在要求的范围内，步进电动机的运行性能得到了显著的提高，相应使起动和运行频率升高。由于在电路中增加了电流反馈环节，所以使其结构较为复杂，成本相应有所提高。它属于闭环类型。

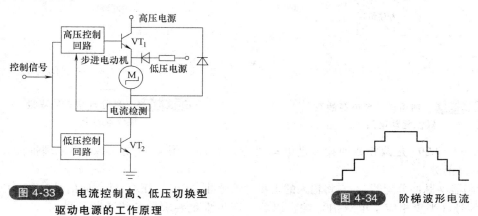

图 4-33　电流控制高、低压切换型驱动电源的工作原理

图 4-34　阶梯波形电流

（4）细分电路电源　为提高加工精度往往要求步进电动机具有很小的步距角，单从电动机本身来解决是有限度的，特别是小机座号的电动机。而细分电路电源可使步进电动机的步距角减小，从而使步进运动变成近似的匀速运动的一种驱动电源。这样，步进电动机就能像伺服电动机一样平滑运转。细分电路电源的工作原理是将原来供电的矩形脉冲电流波改为阶梯波形电流，如图 4-34 所示。这样在输入电流的每一个阶梯时，电动机的步距角减小，从而提高其运行的平滑性。这种供电方式就是细分电路驱动。从图 4-34 中可以看到，供给电动机的电流是由零经过 5 个均匀宽度和幅度的阶梯上升到稳定值。下降时，又是经过同样的阶梯从稳定值降至零。这可以使电动机内形成一个基本上连续的旋转磁场，使电动机能基本上接近于平滑运转。

细分电路电源是先通过顺序脉冲形成器将各顺序脉冲依次放大，将这些脉冲电流在电动机的控制绕组中进行叠加而形成阶梯波形电流，顺序脉冲形成器通常可以用移位形式的环形脉冲分配器来实现。

目前已有专用的微步距驱动芯片供应，例如 SGS—THOMSON 公司生产的 L6217A，它适合于双极性两相步进电动机微步距驱动的集成电路。

2. 双极性驱动电路

上述电路电流只向一个方向流动，属于单极性驱动电路，它适用于反应式步进电动机。而永磁式和永磁感应子式步进电动机工作时则要求绕组由双极性电路驱动，即绕组电流能正、反向流动。若利用单极性电路驱动永磁式和永磁感应子式步进电动机，只能采用中间抽头的方法，将两相双极性的步进电动机做成四相单极性的驱动结构，这样绕组得不到充分的利用，要达到同样的性能，电动机的成本和体积都要增大。对于永磁式和永磁感应子式步进电动机宜采用双极性电路驱动，这种利用正、负电源的双极性驱动电路如图 4-35 所示。大多数没有双极电源，这时一般采用 H 桥式驱动，如图 4-36 所示。

3. 专用集成芯片简介

随着集成电路的迅速发展，已有众多用于步进电动机的集成芯片出现，使得步进电动机驱动电源的设计变得简单而高效，下面就几种常用芯片的应用进行简单的介绍。

（1）CH250　CH250 是三相步进电动机专用芯片，由其构成的三相六拍脉冲分配器如图 4-37 所示。可以通过设置引脚 1、2 和引脚 14、15 电平的高低，完成对三相步进电动机双三拍、单三拍、单双六拍，以及正、反转的控制。

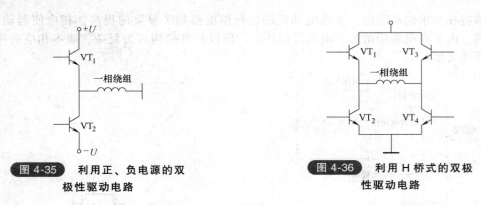

图 4-35　利用正、负电源的双极性驱动电路

图 4-36　利用 H 桥式的双极性驱动电路

（2）L297　L297 是两相或四相步进电动机专用芯片。图 4-38 是 L297 的原理框图。它主要包含以下三部分。

1）译码器（脉冲分配器）：它将输入的走步时钟脉冲（CP）、正/反转方向信号（CW/CCW）、半步/全步信号（半步相应于单双拍）综合以后，产生满足要求的各相通断信号。

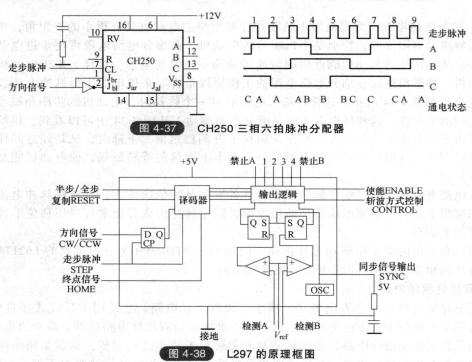

图 4-37　CH250 三相六拍脉冲分配器

图 4-38　L297 的原理框图

2）斩波器：由比较器、触发器和振荡器组成。用于检测电流采样值和参考电压值，并进行比较。由比较器输出信号来开通触发器，再通过振荡器按一定频率形成斩波信号。

3）输出逻辑：它综合了译码器信号与斩波信号，产生 A、B、C、D（1、3、2、4）四相信号以及禁止信号。控制（CONTROL）信号用来选择斩波信号的控制方式。当它是低电平时，斩波信号作用于禁止信号；而当它是高电平时，斩波信号作用于 A、B、C、D 信号。使能（ENABLE）信号为低电平时，禁止信号及 A、B、C、D 信号均被强制为低电平。

（3）L6217A　L6217A 是适合于双极性两相步进电动机微步距驱动的集成电路，其原理框图如图 4-39 所示。

L6217A 以脉宽调制（PWM）方式控制各相平均电流的绝对值和方向。电流的方向指令

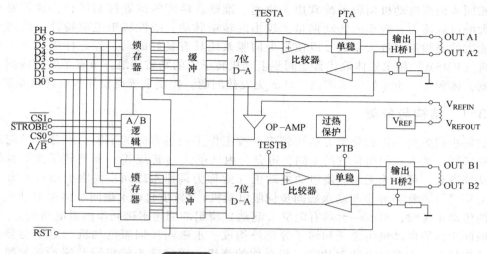

图 4-39　L6217A 的原理框图

通过引脚 PH 输入芯片，高电平时，平均电流为正方向；低电平时，平均电流为反方向。电流绝对值指令则是由微机输入其并行数据口 D-A 的 7 位二进制数，经内部两个 D-A 转换电路得到。芯片内 A、B 两个 H 桥的输出接步进电动机的两相绕组。H 桥经外接的电流采样电阻接地，从而得到相电流反馈信号。引脚STROBE上的信号用以将输入数据送入 A 或 B 锁存器，低电平有效。运行时，该芯片让 H 桥按电流方向指令开通相应的桥臂，电动机绕组电流上升。同时，芯片内的比较器将指令电流信号和反馈电流信号进行比较，当电动机绕组电流到达预定数值时，比较器翻转，触发芯片内的单稳电路，使单稳电路翻转一段时间，时间由引脚 PTA、PTB 外接的 R、C 值决定。在此单稳延时时间内，H 桥的上桥臂关断，而下桥臂仍然导通，绕组电流通过续流二极管续流，绕组电流下降。过了这段单稳延时时间，单稳电路恢复到原状态，H 桥中相应的桥臂重新开通，电动机绕组电流又开始上升。如此反复，实现 PWM 电流闭环斩波调节，使绕组电流维持在指令值附近。使用单片 L617A 可实现最大达 26V、0.4A 的两相混合式步进电动机双极性电流斩波微步距控制，要驱动更大功率的步进电动机时，可外接大功率 H 桥电路。例如，外接 L6202，可提供每相 1.5A 电流；若外接 L6203，则每相电流可达 3A。也可外接分立功率器件以得到更高电压、更大电流的驱动能力。

相近的集成电路还有日本东芝公司生产的 TA7289 步进电动机驱动集成电路、美国 IXYS-IXMS150 步进电动机微步距控制器、NSC 公司生产的 LMD18245H 桥驱动集成电路等。

4.3　永磁同步伺服电动机

伺服电动机按其使用的电源性质不同，可分为直流伺服电动机和交流伺服电动机两大类。传统的交流伺服电动机常见的是采用笼型转子两相伺服电动机以及空心杯转子两相伺服电动机，所以常把交流伺服电动机称为两相伺服电动机。随着永磁材料、电工电子技术和计算机控制技术的发展，近几年永磁同步伺服电动机得到了很大的发展和广泛的应用。永磁同步伺服电动机（SM）是一台机组，由永磁同步伺服电动机、转子位置检测器件、速度检测器件等组成。永磁同步伺服电动机主要由三部分组成：定子、转子和检测元件（转子位置检测器和测速装置）。其中定子有齿槽，内有三相绕组，形状与普通异步电动机的定子相同。但其外圆多呈多边形，且无外壳，以利于散热。

永磁同步伺服电动机伺服系统常用于快速、准确、精密的位置控制场合，这就要求电动机有较大的过载能力，较小的转动惯量，较小的转矩脉动，线性转矩电流特性，控制系统应有尽可能大的通频带和放大系数，以使整个伺服系统具有良好的动、静态性能。永磁同步伺服电动机（PMSM）用永磁体取代普通同步电动机转子中的励磁绕组，节省了励磁线圈、集电环和电刷，体积小、重量轻、效率高、转子无发热问题，控制系统也较异步电动机要简单些。

4.3.1 结构与分类

永磁同步伺服电动机的分类方法比较多。按工作主磁场方向的不同，可分为径向磁场式和轴向磁场式。按电枢绕组位置的不同，可分为内转子式（常规式）和外转子式。按转子上有无起动绕组分，可分为无起动绕组的电动机（常称为调速永磁同步伺服电动机）和有起动绕组的电动机（常称为异步起动永磁同步伺服电动机）。异步起动永磁同步伺服电动机用于频率可调的传动系统时，形成一台具有阻尼（起动）绕组的调速永磁同步伺服电动机。

永磁同步伺服电动机由定子和转子等部件构成。永磁同步伺服电动机的定子与异步电动机定子结构相似，主要是由硅钢片、三相对称的绕组、固定铁心的机壳及端盖部分组成。对其三相对称绕组通入三相对称的空间电流就可以得到一个旋转的圆形空间磁场，旋转磁场的转速被称为同步转速 $n_s = 60f/p$，其中，f 为定子电流频率，p 为电动机的极对数。

永磁同步伺服电动机的转子采用磁性材料组成，如钕铁硼等永磁稀土材料，不再需要额外的直流励磁电路。这样的永磁稀土材料具有很高的剩余磁通密度和很大的矫顽力，加上它的磁导率与空气磁导率相仿，对于径向结构的电动机交轴（q轴）和直轴（d轴）磁路磁阻都很大，可以在很大程度上减少电枢反应。永磁同步电动机转子按其形状可以分为两类：凸极式永磁同步电动机和隐极式永磁同步电动机，如图 4-40 所示。凸极式是将永久磁铁安装在转子轴的表面，因为永磁材料的磁导率很接近空气磁导率，所以在交轴和直轴上的电感基本相同。隐极式转子则是将永久磁铁嵌入到转子轴的内部，因此交轴的电感大于直轴的电感，并且，除电磁转矩外，还有磁阻转矩存在。

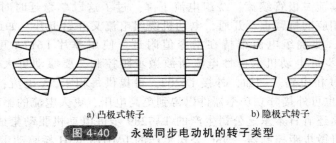

a) 凸极式转子   b) 隐极式转子

图 4-40 永磁同步电动机的转子类型

为了使永磁同步伺服电动机具有正弦波感应电动势波形，其转子磁钢形状呈抛物线状，使其气隙中产生的磁通密度尽量呈正弦规律分布。定子电枢采用短距分布式绕组，能最大限度地消除谐波磁动势。

转子磁路结构是永磁同步伺服电动机与其他电动机最主要的区别。转子磁路结构不同，电动机的运行性能、控制系统、制造工艺和适用场合也不同。按照永磁体在转子上位置的不同，永磁同步伺服电动机的转子磁路结构一般可分为表面式、内置式和爪极式。

1. 表面式转子磁路结构

在这种结构中，永磁体通常呈瓦片形，并位于转子铁心的外表面上，永磁体提供磁通的方向为径向，且永磁体外表面与定子铁心内圆之间一般仅套上一个起保护作用的非磁性圆筒，或在永磁磁极表面包上无纬玻璃丝带作为保护层。有的调速永磁同步伺服电动机的永磁磁极用许多矩形小条拼装成瓦片形，能降低电动机的制造成本。表面式转子磁路结构又分为凸出式和插入式两种，如图 4-41 所示。

表面式转子磁路结构的制造工艺简单，成本低，应用较为广泛，尤其适宜于矩形波永磁同步伺服电动机。但因转子表面无法安放起动绕组，无异步起动能力，故不能用于异步起动永磁同步伺服电动机中。

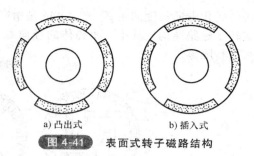

a) 凸出式　　　　b) 插入式

图 4-41　表面式转子磁路结构

2. 内置式转子磁路结构

这类结构的永磁体位于转子内部，永磁体外表面与定子铁心内圆之间有铁磁物质制成的极靴，极靴中可以放置铸铝笼或铜条笼，起阻尼或（和）起动作用，动、稳态性能好，广泛用于要求有异步起动能力或动态性能高的永磁同步伺服电动机。内置式转子内的永磁体受到极靴的保护，其转子磁路结构的不对称性所产生的磁阻转矩有助于提高电动机的过载能力和功率密度，而且易于"弱磁"扩速。按永磁体磁化方向与转子旋转方向的相互关系，其结构可分为径向式、切向式和混合式。

（1）径向式结构　这类结构（见图 4-42）的优点是漏磁系数小，轴上不需要采取隔磁措施，极弧系数易于控制，转子冲片机械强度高，安装永磁体后转子不易变形。图 4-42a 是早期采用的转子磁路结构，现已较少采用。图 4-42b 和图 4-42c 中，永磁体轴向插入永磁体槽并通过隔磁桥限制漏磁通，结构简单可靠，转子机械强度高，因而近年来应用较为广泛。图 4-42c 可比图 4-42b 提供了更大的永磁体空间。

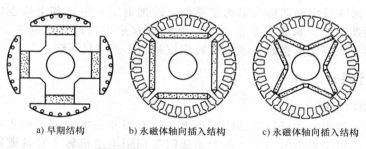

a) 早期结构　　　b) 永磁体轴向插入结构　　　c) 永磁体轴向插入结构

图 4-42　内置径向式转子磁路结构

（2）切向式结构　这类结构（见图 4-43）的漏磁系数较大，并且需要采用相应的隔磁措施，电动机的制造工艺和制造成本较径向式结构有所增加。其优点在于一个极距下的磁通由相邻两个磁极并联提供，可得到更大的每极磁通，尤其当电动机极数较多、径向式结构不能提供足够的每极磁通时，这种结构的优势更为突出。此外，采用切向式转子结构的永磁同步伺服电动机磁阻转矩在电动机总电磁转矩中的比例可达 40%，这对充分利用磁阻转矩，提高电动机功率密度和扩展电动机的恒功率运行范围很有利。

（3）混合式结构　这类结构（见图 4-44）集中了径向式和切向式转子结构的优点，但其结构和制造工艺较复杂，制造成本也比较高。图 4-44a 所示结构需采用非磁性轴或隔磁铜套，主要应用于采用剩磁密度较低的铁氧体等永磁材料的永磁同步伺服电动机。图 4-44b 所示结构采用隔磁桥隔磁。需指出的是，这种结构的径向部分永磁体磁化方向长度约是切向部分永

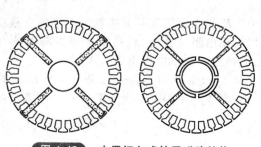

图 4-43　内置切向式转子磁路结构

磁体磁化方向长度的 1/2。图 4-44c 是由径向式结构中图 4-42b 和图 4-42c 衍生来的一种混合式转子磁路结构。其中，永磁体的径向部分和切向部分的磁化方向长度相等，也采取隔磁桥来进行隔磁。

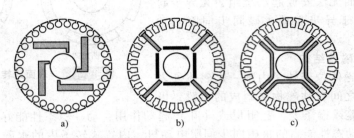

图 4-44　内置混合式转子磁路结构

3. 永磁同步伺服电动机与无刷直流电动机的区别

无刷直流电动机在通常情况下转子磁极采用瓦形磁钢，经过磁路设计，可以获得梯形波的气隙磁密，定子绕组多采用集中整距绕组，因此感应反电动势也呈梯形波状。无刷直流电动机的控制需要位置信息反馈，必须有位置传感器或采用无位置传感器技术，构成自控式调速系统。控制时各相电流也尽量控制成方波，逆变器输出电压按照有刷直流电动机 PWM 的方法进行控制即可。本质上，无刷直流电动机也是一种永磁同步伺服电动机，实际上也属于变压变频调速范畴。通常说的永磁同步伺服电动机具有定子三相分布绕组和永磁转子，在磁路结构和绕组分布上保证感应电动势波形为正弦波，外加的定子电压和电流也应为正弦波，一般靠交流变压变频器提供。永磁同步电动机控制系统常采用自控式，也需要位置反馈信息，可以采用矢量控制（磁场定向控制）或直接转矩控制的先进控制策略。

4.3.2　运行原理及分析

1. 稳态运行和相量图

正弦波永磁同步伺服电动机与电励磁同步电动机有着相似的内部电磁关系，故可采用双反应理论进行分析。但需要指出的是，由于永磁同步伺服电动机转子直轴磁路中永磁体的导磁率很小，因此，其直轴电枢反应电抗小于交轴电枢反应电抗，即 $X_{ad}<X_{aq}$。而在电励磁凸极同步电动机中，凸极面下气隙较小，两极之间的气隙较大，故直轴下单位面积的磁导要比交轴下单位面积的磁导大很多，因此，$X_{ad}>X_{aq}$。这与永磁同步伺服电动机截然不同，分析时应注意这一参数特点。

电动机稳定运行于同步转速时，根据双反应理论，可写出永磁同步伺服电动机的电压方程为

$$U = E_0 + IR_1 + jIX_1 + jI_d X_{ad} + jI_q X_{aq} \tag{4-28}$$

式中，E_0 是永磁气隙基波磁场所产生的空载反电动势（V）；U 是外施相电压（V）；R_1 是定子绕组每相电阻（Ω）；X_1 是定子绕组漏电抗（Ω）；X_{ad}、X_{aq} 是直、交轴电枢反应电抗（Ω）；I_d、I_q 是直、交轴电枢电流（A）。

又 $I_d = I\sin\phi$，$I_q = I\cos\phi$，ϕ 为 I 与 E_0 间的夹角，称为内功率因数角，并规定 I 超前 E_0 时 ϕ 为正。而 $X_d = X_{ad} + X_1$，$X_q = X_{aq} + X_1$，则式（4-28）可写为

$$U = E_0 + IR_1 + jI_d X_d + jI_q X_q + jIX_1(1 - \sin\phi - \cos\phi) \tag{4-29}$$

由电压方程可画出永磁同步伺服电动机与不同情况下稳态运行时的几种典型相量图，如

图 4-45 所示。

图中，E_δ 为气隙合成基波磁场所产生的电动势，称为气隙合成电动势（V）；E_d 为气隙合成基波磁场直轴分量所产生的电动势，称为直轴内电动势（V）；θ 为 U 超前 E_0 的角度，即功率角，又称为转矩角；φ 为电压 U 超前定子相电流 I 的角度，即功率因数角。

图 4-45a、b、c 中的电流 I 均超前于空载反电动势 E_0，这时的直轴电枢反应（图中的 jI_dX_{ad}）均为去磁性质，导致电动机直轴内电动势 E_d 小于空载反电动势 E_0。图 4-45e 中的电流 I 滞后于空载反电动势 E_0，这时的直轴电枢反应（图中的 jI_dX_{ad}）均为增磁性质，导致电动机直轴内电动势 E_d 大于空载反电动势 E_0。图 4-45d 则为临界状态（I 与空载反电动势 E_0 同相）下的相量图，由此可列出电压方程为

$$\left.\begin{array}{l} U\cos\theta = E_0 + IR_1 \\ U\sin\theta = IX_q \end{array}\right\} \tag{4-30}$$

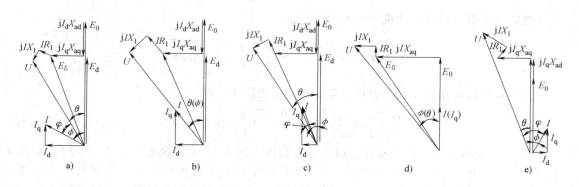

图 4-45　永磁同步电动机几种典型的相量图

从而可求得临界状态时的空载反电动势 E_0' 为

$$E_0' = \sqrt{U^2 - (IX_q)^2} - IR_1 \tag{4-31}$$

式（4-31）可用于判断所设计的电动机是运行于增磁状态还是去磁状态，实际上 E_0 值由永磁体产生的空载气隙磁通算出。如 $E_0 > E_0'$，则电动机运行于去磁工作状态，反之将运行于增磁工作状态。从图 4-45 还可以看出，要使电动机运行于单位功率因数（图 4-45b）或容性功率因数（图 4-45a）状态，只有在去磁状态时才能达到。

2. 稳态运行性能分析计算

永磁同步伺服电动机的稳态运行性能包括效率、功率因数、输入功率和电枢电流等与输出功率之间的关系以及失步转矩倍数等。电动机的这些稳态性能均可从电动机的基本电磁关系或相量图推导而得。

（1）电磁转矩和功角特性

$$\phi = \arctan \frac{I_d}{I_q}$$

$$\varphi = \theta - \phi$$

从图 4-45 可知 $U\sin\theta = I_qX_q + I_dR_1$，$U\cos\theta = E_0 - I_dX_d + I_qR_1$
定子电流为

$$I_d = \frac{R_1 U \sin\theta + X_q (E_0 - U\cos\theta)}{R_1^2 + X_d X_q}$$

$$I_q = \frac{X_d \sin\theta - R_1 (E_0 - U\cos\theta)}{R_1^2 + X_d X_q}$$

$$I = \sqrt{I_d^2 + I_q^2}$$

而电动机的输入功率为

$$P_1 = mUI\cos\varphi = mUI\cos(\theta - \phi) = mU(I_d\sin\theta + I_q\cos\theta)$$

$$= \frac{mU\left[E_0(X_q\sin\theta - R_1\cos\theta) + R_1 U + \frac{1}{2}U(X_d - X_q)\sin2\theta\right]}{R_1^2 + X_d X_q}$$

忽略定子电阻，可得电动机的电磁功率为

$$P_{em} \approx P_1 \approx \frac{mE_0 U\sin\theta}{X_d} + \frac{mU^2}{2}\left(\frac{1}{X_q} - \frac{1}{X_d}\right)\sin2\theta$$

将上式除以机械角速度 Ω，即可得电动机的电磁转矩，即

$$T_{em} = \frac{P_{em}}{\Omega} = \frac{mp}{\omega}\left[\frac{E_0 U\sin\theta}{X_d} + \frac{U^2}{2}\left(\frac{1}{X_q} - \frac{1}{X_d}\right)\sin2\theta\right] \tag{4-32}$$

图 4-46 是永磁同步伺服电动机的功角特性曲线。图 4-46 中，曲线 1 为式（4-32）中第 1 项由永磁气隙磁场与定子电枢反应磁场相互作用产生的基本电磁转矩，即永磁转矩；曲线 2 为由于电动机 d 轴、q 轴不对称而产生的磁阻转矩；曲线 3 为曲线 1 和曲线 2 的合成。由于永磁同步伺服电动机直轴同步电抗 X_d 一般小于交轴同步电抗 X_q，磁阻转矩为一负正弦函数，因而功角特性曲线上转矩最大值所对应的功率角大于 $90°$，而不像电励磁同步电动机那样小于 $90°$，这是永磁同步伺服电动机一个值得注意的特点。

功角特性上的转矩最大值 T_{max} 被称为永磁同步伺服电动机的失步转矩，如果电动机负载转矩超过此值，则电动机将不再保持同步转速。

（2）工作特性曲线 设已知电动机的 E_0、X_d 和 R_1 等参数值，给定一系列不同的功率角 θ，便可求出相应的电动机输入功率、定子相电流和功率因数角 φ 等，然后求出电动机此时的各个损耗，便可得到电动机的效率，从而得到电动机稳态运行性能输入功率（P_1 等）与输出功率 P_2 之间的关系曲线，即电动机的工作特性曲线。图 4-47 为用以上步骤求出的某台永磁同步伺服电动机的工作特性曲线。对于永磁同步电动机的稳态分析，由于电动机物理过程是

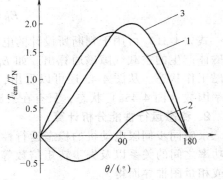

图 4-46 永磁同步伺服电动机的
功角特性曲线

相同的，因此同样可以应用到永磁同步伺服电动机的稳态分析。但是，由于永磁同步伺服电动机一般工作于动态过程，电动机的转速和转矩总是处于变化的状态，因此，必须采用永磁同步伺服电动机的暂态分析方法来分析电动机的动态控制过程。通常采用的数学方法是采用电动机转子坐标系的 Park 方程来建立永磁同步伺服电动机的动态数学方程和传递函数，进而

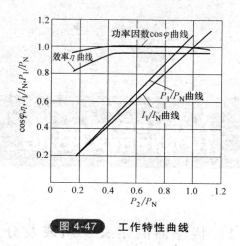

图 4-47 工作特性曲线

建立起基于 PID 调节器的伺服电动机的前向控制框图。同时，可以采用单片机或者数字信号处理器对于永磁同步伺服电动机进行全数字化离散控制。

第5章

传感器及电池

5.1 传感器的定义、组成及分类

5.1.1 传感器的定义

传感器是一种装置或器件。传感器的标准定义是：能够感受规定的被测量并按照一定的规律转换成可用输出信号的器件或装置，通常由敏感元件和转换元件组成。这里所说的"可用输出信号"是指便于加工处理、便于传输利用的信号。目前，电信号是最易于处理和传输的信号，因此可以把传感器狭义地定义为：将非电信号转换为电信号的器件。但是，由于光信息技术已经异军突起，可以预料当人类跨入光子时代，光信息成为便于快速、高效地处理与传输的可用信号时，传感器的概念也会随之发生变化。

通俗地讲，传感器是一种以一定的精确度把被测量转换为与之有确定对应关系的，便于应用的另一种量的测量装置。传感器的定义包含四个方面的内容：

① 传感器是测量装置，能完成检测任务。

② 它的输入量是某一被测量，可能是物理量，也可能是化学量或生物量等。

③ 它的输出量是某种物理量，这种量要便于传输、转换、处理、显示等，这种量可以是气、光、电量，目前主要是电量。

④ 输出和输入之间有对应关系，且应有一定的精确度。

5.1.2 传感器的组成

传感器一般由敏感元件、转换元件、转换电路三部分组成，其组成框图如图 5-1 所示。

图 5-1 传感器组成框图

1. 敏感元件

它是直接感受被测量，并输出与被测量成确定关系的某一种量的元件。图 5-2 是一种气体压力传感器的示意图。膜盒 2 的下半部与壳体 1 固定连接，上半部通过连杆与磁芯 4 相连，磁芯 4 置于两个电感线圈 3 中，电感线圈接入转换电路 5。这里的膜盒就是敏感元件，其外部与大气压力 p_a 相通，内部与被测量压力 p 相通。当 p 变化时，引起膜盒上半部移动，即输出相应的位移量。

2. 转换元件

敏感元件的输出量就是转换元件的输入量，转换元件把输入量转换成电路参量。在图5-2中，转换元件是电感线圈3，它把输入的位移量转换成电感的变化。

3. 转换电路

上述电路参数接入转换电路，便可转换成电量输出。

实际上，有些传感器很简单，有些则较复杂，大多数是开环系统，也有些是带反馈的闭环系统。

最简单的传感器由一个敏感元件（兼转换元件）组成，它感受被测量时直接输出电量，如热电偶。有些传感器由敏感元件和转换元件组成，没有转换电路，如压电式加速度传感器，其中的质量块是敏感元件，压电片（块）是转换元件。有些传感器，转换元件不止一个，要经过若干次转换。

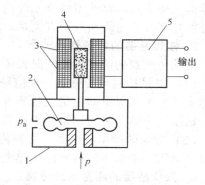

图 5-2　压力传感器
1—壳体　2—膜盒　3—电感线圈
4—磁芯　5—转换电路

敏感元件与转换元件在结构上常是安装在一起的。为了减小外界的影响，也希望将转换电路和它们装在一起，不过由于空间的限制或者其他原因，转换电路常置于传感器外部。尽管如此，因为不少传感器要在通过转换电路之后才能输出电量信号，从而决定了转换电路是传感器的组成环节之一。一般情况下，转换电路后面的后续电路，如信号放大、处理、显示等电路，就不包括在传感器范围之内。

5.1.3　传感器的分类

传感器行业是一个知识密集、技术密集的行业，它与许多学科有关，其种类繁多。为了很好地掌握它、应用它，需要有一个科学的分类方法。

1. 按传感器的工作机理分类

按传感器的工作机理不同，传感器可分为结构型、物性型和复合型三类。

（1）结构型传感器　它是利用物理学定律构成的，其性能与构成材料关系不大。这是一类结构的几何尺寸（如厚度、角度、位置等）在被测量作用下会发生变化，并可获得正比于被测非电量的电信号的敏感元器件或装置。例如，用于测量压力位移、流量、温度的力平衡式、电容式、电感式等传感器。这类传感器开发得最早，至今仍然广泛应用于工业过程检测设备中。

（2）物性型传感器　它是利用物质的某种或某些客观属性构成的，其性能因构成材料的不同而有明显区别。这是一类由其构成材料的物理特性、化学特性或生物特性直接敏感于被测非电量，并可将被测非电量转换成电信号的敏感元器件或装置。由于它的"敏感体"就是材料本身，故不存在显著的结构特征，也无所谓"结构变化"，所以这类传感器通常具有响应快的特点；又因为它多以半导体为敏感材料，故易于集成化、小型化、智能化，显然，这对于与微型计算机接口是有利的。所有半导体传感器，以及一切利用因环境发生变化而导致本身性能发生变化的金属、陶瓷、合金等制成的传感器都属于物性型传感器。

（3）复合型传感器　它是指将中间转换环节与物性型敏感元件复合而成的传感器。采用中间环节是因为在大多数被测非电量中，只有少数（如应变、光、磁、热、水分和某些气体）可直接利用某些敏感材料的物质特性转换成电信号。为了增加非电量的测量种类，必须将不能直接转换成电信号的非电量变换成上述少数量中的一种，然后再利用相应的物性型敏感元件将其转换成电信号。可见，复合型传感器实际上是既具有将被测非电量变换成中间信号的功能，又具有将该中间信号再转换成电信号的功能的一类敏感元器件或装置。因此，这类传感器的性能不仅与物性型敏感元件的优劣及选用得当与否密切相关，而且还与中间转换环节设计的好坏及选用恰当与否有关系。

2．按传感器的能量转换分类

根据传感器的能量转换情况，传感器可分为能量控制型传感器和能量转换型传感器。

（1）能量控制型传感器　在信号变换过程中，传感器的能量需要外电源供给，如电阻式、电感式、电容式等电路参量式传感器都属于这一类。基于应变电阻效应、磁阻效应、热阻效应、霍尔效应等的传感器也属于此类。

（2）能量转换型传感器　这种传感器同时又是能量变换元件。在信号变换过程中，它不需要外电源，如基于压电效应、热电效应等的传感器均属此类。

3．按传感器的测量原理分类

以传感器的测量原理为分类依据，见表5-1。

表 5-1　传感器按测量原理的分类

测量原理	传感器举例
变电阻	应变式、压阻式、电位器式等传感器
变磁阻	自感式、差动变压器式、电涡流式等传感器
变电容	电容式传感器
变电动势	热电偶式、霍尔式等传感器
变电荷	压电式传感器

有些传感器的测量原理是两种或两种以上测量原理的复合，如半导体式传感器。根据测量原理分类的优点是对于传感器的测量原理比较清楚，有利于触类旁通，且划分类别少。

4．按传感器的输入量分类

根据输入物理量的性质进行的分类见表5-2，其中给出了传感器输入的基本被测量和由此派生的其他量。

表 5-2　传感器输入的被测量

基本被测量	派生的被测量
机械量	位移、尺寸、形状、力、应力、力矩、振动、加速度、噪声等
热工量	温度、热量、比热、压力、压差、流量、流速、风速、真空度等
物理、化学量	气体(液体)的化学成分、浓度、盐度、黏度、湿度、密度等
生物医学量	心音、血压、体温、气流量、心电流、眼压、脑电波等

这种分类方法的优点是比较明确地表达了传感器的用途，便于使用者根据不同的用途选用。缺点是传感器名目繁多，对建立传感器的一些基本概念、掌握基本原理及分析方法是不利的。

5．按传感器的输出信号形式分类

根据传感器输出信号的不同进行的分类，归纳如下：

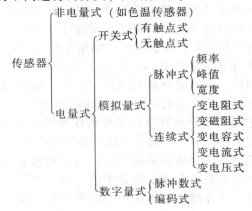

5.2　传感器发展的新趋势

随着现代科学技术的发展，特别是大规模集成电路技术的飞速发展和计算机技术的普及，传感器在新技术革命中的地位和作用更为突出。因此，开发与应用传感器的热潮正在世界范围内掀起。这基于以下几个原因：

① "电五官"落后于"电脑"的现状，已成为微型计算机进一步开发与应用的一大障碍。

② 许多有竞争力的新产品的开发和卓有成效的技术改造，都离不开传感器。

③ 传感器的应用直接带来了明显的经济效益和社会效益。

④ 传感器普及于社会各个领域，具有良好的销售前景。

目前的传感器，无论是在数量上、质量上还是功能上，还远不适应社会多方面发展的需要。当前，人们在充分利用先进的电子技术条件、研究和采用合适的外部电路以及最大限度地提高现有传感器的性能价格比的同时，正在寻求传感器技术发展的新途径。传感器发展的新趋势如下：

（1）开发新型传感器　鉴于传感器的工作原理是基于各种效应和定律，由此启发人们进一步探索具有新效应的敏感功能材料，并以此研制出基于新原理的传感器。这是发展高性能、多功能、低成本和小型化传感器的重要途径。其中，利用量子力学诸效应研制的高灵敏度传感器来检测极微弱信号，是传感器技术发展的新趋势之一。

（2）传感器的集成化和多功能化　固态功能材料——半导体、电介质、强磁体的进一步开发和集成技术的不断发展，为传感器集成化开辟了广阔的前景。所谓集成化，就是在同一芯片上将众多同一类型的单个传感器集成为一维线型、二维阵列（面）型传感器，或将传感器与调理、补偿等电路集成一体化。前一种集成化使传感器的检测参数由点到线到面到体地扩展，甚至能加上时序，变单参数检测为多参数检测；后一种传感器由单一的信号变换功能，扩展为兼有放大、运算、误差补偿等多种功能。

（3）传感器的智能化　"电五官"与"电脑"的结合就是传感器的智能化。智能化传感器不仅具有信号检测、转换功能，同时还具有记忆、存储、分析、统计处理，以及自诊断、自校准、自适应等功能。如进一步将传感器与计算机的这些功能集成在同一芯片上，就成为智能传感器。它的特点如下：

1）自补偿功能。对信号检测过程中的非线性误差、温度变化及其导致的信号零点漂移和灵敏度漂移、响应时间延迟、噪声与交叉感应等效应的补偿功能。

2）自诊断功能。接通电源时系统的自检；系统工作时实现运行的自检；系统发生故障时的自诊断，确定故障的位置与部件等。

3）自校正功能。系统中参数的设置与检查；测试中的自动量程转换；被测参数的自动运算等。

4）数据的自动存储、分析、处理与传输等。

5）微处理器与微型计算机和基本传感器之间具有双向通信功能。

（4）研究生物感官，开发仿生传感器　大自然是生物传感器的"优秀设计师"。它通过漫长的岁月，不仅造就了集多种感官于一身的人类，而且还设计了许多功能奇特、性能优越的生物传感器。例如，狗的嗅觉（灵敏度为人的 106 倍），鸟的视觉（视力为人的 8~50 倍），蝙蝠、飞蛾、海豚的听觉（主动型生物雷达——超声波传感器），蛇的接近觉（分辨力达 0.001℃的红外线测温传感器）等。这些生物的感官功能是当今传感器技术望尘莫及的。研究它们的机理，开发仿生传感器，是引人注目的方向。

传感器在工业、国防等方面的应用越来越广泛，所处的地位越来越重要。传感器正向着新型化、集成化和多功能化、智能化及开发仿生传感器的方向发展。

5.3 常用传感器

5.3.1 应变式传感器

在测试技术中，除了直接用电阻应变丝（片）来测定试件的应变和应力外，还广泛利用它制成各种应变式传感器来测定各种物理量，如力矩、压力、加速度等。应变式传感器的基本构成通常可分为两部分：弹性敏感元件及应变片（丝）。弹性元件在被测物理量的作用下产生一个与物理量成正比的应变，然后用应变片（丝）作为传感元件将应变转换为电阻变化。应变式传感器与其他类型传感器相比具有以下特点：

1）测量范围广，如应变式力传感器可测 $10^{-2} \sim 10^{7}\mathrm{N}$ 的力，应变式压力传感器可测 $10^{-1} \sim 10^{6}\mathrm{Pa}$ 的压力。

2）精度高，高精度传感器的误差可达 0.1% 或更小。

3）输出特性的线性好。

4）性能稳定，工作可靠。

5）能在恶劣环境、大加速度和振动条件下工作，只要进行适当的结构设计及选用合适的材料，就能在高温或低温、强腐蚀及核辐射条件下可靠工作。

由于应变式传感器具有以上特点，因此它在测试技术中应用十分广泛。应变式传感器按照其用途不同可分为应变式力传感器、应变式位移传感器、应变式压力传感器等。按照应变丝的固定方式，可分为粘贴式和非粘贴式两类。

1. 应变式力传感器

载荷和力传感器是试验技术和工业测量中用得较多的一种传感器。其中，以采用应变片的应变式力传感器最多，传感器量程从几克到几百吨。力传感器主要作为各种电子秤和材料试验机的测力元件，或用于飞机和发动机的地面测试等。力传感器的弹性元件有柱式、悬臂梁式、环式、框式等数种。

（1）柱式力传感器　如图 5-3 所示，柱式力传感器弹性元件分为实心圆柱（图 5-3a）和空心圆柱（图 5-3b）两种。实心圆柱可以承受较大的载荷，在弹性范围内应力与应变成正比关系，即

$$\varepsilon = \frac{\Delta l}{l} = \frac{\sigma}{E} = \frac{F}{ES} \qquad (5-1)$$

式中，F 是作用在弹性元件上的集中力（N）；E 是弹性元件的弹性模量（MPa）；S 是圆柱的横截面积（mm^2）。

圆柱的直径要根据材料的允许应力 $[\sigma_b]$ 来计算，由于 $F/S \leqslant [\sigma_b]$ 且 $S = \pi d^2/4$，则

$$d \geqslant \sqrt{\frac{4}{\pi}\frac{F}{[\sigma_b]}} \qquad (5-2)$$

a）实心圆柱　　b）空心圆柱

图 5-3　柱式力传感器

式中，d 是实心圆柱直径。

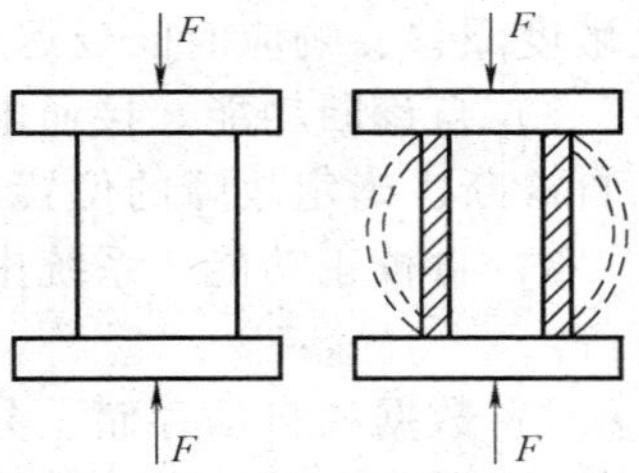

由式（5-1）和式（5-2）可知，欲提高变换灵敏度，必须减小横截面积 S，但 S 减小，其抗弯能力也减弱，对横向干扰力敏感。为了解决这个矛盾，在测量小集中力时，都采用空心圆柱或承弯膜片。空心圆柱在同样横截面积情况下，横向刚度大，横向稳定性好。同理，承弯膜片的横向刚度也大，横向力都由它承担，但其纵向刚度小。

空心圆柱弹性元件的直径也要根据允许应力来计算。由于 $\pi(D^2-d^2)/4 \geqslant F/\sigma$，则

$$D \geqslant \sqrt{\frac{4}{\pi} \frac{F}{[\sigma_b]} + d^2}\qquad(5\text{-}3)$$

式中，D 是空心圆柱外径（mm）；d 是空心圆柱内径（mm）。

弹性元件的高度对传感器的精度和动态特性都有影响，由材料力学知识可知，高度对沿其横截面的变形有影响，当高度与直径的比值 $H/D \geqslant 1$ 时，沿其中间断面上的应力状态和变形状态与其端面上作用的载荷性质和接触条件无关。根据试验研究结果，建议采用的公式为

$$H = 2D + l\qquad(5\text{-}4)$$

式中，l 是应变片的基长。

对于空心圆柱 $H \geqslant D - d + l$。

弹性元件上应变片的粘贴和桥路的连接应尽可能消除偏心和弯矩的影响，如图 5-4 所示。

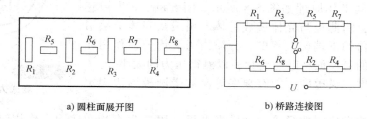

a）圆柱面展开图　　　　　b）桥路连接图

图 5-4　柱式力传感器应变片的粘贴

（2）梁式力传感器

1）等截面梁应变式力传感器。等截面梁的结构如图 5-5 所示。弹性元件为一端固定的悬臂梁，力作用在自由端，在距载荷点为 l_0 的上下表面，分别贴上 R_1、R_2、R_3 和 R_4 电阻应变片，此时 R_1、R_2 若受拉，则 R_3、R_4 受压，两者发生极性相反的等量应变，若把它们组成差动电桥，则电桥的灵敏度为单臂工作时的 4 倍。粘贴应变片处的应变为

$$\varepsilon = \frac{\sigma}{E} = \frac{6Fl_0}{bhE}\qquad(5\text{-}5)$$

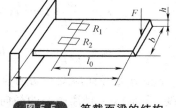

图 5-5　等截面梁的结构

由梁式弹性元件制作的力传感器，适于测量 500 kg 以下的载荷，最小可测几十克的质量，这种传感器具有结构简单、加工容易、应变片容易粘贴、灵敏度高等特点。

2）等强度梁应变式力传感器。等强度梁的结构如图 5-6 所示。梁上各点的应力为

$$\sigma = \frac{M}{W} = \frac{6Fl}{bh^2}\qquad(5\text{-}6)$$

式中，M 是等强度梁承受的弯矩（N·m）；W 是等强度梁各横截面的抗弯模量（m³）；F 是作用在等强度梁上的力（N）。

从而可求得等强度梁的应变值。

这种梁的优点是对沿 l 方向上粘贴应变片的位置要求不严格，设计时应根据最大载荷 F 和材料允许应力 $[\sigma_b]$ 选择梁的尺寸。悬臂梁式传感器自由端的最大挠度不能太大，否则荷重方向与梁的表面不成直角，会产

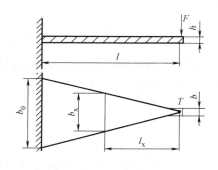

图 5-6　等强度梁的结构

生误差。

3）双端固定梁应变式力传感器。这种梁的结构如图 5-7 所示。梁的两端固定，中间加载荷，应变片 R_1、R_2、R_3、R_4 粘贴在中间位置，梁的宽度为 b，厚度为 h，长度为 l，则梁的应变为

$$\varepsilon = \frac{3Fl}{4bh^2E} \tag{5-7}$$

这种梁的结构在相同力 F 的作用下产生的挠度比悬臂梁小，并在梁受到过载应力时容易产生非线性，由于两固定端，在工作过程中可能滑动而产生误差，所以一般都将梁和壳体做成一体。

2. 应变式压力传感器

（1）板（膜）式压力传感器　板式压力传感器常用于测量液体或气体的压力，其工作原理如图 5-8 所示。图 5-8b、c 为敏感元件圆薄板的结构，圆薄板与壳体做成一体，引线从壳体上端引出，工作时将传感器的下端旋入管壁，介质压力 p 均匀地作用在薄板的一面，圆板的另一面粘贴应变片，以测得压力的大小。

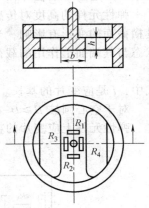

图 5-7　双端固定梁应变式力传感器

传感器的线性度、灵敏度、固有频率等参数受圆板周边固定情况的影响很大。

通常将圆板周边做成刚性联接，这样当平板（膜）上有均布压力 p 作用时，可由下式求得膜板上各点的径向应力 σ_r 和切向应力 σ_t，即

$$\left.\begin{array}{l} \sigma_r = \dfrac{3}{8}\dfrac{p}{h^2}\left[(1+\mu)R^2-(3+\mu)x^2\right] \\[2mm] \sigma_t = \dfrac{3}{8}\dfrac{p}{h^2}\left[(1+\mu)R^2-(1+3\mu)x^2\right] \end{array}\right\} \tag{5-8}$$

则圆板内任一点的应变值为

$$\left.\begin{array}{l} \varepsilon_r = \dfrac{3p}{8h^2E}(1-\mu^2)(R^2-3x^2) \\[2mm] \varepsilon_t = \dfrac{3p}{8h^2E}(1-\mu^2)(R^2-x^2) \end{array}\right\} \tag{5-9}$$

式中，ε_r，ε_t 是径向应变和切向应变；R，h 是圆板的半径和厚度（mm）；x 是离圆心的径向距离（mm）。

由此可知，圆板边缘处的应力为

$$\left.\begin{array}{l} \sigma_r = -\dfrac{3}{4}\dfrac{p}{h^2}R^2 \\[2mm] \sigma_t = -\dfrac{3}{4}\dfrac{p}{h^2}R^2\mu \end{array}\right\} \tag{5-10}$$

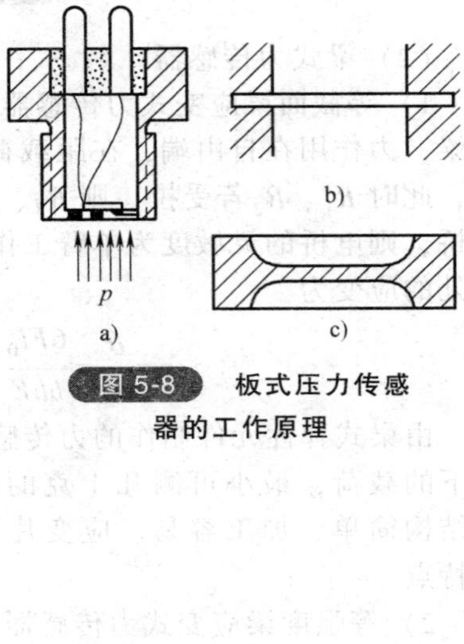

图 5-8　板式压力传感器的工作原理

可见在圆板周边处的应力最大，在设计时应根据此处的应力不超过材料许用应力 σ_b 的原则来选择圆板厚度 h 为

$$h \geqslant \sqrt{\frac{3pR^2}{4\sigma_b}} \tag{5-11}$$

另外，再结合圆板上的应力分布规律可以找出贴片的方法。从圆板应力分布（见图 5-9）可知，当 $x=0$ 时，膜板中心位置处的径向应变和切向应变相等，即

$$\varepsilon_r = \varepsilon_t = \frac{3}{8} \frac{p}{h^2} \left(\frac{1-\mu^2}{E}\right) R^2 \qquad (5\text{-}12)$$

当 $x = R$ 时，边缘处的应变为

$$\left. \begin{array}{l} \varepsilon_t = 0 \\[2mm] \varepsilon_r = -\dfrac{3}{4} \dfrac{p}{h^2} \dfrac{1-\mu^2}{E} R^2 \end{array} \right\} \qquad (5\text{-}13)$$

应力分布规律表明，切向应变都是正值，中间最大；而径向应变沿膜板的分布有正有负，在中心处与切向应变相等，在边缘处达到最大，其值是中心处的两倍，且在 $x = R/\sqrt{3}$ 处，其值为零。因此粘贴应变片时要避开径向应变为零的部位。

一般在圆膜中心处沿切向贴两片，在边缘处沿径向贴两片。应变片 R_1、R_4 和 R_2、R_3 分别接成桥路的相邻桥臂，以提高灵敏度并可进行温度补偿。

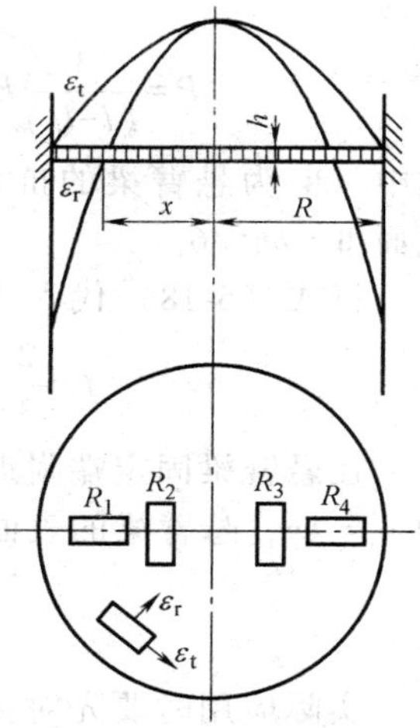

对于周边刚性固定的圆膜板，其固有振动频率的计算式为

$$f_0 = 1.57 \sqrt{\frac{Eh^3}{12R^4 m_0 (1-\mu)^2}} \qquad (5\text{-}14)$$

式中，m_0 是平膜板单位厚度的质量（kg/mm）。

膜板的厚度和弹性模量 E 增加时，传感器的固有频率增大，灵敏度下降；半径越大，固有频率越低，灵敏度越高。

（2）筒式压力传感器 当被测压力较大时，多采用筒式压力传感器，如图 5-10 所示。圆柱体内有一不通孔，一端由法兰盘与被测系统联接，被测压力 p 进入应变筒的腔内，使筒发生变形，圆筒外表面上的环向（沿圆周线）应变为

$$\varepsilon_D = \frac{p(2-\mu)}{E(n^2-1)} \qquad (5\text{-}15)$$

式中，$n = D_0/D$。

若筒壁较薄时，环向应变计算式为

$$\varepsilon_D = \frac{pD}{2hE}(1 - 0.5\mu) \qquad (5\text{-}16)$$

式中，$h = (D-D_0)/2$。

图 5-10b 中在不通孔的外端部有一个实心部分，在筒壁和端部沿圆周方向各贴一应变片，端部在筒内有压力时不发生变形，只用于温度补偿。图 5-10c 中没有端部，则 R_1 和 R_2 垂直粘贴，一个沿圆周，一个沿筒长，沿筒长方向的 R_2 用于温度补偿。这类传感器既可用来测量机床液压系统的压力，也可用来测量枪炮的膛内压力，其动态特性和灵敏度主要由材料的 E 值和尺寸决定。

3. 应变式位移传感器

应变式位移传感器是把被测位移量转变为弹性元件的变形和应变的一种传感器。与力传感器要求不同，力传感器弹性元件的刚度要大，而位移传感器弹性元件的刚度要小。否则，当弹性元件变形时，将对被测试件形成一个反力，影响被测试件的位移数值。

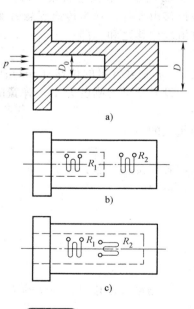

图 5-9 圆板应力分布

图 5-10 筒式压力传感器制作传感器

（1）梁式弹性元件位移传感器　图 5-11 为梁式弹性元件位移传感器的一种，它的一端固定，一端为自由的矩形截面悬臂梁。自由端安装一根联接导杆，应变片粘贴在固定端附近。梁的挠度为

$$f = \frac{Pl^3}{3EJ} = \frac{4Pl^3}{Ebh^3} \tag{5-17}$$

式中，l 是悬臂梁的长度（m）；J 是梁截面的惯性矩（m^4），等截面梁 $J = bh^3/12$；P 是被测试件对导杆的作用力（N）。

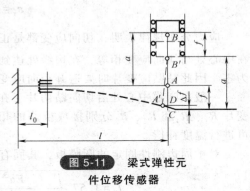

由应变片测出的应变值可求出悬臂梁上的载荷为

$$P = \frac{1}{(l-l_0)} E\varepsilon W = \frac{Ebh^2}{6(l-l_0)} \varepsilon \tag{5-18}$$

式中，W 为悬臂梁的抗弯矩截面模量（m^3），矩形截面 $W = bh^2/6$。

图 5-11　梁式弹性元件位移传感器

将式（5-18）代入式（5-17）得：

$$f = \frac{2}{3} \frac{l^3}{(l-l_0)h} \varepsilon \tag{5-19}$$

在悬臂梁固定端附近上下表面各贴两个应变片，并接成全桥电路，则应变仪的指示应变为 $\varepsilon_i = 4\varepsilon$，悬臂梁的表面应变 $\varepsilon = \varepsilon_i/4$，得

$$f = \frac{1}{6} \frac{l^3}{(l-l_0)h} \varepsilon_i \tag{5-20}$$

实际应用时要先对传感器进行标定，这种位移传感器所测的位移不能太大，否则会出现失真。

（2）弹簧组合式位移传感器　弹簧组合式位移传感器适合于测量位移量较大的场合，如图 5-12 所示。它由悬臂梁、圆柱螺旋拉簧、导杆等组成。在悬臂梁跟部附近粘贴应变片，被测位移由导杆、弹簧传递到悬臂梁，使之弯曲变形，因此，被测位移为弹簧伸长量和悬臂梁自由端位移之和，即

$$f = f_1 + f_2 \tag{5-21}$$

式中，f_1 是悬臂梁的位移（mm）；f_2 是弹簧的伸长量（mm）。

设悬臂梁的刚度为 k_1，弹簧的刚度为 k_2，则悬臂梁上的作用力为

$$F_1 = k_1 f_1 \tag{5-22}$$

弹簧上的力为

$$F_2 = k_2 f_2 \tag{5-23}$$

因两者连接在一起，故 $F_1 = F_2$。
于是得到

$$\left.\begin{aligned} f_2 &= \frac{k_1}{k_2} f_1 \\ f &= \left(\frac{k_1 + k_2}{k_2}\right) f_1 \end{aligned}\right\} \tag{5-24}$$

当测量大位移时，弹簧的 F_2 应选得很小，即

$$k_1 \gg k_2 \ \text{或} \ \frac{k_1}{k_2} > 10 \tag{5-25}$$

这样可使悬臂梁的端点保持很小的位移。

若在悬臂梁的固定端附近上下表面各贴两个应变片，并接成全桥电路，参照梁式弹性元件位移传感器结构，可得自由端位移和读数应变的关系

$$f_1 = \frac{(k_2 + k_1) l^3}{6 k_2 (l - l_0)} \varepsilon_i \qquad (5-26)$$

因此，测量位移与读数应变之间的关系为

$$f_1 = \frac{1}{6} \frac{(k_2 + k_1) l^3}{k_2 (l - l_0)} \varepsilon_i \qquad (5-27)$$

5.3.2　压阻式传感器的应用

1. 压阻式压力传感器

压阻式固态压力传感器由外壳、硅膜片和引线组成，如图 5-13 所示。其核心部分是一块圆形的膜片，在膜片上利用集成电路的工艺扩散 4 个阻值相等的电阻，构成电桥。膜片的四周用一圆环固定，常用硅杯一体结构（图 5-14），以减小膜片与基座连接所带来的性能变化。膜片的两边有两个压力腔，一个是和被测系统相连接的高压腔，另一个是低压腔，通常和大气相通，当膜片两边存在压力差时，膜片上各点存在应力。4 个电阻在应力作用下阻值发生变化，电桥失去平衡，输出相应的电压，该电压和膜片两边的压力差成正比，这样测出不平衡电桥的输出电压就能求得膜片所受的压力差。

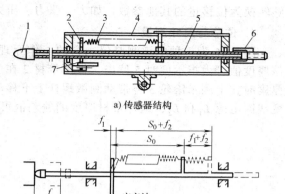

a) 传感器结构

b) 工作原理

图 5-12　弹簧组合式位移传感器

1—测量头　2—悬臂梁　3—圆柱螺旋拉簧
4—外壳　5—导杆　6—调整螺母
7—应变计

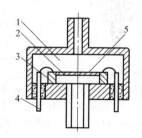

图 5-13　固态压力传感器的结构

1—低压腔　2—高压腔　3—硅杯
4—引线　5—硅膜片

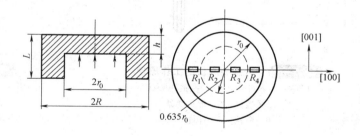

图 5-14　硅杯一体结构

2. 压阻式加速度传感器

如图 5-15 所示，压阻式加速度传感器是利用单晶硅作悬臂梁，在其根部扩散出 4 个电阻，当悬臂梁自由端的质量块受加速度作用时，悬臂梁受到弯矩作用，产生应力，使 4 个电阻阻值发生变化。

5.3.3　自感式传感器的应用

电感传感器主要应用于测量位移和尺寸，也可以测量能

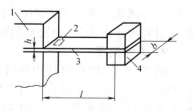

图 5-15　压阻式加速度传感器

1—基座　2—扩散电阻
3—硅梁　4—质量块

够转换为位移量的其他参数，如力、张力、压力、压差、应变、转矩、速度和加速度等。

1. 位移与尺寸测量

图 5-16 为一种电感测厚仪。它的工作原理是：工作前先调节测微螺杆 4 到给定厚度值，该厚度值可由指示度盘 5 读出。被测带材 2 在上下测量滚轮 1、3 之间通过，当带材偏离给定厚度时，上测量滚轮 3 将带动测微螺杆上下移动，通过杠杆 7 使衔铁 6 随之上下移动，从而改变线圈电感 L_1 和 L_2，这样带材厚度的偏差值可在指示度盘上显示出来。

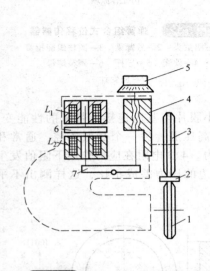

图 5-16　电感测厚仪的工作原理

1、3—上下测量滚轮　2—被测带材
4—测微螺杆　5—指示度盘
6—衔铁　7—杠杆

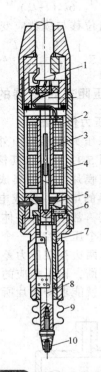

图 5-17　轴向式电感测微仪

1—引线　2—圆筒形磁芯　3—衔铁　4—线圈
5—弹簧　6—防转销　7—钢球导轨
8—测杆　9—密封套　10—可换测头

图 5-17 为轴向式电感测微仪，测头 10 通过螺纹拧在测杆 8 上，测杆 8 可在钢球导轨 7 上做轴向移动，测杆上端固定着衔铁 3，当测杆移动时，带动衔铁 3 在电感线圈中移动，线圈 4 放在圆筒形磁芯 2 中，线圈配置成差动形式，即当衔铁 3 由中间位置向上移动时，上线圈的电感量增加，下线圈的电感量减少，两线圈的输出由引线 1 引出。弹簧 5 提供测量力，以保证测量时测头始终与被测物体接触。防转销 6 用来限制测杆转动，以提高示值重复性。密封套 9 用来防止尘土进入传感器内。

2. 力的测量

图 5-18 是 BYM 型压力传感器的结构原理。弹簧管 1 的自由端与差动式电感传感器的衔铁 2 相连，工作前通过调节螺钉 7 使衔铁 2 位于传感器两差动线圈 5 和 6 的中间位置。当压力 p 发生变化时，弹簧管 1 的自由端产生位移，使衔铁 2 移动，两差动线圈 5 和 6 的电感值一个增加、一个减少。传感器输出信号的大小由衔铁位移的大小决定，输出信号的相位由衔铁移动的方向决定。

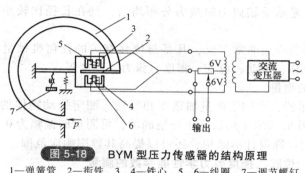

图 5-18　BYM 型压力传感器的结构原理

1—弹簧管　2—衔铁　3、4—铁心　5、6—线圈　7—调节螺钉

5.3.4　差动变压器的应用

与自感传感器类似，差动变压器可以测量位移和尺寸，并能够测量可以转换成位移变化的各种机械量。

1. 位移的测量

图 5-19 是一个方形结构的差动变压器式位移传感器，可用于多种场合下测量微小位移。其工作原理是：测头 1 通过轴套 3 和测杆 5 相连；活动衔铁 7 固定在测杆上；线圈架 8 上绕有三组线圈，中间是一次线圈，两端是二次线圈，它们都通过导线 10 与测量电路相连。初始状态下，调节传感器，使其输出为 0，当测头 1 有一位移 x 时，衔铁也随之产生位移 x，引起传感器输出变化，其大小反映了位移 x 的大小。线圈和骨架放在磁筒 6 内，磁筒的作用是增加灵敏度和防止外磁场干扰，圆片弹簧 4 对测杆起导向作用，弹簧 9 用来产生测力，使测头始终保持与被测物体表面接触的状态，防尘罩 2 的作用是防止灰尘侵入测杆。

2. 力和力矩的测量

差动变压器式位移传感器与弹性元件组合可用来测量力和力矩，图 5-20 为差动变压器式力传感器。其工作原理是：当力作用于传感器时，使弹性元件 3 产生变形，固定在弹性元件 3 上的衔铁 2 相对线圈 1 移动，因而产生输出电压，输出电压的大小反映了力的大小。

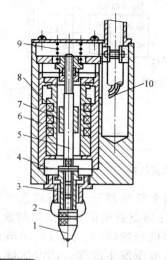

图 5-19　差动变压器式位移传感器

1—测头　2—防尘罩　3—轴套　4—圆片弹簧　5—测杆
6—磁筒　7—活动衔铁　8—线圈架　9—弹簧　10—导线

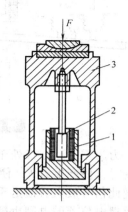

图 5-20　差动变压器式力传感器

1—线圈　2—衔铁　3—弹性元件

这种传感器的优点是承受轴向力时应力分布均匀，且在长径比较小时，受横向偏心分力的影响较小。

螺管型差动变压器的应用非常广泛，凡是与位移有关的任何机械量均可通过它转换成电量输出。常用于测量位移、振动、应变、密度、张力、厚度等。

3. 振动和加速度的测量

图 5-21 为差动变压器，可用于测量加速度和振动。测定振动物体的频率和振幅时，激磁频率若是振动频率的 10 倍，测定结果是十分精确的，可测量的振幅为 0.1~5.0mm，振荡频率一般为 0~150Hz。采用特殊设计的结构，还可以提高其频率响应范围。

4. 大型构件应力、位移、挠度等力学性能参数的测量

用差动变压器测量应力、位移和挠度这些参数较之常用的千分表精度高、分辨率高、重复性好，并且可以实现自动测量和记录，测量原理如图 5-22 所示。

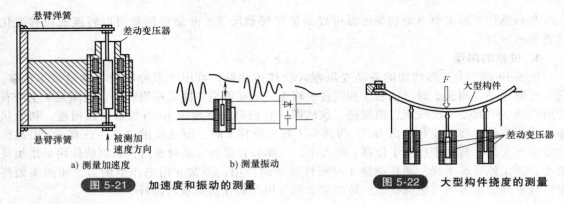

a) 测量加速度　　b) 测量振动

图 5-21 加速度和振动的测量

图 5-22 大型构件挠度的测量

5. 力平衡系统

差动变压器式传感器也可应用于力平衡系统。力平衡系统的工作原理如图 5-23 所示。

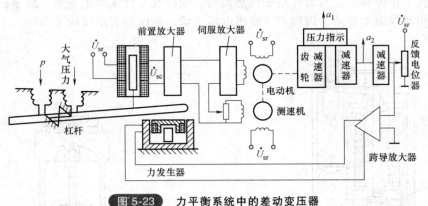

图 5-23 力平衡系统中的差动变压器

当被测压力为零时，杠杆处于平衡位置，无输出，整个系统都处于平衡状态。当波纹管内通入压力 p 时，便产生力 F，使杠杆失去平衡，差动变压器就有电信号输出。前置放大器和伺服放大器把此信号放大后馈送至两相异步电动机，电动机开始转动。通过齿轮减速器带动指针转动，反馈电位器的电刷也随之转动，电位器的输出电压发生改变。该电压输入跨导放大器，而跨导放大器输出的是电流。力发生器输出的是与电流成正比的力，使杠杆向平衡位置方向转动，直到杠杆回到平衡位置，差动变压器便无输出，电动机停转，此时系统达到新的平衡。因此，指针指示的位置是与压力值 p 相对应的，可直接标记为压力值。这种闭环系

统的精度高，线性度达万分之一。

5.3.5 电涡流式传感器的应用

电涡流式传感器由于具有结构简单、灵敏度高，尤其是可以实现非接触式测量等优点，因此应用非常广泛。

1. 位移和尺寸的检测

电涡流式传感器的主要用途之一是用来测量金属的静态和动态位移量，最大量程可达几百毫米，分辨力为 0.1%。图 5-24 给出了电涡流式传感器测位移的工作原理，当固定其他参数不变，只改变传感器线圈 1 和被测物体 2 的距离 x 时，传感器的输出是 x 的函数 $L=f(x)$，由此可以求出 x 的变化。

2. 厚度的检测

除低频透射电涡流式传感器以外，高频反射电涡流式传感器应用测位移、测距离原理也可测厚度。

高频反射电涡流式传感器测厚度的工作原理如图 5-25a 所示。传感器和基准面的距离 x 是固定的，将被测物体放在基准面上以后，可测出电涡流式传感器与被测物体之间的距离 d，于是可以求出被测物体的厚度 $h=x-d$。

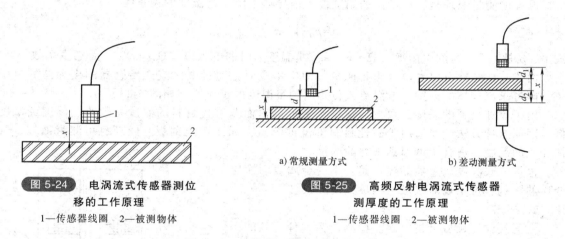

图 5-24 电涡流式传感器测位移的工作原理
1—传感器线圈 2—被测物体

a) 常规测量方式　　b) 差动测量方式

图 5-25 高频反射电涡流式传感器测厚度的工作原理
1—传感器线圈 2—被测物体

有时，由于定位不稳会引起被测物体的振动，这样会造成测量的误差。解决的方法是采用图 5-25b 所示的差动测量方式。在被测物体的上下对称装两个特性相同的传感器，两个传感器之间的距离 x 固定不变，当被测物体通过两个传感器之间时，两个传感器分别检测到与被测物体的距离为 d_1 和 d_2，这样就可求出被测物体的厚度为

$$h = x - (d_1 + d_2) \qquad (5\text{-}28)$$

当被测物体的厚度 h 不变，且上下有波动 $\pm \Delta d$ 时，两个传感器的检测值分别为 $(d_1 \pm \Delta d)$ 和 $(d_2 \mp \Delta d)$，此时测出的物体厚度为

$$h = x - [(d_1 \pm \Delta d) + (d_2 \mp \Delta d)] = x - (d_1 + d_2) \qquad (5\text{-}29)$$

电涡流式传感器测厚方法具有测量范围宽、反应时间快、精度高而且非接触的特点，可以实现动态测量，同时也可以在恶劣环境下测量，如检测刚轧好的带钢厚度等。根据同样原理，电涡流式传感器还可以测量金属镀层厚度、旋转轴的径向振动，利用电涡流式传感器还可以进行接近开关、表面粗糙度的检验等。

3. 转速的测量

在旋转体上加工或加装一个如图 5-26 所示形状的金属体，旁边安装一个电涡流式传感器，

当旋转体旋转时，电涡流式传感器将产生周期性变化的输出信号，由频率计记下频率，则旋转体的转速可表示为

$$N = \frac{f}{n} \times 60 \qquad\qquad (5\text{-}30)$$

式中，f 是传感器输出信号的频率（Hz）；n 是槽数或齿数；N 是转速（r/min）。

用同样的方法可以实现流水线上产品的计数。

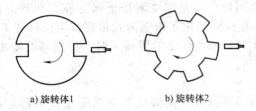

a) 旋转体1   b) 旋转体2

图 5-26　测转速示意图

4. 温度的测量

温度的测量原理是：在较小的温度范围内导体电阻率与温度的关系为

$$\rho = \rho_0 \left[1 + x(t - t_0) \right] \qquad\qquad (5\text{-}31)$$

式中，ρ 是温度 t 时的电阻率（$\Omega \cdot m$）；ρ_0 是温度 t_0 时的电阻率（$\Omega \cdot m$）；x 是温度系数。

由式（5-31）可以看出，当其他参数固定不变时，通过电涡流式传感器测出导体的电阻率，即可求出导体的温度。电涡流式传感器测量温度的工作原理如图 5-27 所示。

由于磁性材料的温度系数大、温度灵敏度高，而非磁性材料的温度系数小、温度灵敏度低，因而这种方法主要适用于磁性材料的温度测量，如冷压延钢板。同理也可测量液体、气体介质的温度，适合于低温到常温的测量。

电涡流式温度传感器的优点是：不受金属表面涂层、油、水等介质的影响；可实现非接触式测量；反应快。

5. 探伤

在无损检测领域已把电涡流检测作为一种有效的探伤技术。例如常用来测试金属材料表面裂纹、热处理裂纹，以及焊接部位的探伤等。当检查时，使传感器与被测物体的距离保持不变，如有裂纹出现，则该处的电导率、磁导率将会发生变化，导致传感器的输出发生变化，从而达到探伤的目的。

5.3.6　电容式传感器的应用

1. 电容式传感器的特点

（1）电容式传感器的优点

1）温度稳定性好。电容式传感器的电容值一般与电极材料无关，仅取决于电极的几何尺寸，而且空气等介质损耗很小。因此，只要从强度、温度系数等机械特性考虑，合理选择材料和结构尺寸即可，其他因素如本身发热极小，对稳定性影响甚微。而电阻式传感器有电阻，供电后会产生热量；电感式传感器存在铜损、磁滞和涡流损耗等，会引起本身发热，产生零漂。

2）结构简单，适应性强。电容式传感器结构简单，易于制造并能保证较高的精度。一般

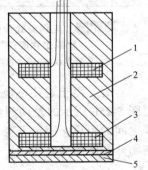

图 5-27　电涡流式传感器测量温度的工作原理

1—补偿线圈　2—管架
3—测量线圈　4—隔热衬垫
5—温度敏感元件

用金属做电极，用非金属材料（如玻璃、石英、陶瓷等）做绝缘支架，可以做得非常小巧，以实现某些特殊参量的测量。由于可以不使用有机材料或磁性材料，因此能在高温、低温、强辐射及强磁场等各种恶劣的环境下工作，适应能力强。尤其可以承受很大的温度变化，在高压力、高冲击、过载情况下都能正常工作，也能对带磁工件进行测量。

3）动态响应好。电容式传感器除其固有频率很高，即动态响应时间很短外，又由于其介质损耗小，可以用较高频率供电，因此系统工作频率高。它可用于测量高速变化的参数，如振动、瞬时压力等。

4）可以实现非接触测量，具有平均效应。当被测件不能受力、处在高速运动中、表面不连续或表面不允许划伤等不允许采用接触测量的情况下，电容式传感器可以完成测量任务。例如，测量回转轴的振动或偏心率、小型滚珠轴承的径向间隙等。当采用非接触测量时，电容式传感器具有平均效应，可以减小工件表面粗糙度等对测量的影响。

电容式传感器除具有上述优点外，还因其带电极板间的静电引力很小，所需输入力和输入能量极小，因而可测极低的压力、力和很小的加速度、位移等，可以做得很灵敏，分辨力高，对 $0.01\mu m$ 甚至更小的位移都很敏感。由于其空气等介质损耗小，可采用差动结构并接成桥式电路，允许电路进行高倍率放大，使仪器具有很高的灵敏度。

（2）电容式传感器的缺点

1）输出阻抗高，负载能力差。电容式传感器的容量受其电极的几何尺寸等限制不易做得很大，一般为几十到几百皮法，甚至只有几个皮法，因此电容式传感器的输出阻抗高。尤其当采用音频范围内的交流电源时，输出阻抗高达 $10^6 \sim 10^8 \Omega$，因而负载能力差，易受外界干扰影响产生不稳定现象，严重时甚至无法工作，必须采取妥善的屏蔽措施。容抗大还要求传感器绝缘部分的电阻值极高（几十兆欧以上），否则绝缘部分将作为旁路电阻而影响仪器的性能（如灵敏度降低），为此还要特别注意周围的环境（如温度、清洁度等）。若采用高频供电，可降低传感器输出阻抗，但高频放大、传输远比低频的复杂，且寄生电容影响大，很难保证稳定地工作。

2）寄生电容影响大。电容式传感器的初始电容量小，而连接传感器和测量电路的引线电容（电缆电容，$1 \sim 2m$ 导线可达 $800 pF$）、测量电路的杂散电容以及传感器内极板与其周围导体构成的电容等所谓"寄生电容"却较大，这样不仅降低了传感器的灵敏度，而且这些电容（如电缆电容）常常是随机变化的，使得仪器工作很不稳定，影响测量精度。因此，对电缆的选择、安装、接法都有严格的要求。例如，采用屏蔽性好、自身分布电容小的高频电缆作为引线；引线粗而短，要保证仪器的杂散电容小而稳定等，否则不能达到高的测量精度。

3）输出特性非线性。变极距型电容式传感器的输出特性是非线性的，虽然可以采用差动形式加以改善，但不可能完全消除。其他类型的电容式传感器只有忽略电场的边缘效应，即当极板尺寸远大于极间距、圆筒高度远大于其直径时，输出特性才为线性。否则，边缘效应所产生的附加电容量将与传感器电容量直接叠加，使输出特性非线性。

应该指出的是，随着材料、工艺、电子技术，特别是集成技术的高速发展，电容式传感器的优点得到了发扬且缺点不断被克服。电容式传感器正逐渐成为一种高灵敏度、高精度，在动态、低压及一些特殊测量方面大有发展前途的传感器。

2. 电容式传感器的应用

电容式传感器具有结构简单、灵敏度高、分辨力强、能感受 $0.01\mu m$ 甚至更小的位移、无反作用力、动态响应好、能实现非接触测量、能在恶劣环境下工作等优点，而且随着新工艺、新材料的问世，特别是电子技术的发展，干扰和寄生电容等问题不断得以解决，使其越来越广泛地应用于各种测量中。电容式传感器可用来测量直线位移、角位移、振动振幅（可测

0.05μm 的微小振幅），尤其适合测量高频振动振幅、精密轴系回转精度、加速度等机械量，还可用来测量压力、差压力、液位、料面、成分含量（如油、粮食中的含水量）、非金属材料的涂层和油膜等的厚度，以及测量电介质的湿度、密度、厚度等，在自动检测和控制系统中也常用来作为位置信号发生器。当测量金属表面状况、距离尺寸、振动振幅时，往往采用单边式变极距型电容式传感器，这时被测物是电容器的一个电极，另一个电极则在传感器内。下面简单介绍测量差压力、加速度、液位、荷重、位移用的五种电容式传感器。

（1）电容式差压传感器　图 5-28a 是电容式差压传感器的结构示意图。这种传感器结构简单、灵敏度高、响应速度快（约 100 ms）、能测微小差压（0~0.75 Pa）。它由两个玻璃圆盘和一个金属（不锈钢）膜片组成。两玻璃圆盘上的凹面深约 25 μm，其上镀金作为电容传感器的两个固定电极，而夹在两凹圆盘中的膜片则为传感器的可动电极。当两边压力 p_1 和 p_2 相等时，膜片处在中间位置，与左、右固定电极间距相等，即 $C_{ab} = C_{db}$，经转换电路（图 5-28b）输出；当 $p_1 > p_2$（或 $p_2 > p_1$）时，膜片弯向 p_2（或 p_1），$C_{ab} < C_{db}$（或 $C_{ab} > C_{db}$），输出与 $|p_1 - p_2|$ 成正比例的信号。这种电容式压差传感器不仅用来测量 p_1 与 p_2 的压差，也可以用来测量真空或微小绝对压力，此时只要把膜片的一侧密封并抽到高真空（10^{-5} Pa）即可。

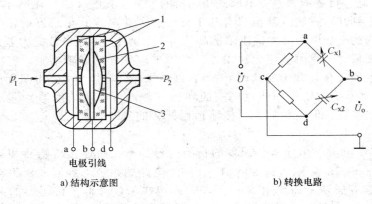

a) 结构示意图　　　　　　　　　b) 转换电路

图 5-28　电容式差压传感器
1—玻璃盘　2—镀金层　3—金属膜片

（2）电容式加速度传感器　电容式加速度传感器的结构示意图如图 5-29 所示。质量块 4 由两根簧片 3 支撑置于充满空气的壳体 2 内，弹簧较硬使系统的固有频率较高，因此构成惯性式加速度计的工作状态。当测量垂直方向上的直线加速度时，传感器壳体固定在被测振动体上，振动体的振动使壳体相对质量块运动，因而与壳体 2 固定在一起的两固定极板 1 和 5 相对质量块 4 运动，致使上固定极板 5 与质量块 4 的 A 面（磨平抛光）组成的电容 C_{x1} 值以及下固定极板 1 与质量块 4 的 B 面（磨平抛光）组成的电容 C_{x2} 值随之改变，一个增大，一个减小，它们的差值正比于被测加速度。由于采用空气阻尼，气体黏度的温度系数比液体小得多，因此这种加速度传感器的精度较高、频率响应范围宽、量程大，可以测很高的加速度值。

（3）电容式液位传感器　图 5-30 所示为飞机上使用的一种油量表，即用于油箱液位检测的电容式传感器。它采用了自动平衡电桥电路，它由油箱液位电容式传感装置、交流放大器、两相伺服电动机、减速器、指针等部件组成。电容式传感器的电容 C_x 接入电桥的一个臂，C_0 为固定的标准电容器，R_w 为调整电桥平衡的电位器，其电刷与指针同轴连接。

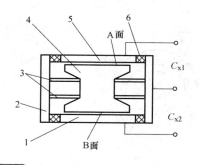

图 5-29　电容式加速度传感器的结构示意图
1，5—固定极板　2—壳体
3—簧片　4—质量块　6—绝缘体

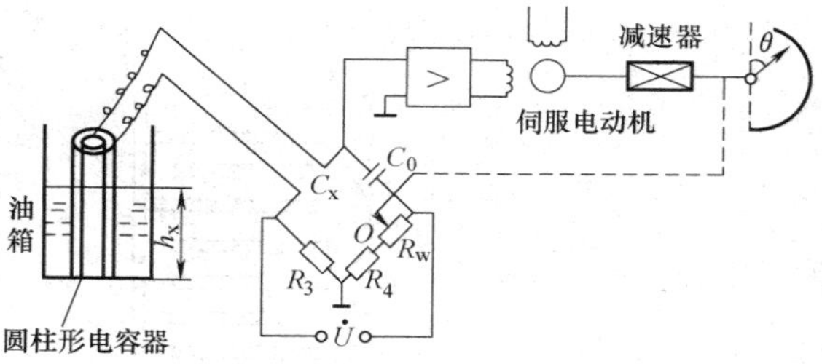

图 5-30　用于油箱液位检测的电容式传感器

1）当油箱无油时，电容式传感器有一起始电容 $C_x = C_{x0}$，令 $C_0 = C_{x0}$，且 R_w 的滑动臂位于零点，即 $R_w = 0$，相应指针也指在零位上，令 $C_{x0}/C_0 = R_4/R_3$ 使电桥处于平衡状态，输出为零，伺服电动机不转动。

2）当油箱中油量增加，液位上升至 h_x 处，则 $C_x = C_{x0} + \Delta C_x$，$\Delta C_x$ 与 h_x 成正比，设 $\Delta C_x = k_1 h_x$，此时电桥失去平衡，电桥输出电压经放大后驱动伺服电动机，经减速后一方面带动指针偏转角为 θ，以指示出油量的多少；另一方面调节可变电阻 R_w，使电桥重新恢复平衡。在新的平衡位置上有 $(C_{x0} + \Delta C_x)/C_0 = (R_4 + R_w)/R_3$，经整理可得到 $R_w = \dfrac{R_3}{C_0} \Delta C_x = \dfrac{R_3}{C_0} k_1 h_x$。

因为指针与电位计滑动臂同轴连接，R_w 和 θ 之间存在确定的对应关系，设 $\theta = k_2 R_w$，则

$$\theta = k_2 R_w = k_1 k_2 \frac{R_3}{C_0} h_x \tag{5-32}$$

可见，θ 与 h_x 呈线性关系，可以从刻度盘上读出油位高度 h_x。

（4）电容式荷重传感器　电容式荷重传感器的原理结构如图 5-31 所示。这种传感器的弹性元件是一块中间开有一排圆孔的特种钢（一般用镍铬钼钢，其浇铸性好、弹性极限高）。在孔内壁以特殊的粘接剂固定两个截面为 T 形的绝缘体，相对面粘有铜箔，形成一排平板电容。当钢板上端面承受重量时，圆孔产生变形，导致极板间距离变小，电容增大。由于在电路上各电容并联，因此所测得的值为平均作用力变化量。

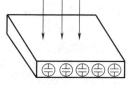

图 5-31　电容式荷重传感器的原理结构

这种荷重传感器的特点是测量误差小、受接触面的影响小、检测电路可装于孔内、无感应现象、工作可靠。

（5）电容式位移传感器　测量位移（线、角位移）是电容式传感器的主要应用，图 5-32 为一种电容式线位移传感器。电容器由两个同轴圆形片构成的极板 1 和 2 组成。当极板沿中心轴方向随被测体移动时，两极板的遮盖面积改变，使电容量变化。测量该值便可确定位移量的大小。

5.3.7　磁电式传感器的应用

1. 振动测量

（1）磁电式振动传感器的结构　磁电式振动传感器的结构可分为两种类型：一种是将线

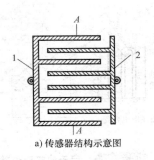

a) 传感器结构示意图　　　　　　b) A—A剖面图

图 5-32　　电容式线位移传感器

圈组件（线圈及其骨架）与传感器壳体固定，永久磁铁（磁钢）用软弹簧支撑；另一种是将永久磁铁与传感器壳体固定，线圈组件用柔软的弹簧支撑。这两种结构类型的传感器工作原理是完全相同的。

1）线圈组体与壳体固定在一起的磁电式振动传感器。图 5-33 为应用于发动机振动监测的一种磁电式振动传感器。其线圈组件与传感器壳体是固定在一起。磁钢用上、下两个弹簧支撑。磁钢与弹簧均装入磁钢套筒，而磁钢套筒与传感器壳体固定。磁钢套筒用不锈钢材料车制而成，其内壁经过精加工后镀铬，再经研磨，精度和光洁度都极高。磁钢一般采用铝镍钴永磁合金。在磁钢两端各压入一个金钯合金的套环。由于金钯合金具有越磨越滑的特点，当磁钢在套筒中滑动时，可使摩擦系数降至最小，有利于传感器感受较小的振动。

线圈组件包括一个线圈骨架和两个反接的螺管线圈。线圈骨架是一个非磁性的不锈钢（或铝合金）圆筒。磁钢套筒置于它的内腔之中。线圈骨架与磁钢套筒都起着电磁阻尼器的作用。螺管线圈用高强度漆包线绕制。为了提高线圈的耐温绝缘强度，在导线上浸渍一层无机绝缘材料。

在传感器壳体组件的盖子上，用银铜镍锂丝焊料焊上一个插座。在插座上用玻璃粉通过烧结固定两根合金丝。

传感器的壳体用磁性材料铬钢制成。它既是磁路的一部分，又起到磁屏蔽作用。永久磁铁的磁力线从其一端穿过磁钢套筒、线圈骨架和螺管线圈，并经过壳体回到磁钢的另一端，构成一个闭合磁回路。当传感器感受振动时，线圈与永久磁铁之间有相对运动，线圈切割磁力线，传感器输出正比于振动速度的电压信号。该传感器的主要技术指标如下：

① 灵敏度为 40V·m^{-1}s。

② 线圈直流电阻为 460Ω。

③ 固有频率为 15Hz。

④ 工作频率范围为 45~1500Hz。

⑤ 工作温度范围为 -54~370℃。

2）永久磁铁与壳体固定在一起的磁电式振动传感器。图 5-34 为另一种结构形式的磁电式振动传感器。一般用于大型构件的测振。传感器的磁钢与壳体（软磁材料）固定在一起。芯轴的一端固定着一个线圈；另一端固定一个圆筒形阻尼杯（铜杯）。惯性元件（质量块）是线圈组件、阻尼杯和芯轴，而不是磁钢。当振动频率远高于传感器的固有频率时，线圈接近静止不动，而磁钢则跟随振动体一起振动。这样，线圈与磁钢之间就有了相对运动，其相对速度等于振动体的振动速度。线圈以相对速度切割磁力线，并输出正比于振动速度的感应电势。

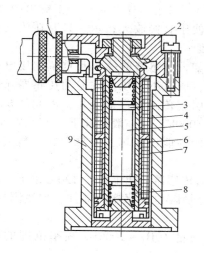

图 5-33 磁电式振动传感器 (1)

1—引线 2、7—线圈 3、9—壳体
4—磁钢套筒 5—磁钢 6—线圈骨架
8—弹簧

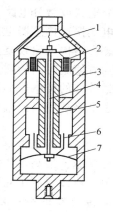

图 5-34 磁电式振动传感器 (2)

1—电缆插头 2—盖子组合 3—金钯
合金套环 4—芯轴 5—磁钢
6—阻尼杯 7—弹簧片

由于线圈组件、阻尼杯和芯轴的质量比较小，且阻尼杯又增加了阻尼，所以阻尼比有所增加。这样就改善了传感器的低频范围的幅频特性，使共振峰降低，从而提高了低频范围的测量精度。但是，从另一方面来说，质量减少却会使传感器的固有频率增加，使低频响应受到限制。因此，在传感器中采用了非常柔软的薄片弹簧，以降低固有频率，扩大低频段的测量范围。该传感器的主要技术指标如下：

① 灵敏度为 $60.4V \cdot m^{-1}s$。
② 线圈电阻为 $1.9k\Omega$。
③ 工作频率范围为 $10 \sim 500Hz$。
④ 最大可测加速度为 $5g$。
⑤ 最大可测位移为 $1mm$（单峰值）。

（2）振动测量 用于绝对振动测量的磁电式振动传感器是一种惯性式传感器，它不需要静止的基座作为参考基准，可以直接安装在振动体上进行测量。所以，这类传感器不仅在地面测振中得到广泛应用，而且在振动监视系统中也获得广泛的应用。

以飞机发动机的振动监测为例，由于发动机运转的不平衡和空气动力的作用，都会引起飞机各部分产生不同程度的振动。振动过大，将会造成飞机构件的损坏。为了确保飞行安全，在飞机设计和制造过程中，对一些重要部件（如发动机、机身、机翼等）都必须进行地面振动试验，以验证其结构设计是否合理、零件加工和装配是否符合质量要求。机载振动监视系统是监测飞机发动机振动变化趋势的系统。在这个系统中，磁电式振动传感器安装在发动机机匣上（水平和垂直方向各一只传感器），感受发动机的机械振动，并输出正比于振动速度的电压信号。由于传感器接收的是飞机上各种频率振动的综合信号，因此在放大器的输入端还必须接入相应的滤波装置，使振动频率与发动机转速相应的信号通过，而使其他频率的信号衰减掉。经过滤波后的信号经放大检波后，由微安表指示，同时又输入警告电路。当振动量达到规定值时，信号灯被接通，发出警告信号，飞行员随即可采取紧急措施，避免事故发生。

磁电式与压电式振动传感器相比，其输出阻抗要低得多（约几十欧至几千欧）。因此相应降低了对绝缘和放大器的要求，连接电缆的噪声干扰可以不考虑，这是它一个很突出的优点。其次，传感器的输出信号正比于振动速度的电压信号，便于直接放大指示。只要在放大器中附加适当的积分电路或微分电路，便可指示振幅或加速度。

然而，磁电式振动传感器也有一些明显的缺点。例如，传感器的体积和重量比压电式振动传感器大得多，结构也比较复杂，由于存在活动部件，所以不如压电式振动传感器那样坚固可靠。而且随着使用时间的增加，活动部件的磨损会引起传感器性能变化，因此需要定期检修。虽然质量较好的传感器的检修周期可长达 3000~5000h，但一般情况下只有几百小时。这样不仅增加了维修费用，而且在检修前，由于传感器的性能已变坏，使整个振动测试系统的精度降低。

除此之外，磁电式振动传感器的工作温度不高。普通传感器只能工作在 120℃ 以下，即使采取了一些特殊措施，最高工作温度也只能到 425℃。这是因为传感器的部件，如线圈导线、磁钢等耐温有限，所以限制了它在高温环境中的应用。

磁电式振动传感器的频率响应也不高，一般只能测量 10Hz~2000Hz 频率范围的机械振动。

2. 转矩测量

磁电式扭矩传感器属于变磁通式，其结构如图 5-35 所示。它由转子和定子组成。转子（包括线圈）固定在传感器轴上，定子（永久磁铁）固定在传感器外壳上。转子和定子上都有一一对应的齿和槽。

测量转矩时，需用两个传感器。将这两个传感器的转轴（包括线圈和转子）分别固定在被测轴的两端，其外壳固定不动。安装时，一个传感器的定子齿与其转子齿相对；另一个传感器的定子槽与其转子齿相对。当被测轴无外加转矩时，扭转角为零。这时若转轴以一定角速度旋转，则两传感器产生相位差 180° 近似正弦波的两个感应电动势。当被测轴承受转矩时，轴的两端产生扭转角 ϕ。因此，两传感器的输出感应电势产生附加相位差 ϕ_0。扭转角 ϕ 与感应电势相位差 ϕ_0 之间的关系为

$$\phi_0 = Z\phi \tag{5-33}$$

式中，Z 是传感器定子（或转子）的齿数。

经测量电路将相位差转换成时间差，就可以测出转矩。

3. 流量测量

磁电式涡轮流量传感器的结构如图 5-36 所示。它主要由壳体、导流器、涡轮、轴承、磁电式信号检出器等组成。

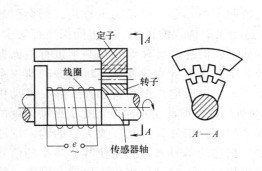

图 5-35 磁电式转矩传感器的结构

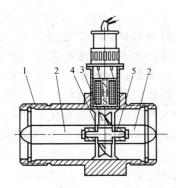

图 5-36 磁电式涡轮流量传感器的结构
1—壳体 2—导流器 3—磁电式信号检出器
4—涡轮 5—轴承

壳体用非磁性材料制成，如不锈钢或硬铝合金 2A12。

导流器起支撑涡轮和整流、稳流的作用。流体进入涡轮前，先被导直，使流束基本平行于轴线方向，冲击到涡轮上，以免因流体自旋而改变流体与涡轮叶片的作用角度，保证测量精度。导流器也应采用非磁性材料制成。

涡轮由导磁系数较高的材料（如不锈钢 20Cr13、30Cr13 等）制成。涡轮上装有数片螺旋形叶片，其功用是将流体的动能转换成涡轮的旋转能。

传感器的长期稳定性和可靠性在一定程度上取决于轴与轴承之间的配合与磨损程度。因此，要求两者之间的摩擦力尽可能小，而且具有足够高的耐磨性和耐腐蚀性。

磁电式信号检测器实际上是一个转速传感器。它将涡轮的转速转换成相应的电脉冲信号输出，其由永久磁铁和线圈组成。

当流体沿管道轴线方向冲击涡轮叶片，驱动涡轮旋转时，叶片将周期地通过磁电式信号检测器，使磁路的磁阻发生变化，从而使感应线圈耦合的磁通量发生周期性变化。根据电磁感应原理，在线圈中将感应出脉动的电动势信号。经前置放大器放大、整形后输出规则的电脉冲信号。在一定流量范围内，电脉冲的频率与涡轮的旋转速度成正比，即与被测流量（体积流量）成正比。

5.3.8 压电式传感器的应用

1. 压电式加速度传感器

压电式加速度传感器是以压电材料为转换元件，输出与加速度成正比的电荷或电压量的传感装置。

（1）工作原理 图 5-37 为压缩型压电式加速度传感器的结构原理。压电元件一般由两块压电片（石英晶片或压电陶瓷片）组成。在压电片的两个表面上镀银，并在镀层上焊接输出引线，或在两压电片之间夹一片金属薄片，引线就焊接在金属薄片上。输出端的另一根引线直接与传感器基座相连。在压电片上放置一个质量块。质量块一般采用比重较大的金属钨或高比重合金制成，在保证所需质量的前提下使体积尽可能小。为了消除质量块与压电元件之间以及压电元件本身之间，因加工粗糙造成的接触不良所引起的非线性误差，并且保证传感器在交变力的作用下正常工作，装配时应对压电元件施加预压缩载荷。图 5-37 所示为利用硬弹簧对压电元件施加预压缩载荷。除此之外，还可以通过螺栓、螺母等对压电元件预加载荷。静态预载荷的大小应远大于传感器在振动、冲击测试中可能承受的最大动应力。这样，当传感器向上运动时，质量块产生的惯性力使压电元件上的压应力增加；反之，当传感器向下运动时，压电元件上的压应力减小。

传感器的整个组件安装在一个厚基座上，并用金属壳体加以封罩，为了隔离试件的任何应变传递到压电元件上去，避免由此产生的假信号，一般要加厚基座或选用刚度较大的材料制造，如钛合金、不锈钢等。壳体和基座的重量差不多占传感器总重量的 1/2。

测量时，将传感器基座与试件刚性固定在一起。当传感器承受振动时，由于弹簧的刚度相当大，而质量块的质量相对较小，可以认为质量块的惯性很小。因此，质量块感受到与传感器基座（或试件）相同的振动，并受到与加速度方向相反的惯性力作用。这样，质量块就有一个正比于加速度的交变力作用在压电元件上。由于压电元件具有压电效应，因此在它的两个表面上产生交

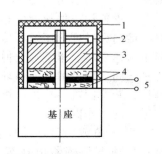

图 5-37 压缩型压电式加速度传感器的结构原理

1—壳体 2—硬弹簧 3—质量块
4—压电片 5—输出端

变电荷（或电压）。当试件的振动频率远低于传感器的固有频率时，传感器的输出电荷（或电压）与作用力成正比，即与试件的加速度成正比。经电压放大器或电荷放大器放大后即可测出试件的加速度。

（2）结构　压电式加速度传感器常见的结构类型有基于压电元件厚度变形的压缩型和基于剪切变形的剪切型。

1）压缩型加速度传感器。如图 5-38 所示，通过拧紧质量块对压电元件施加预压缩力。这种类型的传感器结构简单、灵敏度高、频率响应高。但对环境影响（如声学噪声、基座应变、瞬变温度等）比较敏感。这是由于其外壳本身就是弹簧—质量系统中的一个弹簧，它与压电元件的弹簧并联。因此，壳体所受的任何应力和温度变化都将影响压电元件，使传感器产生较大的干扰信号。

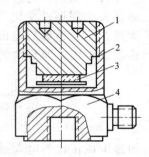

图 5-38　压缩型加速度传感器的结构
1—质量块　2—外壳　3—压电元件
4—基座

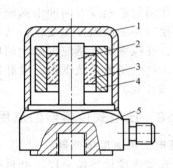

图 5-39　环形剪切型加速度传感器
1—外壳　2—中心柱　3—质量块
4—压电陶瓷　5—基座

2）剪切型加速度传感器。剪切型加速度传感器是利用压电元件受剪切应力而产生压电效应的。按压电元件的结构形式，这种传感器可分为环形剪切型、三角剪切型、H 剪切型等几种。

① 环形剪切型加速度传感器。如图 5-39 所示，圆环形压电陶瓷和质量环套在传感器的中心柱上。压电陶瓷的极化方向平行于传感器的轴线，如图 5-40a 所示。当传感器受到轴向振动时，质量环由于惯性产生一滞后，使压电陶瓷受到一个剪切应力 T_4 的作用，并在其内外表面产生电荷，其电荷密度 $\sigma_2 = d_{24} T_4$。

压电陶瓷的极化方向也可以取传感器的径向，如图 5-40b 所示。通过 d_{15} 产生剪切压电效应，电荷从上下端面引出。

环形剪切型加速度传感器的灵敏度和频响都很高，横向灵敏度比压缩型传感器小得多，而且结构简单、体积小、重量轻。但是，由于压电陶瓷与中心柱之间，以及惯性质量环与压电陶瓷之间要用胶粘接，装配困难。另外，由于采用胶粘接，限制了传感器的工作温度。

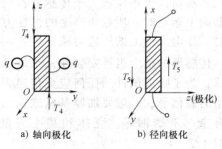

a) 轴向极化　　　b) 径向极化

图 5-40　圆环形压电陶瓷的极化
方向和受力状况

② 三角剪切型加速度传感器。三角剪切型压电式加速度传感器由基座、质量块、预紧环等组成，如图 5-41 所示。预紧环通常用铍青铜制成。通过过盈配合将压电陶瓷紧固于质量块与三角中心柱之间。由于不用胶粘接，所以扩大了使用温度范围，线性度也得到了改善。但是，它与压缩型传感器相比，零件的加工精度要求高得多，装配也比较困难。

③ H 剪切型加速度传感器。与其他剪切型传感器相比，这种传感器结构更简单，安装也方便。压电元件的预紧力是通过螺栓紧固来完成的，如图 5-42 所示。由于重心左右对称，谐振频率较高，而且不受有机胶粘剂温度范围的限制。

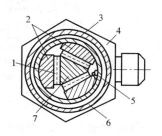

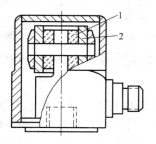

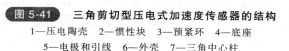

图 5-41　三角剪切型压电式加速度传感器的结构
1—压电陶壳　2—惯性块　3—预紧环　4—底座
5—电极和引线　6—外壳　7—三角中心柱

图 5-42　H 剪切型压电式加速度传感器的结构
1—压电元件　2—质量块

另外，压电元件采用片状，经研磨可以多片叠合，增加输出电荷量和电容量。如果在压电元件组中加入温度补偿元件，还能有效地补偿传感器的灵敏度温度误差。

这种结构的加速度传感器能极大地抑制应变和热感应所造成的误差，具有极高的信噪比，而且低频响应良好，可以测量 0.1Hz 左右的振动。

剪切型加速度传感器由于采用了重心重合的结构，克服了因重心不重合而引起的横向加速度干扰的缺点，因此它比压缩型加速度传感器的横向灵敏度要小得多。此外由于压电元件通常连接在中心柱上，而不与基座直接接触，因此有效地隔离了基座应变。而且壳体与弹簧—质量系统隔离，声学噪声和瞬变温度的影响也很小。表 5-3 列出了两种类型的压电式加速度传感器的性能比较。

表 5-3　剪切型与压缩型压电式加速度传感器的性能比较

性　能　　　　　　　　　　结　构	剪切型	压缩型
最大横向灵敏度(%)	<4(最大值)	<4(个别值)
基座应变灵敏度/(g/με)	0.0008	0.2
声灵敏度/(g/154dB)	0.0005	0.1
瞬变温度灵敏度/(g/℃)	0.04	3
磁场灵敏度/(g/kGs)	0.06	0.1

3）三向加速度传感器。三向加速度传感器由 3 组（或 3 对）压电元件组成。它们互相叠合在一起，如图 5-43a 所示。这 3 组（或 3 对）压电元件分别感受 3 个方向的加速度。其中一组（一对）为压缩型，感受 z 轴方向的加速度；另外两组（两对）为剪切型，分别感受 x 轴和 y 轴方向的加速度，如图 5-43b 所示。这 3 组压电元件的灵敏轴线互相严格垂直。图 5-44 为三向加速度传感器。压电元件的预压缩载荷通过薄壁预紧筒实现。3 组压电元件分别输出与 3 个方向加速度成正比的电信号。

2. 压电式力传感器

压电式力传感器按用途和压电元件的组成可分为单向力、双向力和三向力传感器，可以测量几百至几万牛的动态力。

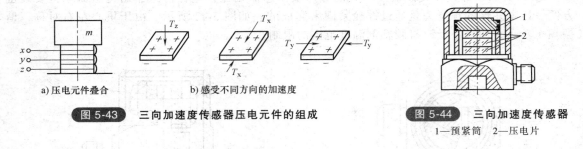

a) 压电元件叠合   b) 感受不同方向的加速度

图 5-43   三向加速度传感器压电元件的组成

图 5-44   三向加速度传感器
1—预紧筒 2—压电片

下面以压电石英晶体力传感器为例说明其工作原理。

（1）单向压电力传感器   图 5-45 为用于机床动态切削力测量的单向压电力传感器。压电元件采用 xy 切型石英晶体，利用其纵向压电效应，通过 d_{11} 实现力—电转换，上盖为传力元件，其弹性变形部分的厚度较薄（其厚度由测力大小决定），聚四氟乙烯绝缘套用来绝缘和定位。

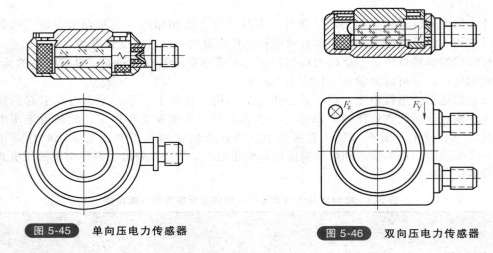

图 5-45   单向压电力传感器

图 5-46   双向压电力传感器

这种结构的单向力传感器体积小、重量轻（仅 10g）、固有频率高（50~60kHz）、最大可测 5000N 的动态力、分辨率达 10^{-3}N。

（2）双向压电力传感器   双向压电力传感器基本上有两种组合：一种是测量垂直分力与切向分力，即 F_z 与 F_x（或 F_y）；另一种是测量互相垂直的两个切向分力，即 F_x 与 F_y。无论哪一种组合，传感器的结构形式相同。图 5-46 为双向压电力传感器的结构。下面一组（两片）石英晶片采用 xy 切型，通过 d_{11} 实现力-电转换，测量轴向力 F_z；上面一组（两片）石英晶片采用 yx 切型，晶片的厚度方向为 y 轴向，最大电荷灵敏度方向平行于 x 轴。在平行于 x 轴的剪切应力 T_6（在 xy 平面内）作用下，产生厚度剪切变形，如图 5-47 所示。通过 d_{26} 实现力—电转换，测量 F_x。

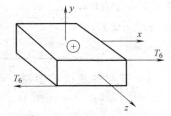

图 5-47   厚度剪切的 yx 切型

（3）三向压电力传感器   三向压电力传感器如图 5-48 所示。

它可以对空间任一个或多个力同时进行测量。传感器有三组石英晶片，三个晶组输出的极性相同。其中一组根据厚度变形的纵向压电效应，选择 xy 切型晶片，通过 d_{11} 实现力—电转换，测量轴向力 F_z；另外，两组采用厚度剪切变形的 yx 切型晶片，通过压电常数 d_{26} 实现力—电转换，为了使这两组相同切型的石英晶片分别感受 F_x 和 F_y，在安装时只要使这两组晶片的最大灵敏轴互成 $90°$ 夹角就可以测量 F_x 和 F_y，如图 5-49 所示。

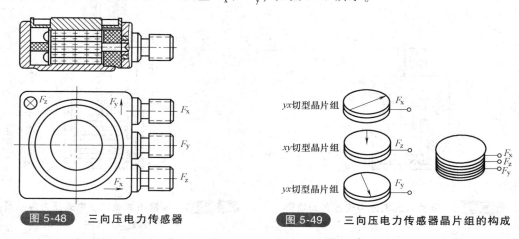

图 5-48　三向压电力传感器　　　　　　**图 5-49**　三向压电力传感器晶片组的构成

3. 压电式压力传感器

（1）结构　压电式压力传感器的种类很多，图 5-50 为膜片式压电压力传感器的结构。为了保证传感器具有良好的长时间稳定性和线性度，并且能在较高的环境温度下正常工作，压电元件采用两片 xy 切型的石英晶片。这两片晶片采取并联连接。作用在膜片上的压力通过传力块施加到石英晶片上，使晶片产生厚度变形，为了保证在压力（尤其是高压力）作用下，石英晶片的变形量（约零点几到几微米）不受损失，传感器的壳体及后座（即芯体）的刚度要大。从弹性波的传递考虑，要求通过传力块及导电片的作用力快速而无损耗地传递到压电元件上，为此传力块及导电片应采用高音速材料，如不锈钢等。

两片石英晶片输出的总电荷量 q 为

$$q = 2d_{11}Sp \tag{5-34}$$

式中，d_{11} 是石英晶体的压电常数；S 是膜片的有效面积（mm^2）；p 是压力（MPa）。

这种结构的压力传感器优点是具有较高的灵敏度和分辨率，而且有利于小型化；其缺点是压电元件的预压缩应力是通过拧紧芯体施加的，这将使膜片产生弯曲变形，造成传感器的线性度和动态性能变坏。此外，当膜片受环境温度影响而发生变形时，压电元件的预压缩应力将会发生变化，使输出出现不稳定现象。

为了克服压电元件在预载过程中引起膜片的变形，采取了预紧筒加载结构，如图 5-51 所示。预紧筒是一个薄壁厚底的金属圆筒。通过拉紧预紧筒对石英晶片组施加预压缩应力。在加载状态下用电子束焊将预紧筒与芯体焊成一体。感受压力的薄膜片是后来焊接到壳体上去的，它不会在压电元件的预加载过程中发生变形。

下面以图 5-51 为例分析压电元件和预紧筒的受力状况。由图 5-52 可知，预紧筒作为一个刚度为 k_2 的弹性元件与刚度为 k_1 的石英晶片组并联。外压力产生的总力 F 同时分配给石英晶片和预紧筒，即：

$$F = F_1 + F_2 \tag{5-35}$$

式中，F_1 是石英晶片上受到的力（N）；F_2 是预紧筒受到的力（N）。

当石英晶片组压缩了 Δx 时，可得

$$F = (k_1 + k_2)\Delta x \tag{5-36}$$

式中，k_1 是石英晶片组的刚度（N/m）；k_2 是预紧筒的刚度（N/m）。

进一步可以得到

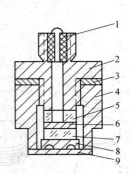

图 5-50　膜片式压电压力传感器的结构

1—绝缘套　2—后座（芯体）　3—垫圈
4—外壳　5—石英晶片　6—导电片
7—石英晶片　8—传力块　9—膜片

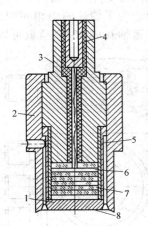

图 5-51　预紧筒加载的压电式压力传感器的结构

1—预紧筒　2—壳体　3—绝缘套
4—芯体　5—绝缘套　6—电极
7—晶片组　8—膜片

$$\frac{F_1}{F}=\frac{k_1}{k_1+k_2}=\frac{1}{1+\dfrac{k_2}{k_1}} \tag{5-37}$$

由式（5-37）可知，F_1/F 随 k_2/k_1 的减小而增加，即当石英晶片组的刚度 k_1 一定时，预紧筒的刚度越小，灵敏度也就越高。只要在整个测压范围内保持 k_2/k_1 的比值不变，传感器便可获得良好的线性。

预紧筒加载结构的另一个优点是，在预紧筒外围的空腔内可以注入冷却水，降低晶片温度，以保证传感器在较高的环境温度下正常工作。

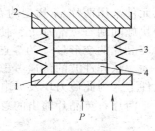

图 5-52　预载晶片组

1—加载板　2—壳体　3—预紧筒　4—石英晶片组

（2）压电式压力传感器的加速度补偿　膜片式压电压力传感器属于二阶系统的传感器，其惯性质量包括膜片、传力块和导电片等的质量。当传感器在振动环境中测压时，由于加速度的作用，压电元件将受到与总质量成正比的惯性力的作用而产生电荷输出，结果在输出的压力信号中混入振动引起的误差信号，造成测量误差。在测量的动态压力较大而加速度引起的误差信号相对比较小的情况下，可以不考虑加速度补偿。但在小压力测量情况下，为确保测量精度，应当考虑加速度补偿问题。压电式压力传感器的加速度补偿主要有以下三种方法：

1）尽量减小敏感元件、传力块等的质量，以减小传感器对加速度的敏感性。

2）在测压石英晶片组的上面，安装一附加质量块和一组（两片）输出极性相反的补偿晶片，如图 5-53 所示。这两组石英晶片在压力作用下的输出是叠加的，而在加速度作用下，附加质量使补偿晶片产生的电荷与测压晶片因振动而产生的电荷相互抵消，只要合理调整补偿质量块的质量，便可得到满意的补偿效果。

3）将石英晶片置于两片预加载的膜片之间，如图 5-54 所示。有振动时，两加载膜片在石英晶片上作用相反的力，振动就不会引起电荷输出。但其压力灵敏度仅为单膜片传感器的 1/2。

4. 压电式超声波传感器

超声波传感器（又称为超声波探头），按其作用原理可分为压电式、磁致伸缩式、电磁式等数种，其中压电式最常用。如图 5-55 所示，压电式超声波传感器是利用压电元件的逆压电效应，将高频电振动转换成高频机械振动产生超声波（发射探头）。利用正压电效应将接收的超声波振动转换成电信号（接收探头），发射探头和接收探头可以合二为一，也可以分开。

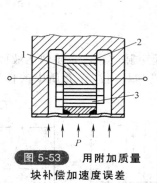

图 5-53 用附加质量
块补偿加速度误差
1—附加质量块 2—补偿晶片
3—测压晶片组

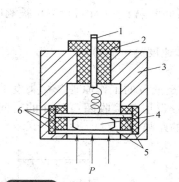
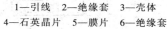

图 5-54 具有双膜片加速度补
偿的压电式压力传感器
1—引线 2—绝缘套 3—壳体
4—石英晶片 5—膜片 6—绝缘套

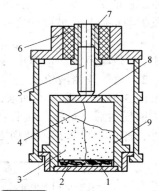

图 5-55 压电式超声波传感器
1—压电片 2—保护膜 3—吸收块
4—接线 5—导线螺杆 6—绝缘柱
7—接触座 8—接线片 9—压电片座

（1）压电元件的振动形式

1）x 切割石英晶片的厚度振动。

在晶片上下两端面电极间加以高频交变电场时，若晶片横向尺寸远大于波长，则晶片沿厚度方向的共振频率为

$$f_0 = 2.88/t \qquad (5\text{-}38)$$

式中，f_0 是共振频率（MHz）；t 是晶片厚度（mm）。

2）y 切割石英晶片的厚度剪切变形振动。

在与 y 轴垂直的下、上两电极间加以高频交变电场时，晶片即产生厚度剪切变形振动。当外加交变电压频率等于晶片固有频率时，产生共振，这时产生的超声波最强。

原来沿 y 方向的 AB 边，将振动到 $A'B'$ 的位置，如图 5-56 所示，A 与 B 均沿 x 方向振动，但相位相反。

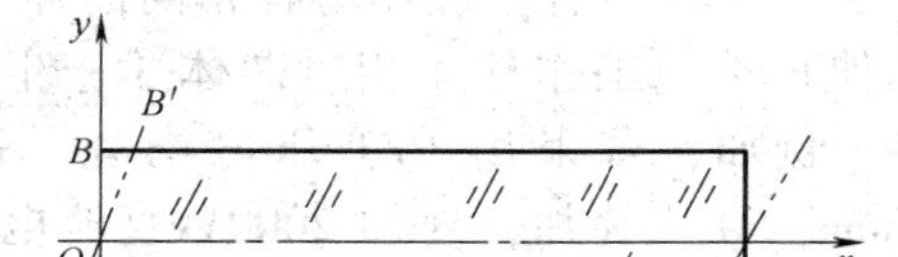

晶片的振动实际上是绕 z 轴的转动。其共振频率为

$$f_0 \approx 1.92/t \qquad (5\text{-}39)$$

式中，f_0 是共振频率（MHz）；t 是晶片厚度（mm）。

3）压电陶瓷片的厚度振动。

设压电陶瓷片的厚度为 t，两面涂有电极，沿厚度方向极化。当外加高频电场调整到与压电片的固有频率相同的激励频率时，压电片即产生强烈的厚度方向共振，其共振频率为

图 5-56 y 切割厚度剪切变形振动晶片

$$f_0 = \frac{1}{2t}\sqrt{\frac{c_{33}}{\rho}} \qquad (5\text{-}40)$$

式中，c_{33} 是压电陶瓷片极化方向的弹性模量（MPa）；ρ 是压电陶瓷材料的密度（kg/mm³）。

压电陶瓷厚度振动切片是最常用的，可在传声媒介中产生 100MHz 至几十兆赫的高频纵波。

（2）超声波传感器的应用

1）超声波测厚度。

图 5-57 所示为脉冲回波法检测厚度的工作原理。超声波探头与被测试件表面接触。主控制器控制发射电路，经电流放大激励压电探头，产生超声波脉冲。超声波到达试件的底面被反射回来，被同一探头接收，经放大器放大后加到示波器垂直偏转板上，标记发生器输出时间标记脉冲信号，同时加到该垂直偏转板上，而扫描电压则加在水平偏转板上。这样，在示波器上可直接读出发射与接收超声波脉冲之间的时间间隔 t。由此可计算出被测试件的厚度 h 为

$$h = ct/2 \tag{5-41}$$

式中，c 是超声波在试件中的传播速度（mm/s）。

2）超声波测液位。

图 5-58 所示为脉冲回波法测量液位的工作原理。探头发出的超声脉冲通过介质到达液面，经液面反射后又被探头接收。测量发射与接收超声脉冲的时间间隔和超声波在介质中的传播速度，即可求出探头与液面之间的距离。

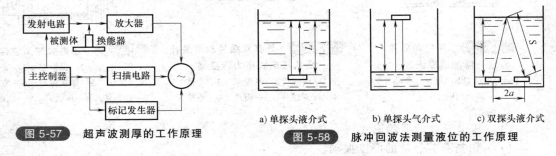

图 5-57　超声波测厚的工作原理

图 5-58　脉冲回波法测量液位的工作原理

a）单探头液介式　　b）单探头气介式　　c）双探头液介式

5. 压电式微位移传感器

基于逆压电效应的超声波发生器是超声波检测技术及仪器的关键器件。另外，逆压电效应还可用于力和运动（位移、速度、加速度）发生器（压电驱动器）。

利用压电陶瓷实现微位移的测量可达 $10^{-3} \mu m$ 级位移，如图 5-59 所示。

压电元件由多片取轴向极化的压电陶瓷并联（相邻片极化方向相反）叠加而成，如图 5-59a 所示。施加电场后，每片均有相同的伸长量 ΔS。总的伸长量使工作件 4 相对芯体 3 产生轴向微位移量。例如，若采用 PZT 压电陶瓷，每片厚度为 1mm，50 片叠加，外加 2000V 直流电压，就得到 $50 \mu m$ 位移量；如外加交变电压，就可获得交变振幅输出。

图 5-59b 为圆管式，压电陶瓷取径向极化，其

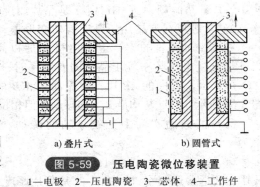

图 5-59　压电陶瓷微位移装置

a）叠片式　　b）圆管式

1—电极　2—压电陶瓷　3—芯体　4—工作件

外柱面镀有 8 个相互隔离的环状电极 1，压电管 2 与芯体 3 之间取 $0.5 \mu m$ 过盈配合。对某一极外加电场后，该段即产生径向膨胀和轴向伸长。采用这种形式的优点是，根据所要求的位移大小和不同的运动方向（如均匀位移式或蚯蚓爬行式等），可通过对多电极程控施加脉冲电压的方法来实现，灵活机动。

5.3.9　光电式传感器的应用

用光电器件作为敏感元件的光电式传感器种类很多，用途广泛。按其接收状态不同，光

电式传感器可分为模拟式和数字式两种。

模拟式光电传感器能够把被测量转换成连续变化的光电流，光电器件产生的光电流为被测量的函数。它可以用来测量光的强度，以及物体的温度、透光能力、位移、表面状态等。数字式光电传感器是利用光电元件的输出仅有两种稳定状态（"导通"和"关断"）的特性制成的各种光电自动装置。在这类应用中，光电元件用作开关式光电转换元件。

下面介绍三个光电式传感器应用的例子。

1. 光电测微计

光电测微计主要用于检测加工零件的尺寸，其结构如图 5-60 所示。它的工作原理是：从光源发出的光束经一个间隙照射在光电器件上；照射在光电器件上的光束大小是由被测零件和样板环之间的间隙决定的；照射在光电器件上的光束大小决定了光电器件产生的光电流的大小，而间隙则是由零件的尺寸决定的，这样光电流的大小就是零件尺寸的函数。因此，通过检测光电流，就可以知道零件的尺寸了。

调制盘在测量过程中以恒定转速旋转，对入射光进行调制，使光信号以某一频率变化，使其区别于自然光和其他杂散光，提高检测装置的抗干扰能力。

2. 光电转速传感器

光电转速传感器根据其工作方式可分为反射型和直射型两种。

（1）反射型光电转速传感器 这种传感器的工作原理如图 5-61 所示。在电动机的转轴上沿轴向均匀涂上黑白相间条纹。光源发出的光照在电动机轴上，再反射到光敏元件上。由于电动机转动时，电动机轴上的反光面和不反光面交替出现，所以光敏元件间断地接收光的反射信号，输出相应的电脉冲。电脉冲经放大整形电路变为方波，根据方波的频率，就可测得电动机的转速。

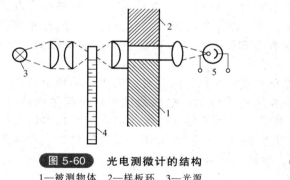

图 5-60 光电测微计的结构

1—被测物体 2—样板环 3—光源
4—调制盘 5—光电器件

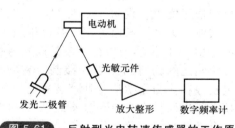

图 5-61 反射型光电转速传感器的工作原理

（2）直射型光电转速传感器 这种传感器的工作原理如图 5-62 所示。电动机轴上装有带孔的圆盘（即调制盘），圆盘的一边放置光源，另一边是光敏元件。当光线通过圆盘上的孔时，光敏元件产生一个电脉冲。当电动机转动时，圆盘随着转动，光敏元件就产生一列与转速及圆盘上的孔数成正比的电脉冲数，由此可测得电动机的转速。电动机的转速 n 为

$$n = 60f/N \qquad (5\text{-}42)$$

式中，N 是圆盘的孔数或白条纹的条数；f 是电脉冲的频率（Hz）。

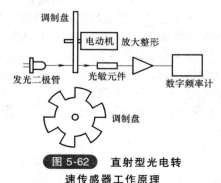

图 5-62 直射型光电转速传感器工作原理

3. 烟尘浊度连续监测仪

消除工业烟尘污染是环境保护的重要措施之一，故需对烟尘源进行连续监测、自动显示和超标报警。

烟尘浊度的检测可使用光电式传感器，将一束光通入烟道，如果烟道里烟尘浊度增加，通过的光被烟尘颗粒吸收和折射的就增多，到达光检测器上的就减少，利用光检测器的输出信号变化，便可测出烟道里烟尘浊度的变化。

图 5-63 是装在烟道出口处的吸收式烟尘浊度监测仪的组成框图。为检测出烟尘中对人体危害性最大的亚微米颗粒的浊度，光源采用纯白炽平行光源，光谱范围为 400~700nm，这种光源还可避免水蒸气和二氧化碳对光

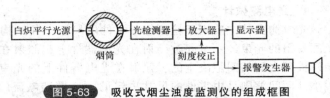

图 5-63 吸收式烟尘浊度监测仪的组成框图

源衰减的影响。光检测器选取光谱响应范围为 400~600nm 的光电管，变换为随浊度变化的电信号。为提高检测灵敏度，采用具有高增益、高输入阻抗、低零漂、高共模抑制比的运算放大器，对获取的电信号进行放大。显示器可以显示浊度的瞬时值。为了保证测试的准确性，用刻度校正装置进行调零与调满。报警发生器由多谐振荡器、喇叭等组成。当运算放大器输出的浊度信号超出规定值时，多谐振荡器工作，其信号经放大推动喇叭发出报警信号。

5.3.10 电荷耦合器件

CCD（Charge Coupled Devices）图像传感器是一种大规模集成电路光电器件，又称为电荷耦合器件，简称 CCD 器件。CCD 是在 MOS 集成电路技术基础上发展起来的一种新型半导体传感器。由于 CCD 器件具有光电信号转换、信息存储、转换（传输）、输出、处理以及电子快门等一系列功能，而且具有尺寸小、工作电压低（DC：7~12V）、寿命长、坚固耐冲击以及电子自扫描等优点，促进了各种视频装置的普及和微型化。目前的应用已遍及航天、遥感、工业、农业、天文、通信等军用及民用领域。

由于用 CCD 传感器进行测量是以光为媒介的光电变换，因此可以实现危险地点或人、机械不可能到达的场所的测量与控制。它的主要用途大致为：组成测试仪器可测量物体尺寸、工件损伤等；作为光学信息处理装置的输入环节，可用于传真技术、文字识别技术以及图像识别技术等方面；作为自动流水线装置中的敏感器件，可用于机床、自动售货机、自动搬运车以及自动监视装置等；作为机器人的视觉，监控机器人的运行。

下面举两个例子说明 CCD 传感器的应用。

1. 工件尺寸的高精度检测

图 5-64 是用 CCD 传感器测量尺寸的基本原理。

首先借助光学成像法将被测物的未知长度 L_x 投影到 CCD 传感器上，根据总像素数目和被物像遮掩的像素数目，可以计算出尺寸 L_x。

图 5-64a 表示在透镜前方距离 a 处置有被测物，其未知尺寸为 L_x，透镜后方距离 b 处置有 CCD 传感器，该传感器总像素数为 N_0。若照明光源由被测物左方向右方发射，在整个视野范围 L_0 之中，将有 L_x 部分被遮挡。与此相应，在 CCD 上只有 N_1 和 N_2 两部分接收光照，如图 5-64b 所示。于是可以写出

$$\frac{L_x}{L_0} = \frac{N_0 - (N_1 + N_2)}{N_0} \qquad (5-43)$$

式中，N_1 是上端受光照的像素数；N_2 是下端受光照的像素数。

由测得的 N_1 和 N_2 的值，就可以算得被测尺寸 L_x。

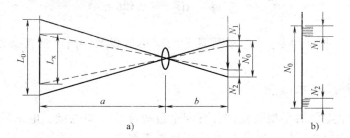

图 5-64　用 CCD 传感器测量尺寸的基本原理

2. 大尺寸的测量

当被测尺寸很大时，可采用图 5-65 所示的办法，用两套光学成像系统和两个 CCD，分别对被测物两端进行测量，然后算出尺寸。如图 5-65a 所示，以连续轧钢板的宽度测量为例，在被测物左右边缘下方设置光源，经过各自的透镜将边缘部分成像在各自的 CCD 器件上，两器件间的距离是固定的。设两个 CCD 器件的像素数都是 N_0，由于两个 CCD 器件相距较远，其间必有某一范围 L_3 是两个 CCD 器件都监视不到的盲区。不过这个盲区 L_3 的数值是已知的，安装光学系统之前就确定下来不再改变，与 L_3 对应的等效像素数 N_3 也就已知并且确定了。在扫描过程结束后，CCD_1 输出的脉冲数是 N_1，CCD_2 输出的脉冲数是 N_2，如图 5-65b 所示。其中 CCD_1 测出的是被测物的一部分尺寸，即 L_1。由此可得如下关系式

$$\frac{L_1}{L_0}=\frac{N_0-N_1}{N_0} \tag{5-44}$$

即

$$L_1=\frac{N_0-N_1}{N_0}L_3 \tag{5-45}$$

同理，CCD_2 测出的另外一部分尺寸是 L_2，即 $L_2=(N_0-N_2)L_0/N_0$，则被测物的总尺寸是 $L_x=L_1+L_2+L_3$，即

$$L_x=\left[(N_0-N_1)+(N_0-N_2)\right]\frac{L_0}{N_0}+L_3 \tag{5-46}$$

$$=\left[2N_0-(N_1+N_2)\right]\frac{L_0}{N_0}+L_3$$

将 CCD_1 和 CCD_2 所输出的脉冲送入同一个累加器，再按式（5-46）进行运算，便可得出被测尺寸 L_x。

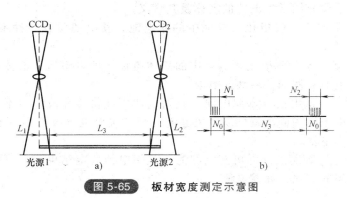

图 5-65　板材宽度测定示意图

5.4 电 池

随着小电器、电动车、汽车、电动玩具等的应用与普及，同电池打交道已成为人们生活中必要的组成部分。

5.4.1 电池的基本概念

电池是指能产生电能的小型装置，它有四个组成部分，即电极、电解质、隔离物和外壳。现代电池的基本构造包括正极、负极与电解质三项要素。

1. 电池的符号与标识

（1）电池符号　电池的文字符号为 GB，图形符号如图 5-66a 所示，长线表示正极，短线表示负极，习惯上短线会画得粗一些。

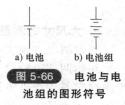

a) 电池　　b) 电池组

图 5-66　电池与电池组的图形符号

电池组是由几个电池组成的一个整体电池，其图形符号如图 5-66b 所示。有时也可以把电池组的图形符号简化成一个电池的图形符号，但要在旁边注上电压数值或电池的数量。

（2）电池标识　电池种类多，型号更多，熟悉电池的标识十分必要。电池主要用字母 R、S、P、C 等进行标识。具体含义如下：

1）R 表示酸性电池，多为圆柱形锌—锰干电池。R6 表示 5 号酸性电池。

2）S 表示普通酸性电池，如 R6S，适用于需要间歇、小电流放电的手电筒、遥控器、仪表等。

3）P 表示高功率电池，如 R6P，适用于需要间歇、大电流放电的照相机、录音机、剃须刀和电动玩具等。

4）C 表示高容量电池，如 R6C，适用于需要长时间、小电流放电的石英钟、收音机和电子词典等。

5）LR 表示碱性电池，多为锌—锰电池。5 号碱性电池的标识为 LR6。碱性电池既能长时间、小电流放电，又能间歇、大电流工作，可用于闪光灯、剃须刀、计算器和仪器仪表等。

酸性、碱性电池的外观结构一般不相同，碱性电池的圆柱体靠近负极处有一圈槽（美国碱性电池除外），而酸性电池没有。

2. 电池的种类与名称

电池按外形不同可分为圆柱形、纽扣形、方形、薄片形、异型和组合型等；按电解液种类不同可分为碱性电池、酸性电池、有机电解液电池；按充电性能不同可分为一次电池（又称为原电池、非充电电池）、二次电池（又称为可充电电池）；按电极材料不同可分为锌系列电池、镍系列电池、铅系列电池、锂系列电池、空气（氧气）系列电池、太阳能电池、温差电池和核电池等。下面介绍常见电池的名称及其含义。

（1）干电池　干电池一般指化学电池中的原电池。其电解质是一种不能流动的糊状物，所以叫作干电池。

（2）湿电池　湿电池一般指化学电池中的液体电池，即电解质为液体的电池。为与干电池相对应而称为湿电池。例如，铅酸蓄电池。

（3）一次电池　一次电池（即原电池）是指电池内部物质经放电后不能利用充电方式使其恢复的电池。这种电池制成后就可以产生电流，经一次放电（连续或间歇）到容量耗尽后即被废弃，如普通干电池。

（4）二次电池　二次电池（即可充电电池）是指电池放电结束后，可以利用充电方式使其恢复原来蓄电状态的电池，如蓄电池。

（5）蓄电池　蓄电池是一种能反复充电、放电的化学电池，属于二次电池。

（6）纽扣电池　纽扣电池是指外形尺寸同小纽扣相似的电池，一次电池居多，也有可充电电池。

（7）化学电池　化学电池是指通过电化学反应，把化学能转变为电能或实现化学能与电能相互转换的装置，主要有原电池和蓄电池两大类。

（8）酸性电池　酸性电池是指主要以硫酸水溶液为电解质的电池，如铅酸蓄电池。

（9）碱性电池　碱性电池是指主要以氢氧化钾水溶液为电解质的电池。

（10）高能电池　高能电池是指比能量高的电池。比能量是在电池的反应中，1kg 反应物质所产生的电能。

（11）有机电解液电池　有机电解液电池是指主要以有机溶液为电解质的电池。

（12）太阳能电池　可将光能转换成电能的电池称为光电池。太阳能电池是可将太阳光能转换成电能的电池。

（13）燃料电池　燃料电池是指活性材料在电池工作时才连续不断地从外部加入的电池。

（14）储能电池　储能电池是指储存时不直接接触电解液，直到使用时才加入电解液的电池。

（15）绿色环保电池　绿色环保电池是指高性能、无污染的电池，如金属氢化物镍蓄电池、锂电池、无汞碱性锌—锰电池、太阳能电池和燃料电池等。

（16）标准电池　标准电池是保存和传递直流电动势（电压）单位的标准量具，有饱和式和不饱和式两种。饱和式标准电池复现性好，稳定性较高；不饱和式标准电池稳定性较饱和式差，但对温度不太敏感，可在较宽温度范围进行一般性测量。

3. 电池的主要性能参数

（1）电动势　电动势是两个平衡电极间的电位差。电动势与温度、电解质浓度、电极材料的化学性质有关，与电池的体积大小无关。

（2）额定容量　在规定的条件下，电池能放出的最低电容量（即存储的电量）为额定容量，用符号 C 表示。电池的容量与电极物质的数量，即电极的体积有关。容量的常用单位是 A·h（安培小时，简称安时）、mA·h（毫安时），其换算关系是 $1A·h = 1000mA·h$。

（3）标称电压　标称电压（又称为公称电压、额定电压）是指电池刚出厂时正、负极电动势之差，是电池常温下的典型工作电压。一般单个干电池（包括碱性电池）的额定电压为 1.5V；可充电电池（如镍氢电池等）的额定电压为 1.2V，锂电池（即锂离子电池）的额定电压是 3.6V（或 3.7V），不可充电的锂电池的电压是 3.0V，铅酸蓄电池的标称电压为 2.0V。

（4）开路电压　开路电压等于正、负电极的平衡电极电动势之差，即电池在开路状态下的端电压。电池的开路电压均小于它的电动势，但在实际中，一般近似认为电池的开路电压等于电池的电动势。

（5）内阻　电池的内阻是指电池在工作时，电流通过电池内部时受到的阻力，分为交流内阻和直流内阻，因内阻较小，一般用毫欧（mΩ）为单位。电池的内阻不是常数，在充放电过程中随时间的延续而变大。不同类型的电池内阻不同，相同类型的电池内阻也往往不同。正常情况下，内阻小的电池可输出较高的工作电压和较大的电流；电池内阻大，会产生大量的热而引起温度升高，导致电池放电工作电压降低，放电时间缩短。内阻是电池性能的重要指标，越小越好，因为它直接影响电池的工作电压、电流、输出的能量和功率。

（6）充电、放电速率　充电、放电速率有时率和倍率两种表示法。时率是以充电、放电时间表示的充电、放电速率，数值上等于电池的额定容量除以规定的充电、放电电流所得的小时数。倍率的数值等于时率的倒数。放电速率对电池性能的影响较大。

（7）储存寿命　储存寿命是指从电池制成到开始使用之间允许存放的最长时间，以年为单位。电池的有效期是储存期和使用期的总期限。

（8）循环寿命 循环寿命（又称为充放电次数）是指蓄电池（或可充电电池）在满足规定条件下所能达到的最大充电、放电循环次数。

（9）自放电率 自放电率是指电池在存放过程中电量自行流失的速率。用单位储存时间内自放电损失的容量占储存前容量的百分数表示。自放电率呈渐近线规律，最高的自放电率出现在刚充电后24h，然后逐渐减小。

5.4.2　电池的串并联

每个用电器对电压和电流都有一定的要求，当电池的标称电压不够高时可采用电池串联的办法解决；当电池的电流不够大时，可采用电池并联的法解决。电池的电压和电流都不能满足时，可把几个串联的电池组再并联起来，或者把并联的电池组再串联起来使用。

1. 串联

串联是把电池首尾相接地连起来，一个电池的负极接另一个电池的正极。总电压等于每个串联电池电压的和，每个电池的容量不变。

电池串联时，各电池的容量、型号、新旧程度要尽量相同。容量不同，充电时容量大的充不满，容量小的会过充而发热；电池新旧程度不同，内阻也会不同，内阻大的工作时消耗能量也大，发热也多，导致不必要的浪费。

当将三节电压1.5V的电池串联，则电池组的电压为4.5V。

电池串联而成的电池组内阻大于各单节电池，当电流相同时，电池组内阻上消耗的电能也大于各单节电池。

2. 并联

并联是把各电池的正极连接在一起作为电池组的正极，把各电池的负极连接在一起作为电池组的负极。并联后电池组的容量等于并联各电池容量的和而电压保持不变。

电池并联时要求各电池的电压相同、内阻相同、新旧程度相同。如果电压不同，并联后会形成电流环路，低电压电池就成为高电压电池的耗电器；并联各电池的内阻若不同，内阻小的电池的电流就会大，容易损坏；新旧程度不同的电池也不宜并联使用。

例如，当三节电压1.5V、电流100mA的电池并联后，组成电池组的电压还是1.5V，可通过的电流是300mA。

5.4.3　干电池

干电池一般是指化学电池中的原电池，电解质是不能流动的糊状物。目前干电池种类繁多，形状多样。由于结构不同可分为糊式干电池、纸板式干电池、薄膜式干电池、氯化锌干电池、碱性干电池、层叠式干电池、镁—锰干电池、锌—空气电池、锌—氧化汞电池、锌—氧化银电池和锂—锰电池等。同样情况下，质量大的电池要比轻的质量好，价格也会高些。

干电池的包装分为纸壳、PVC、铁壳及铅皮四类。部分常用电池的名称、类型及标称电压见表5-4。

表5-4　部分常用电池的名称、类型及标称电压

电池名称	类型	公称电压/V	电池名称	类型	公称电压/V
碳—锌干电池	不可充电	1.5	锂离子电池	可充电	3.6(或3.7)
氯化锌干电池	不可充电	1.5	镍—氢电池	可充电	1.2
碱性扣式(AG)电池	不可充电	1.5	镍—铁电池	可充电	1.2
锌—锰干电池	不可充电	1.5	银—锌电池	不可充电	1.5
氧化银电池	不可充电	1.5	铅—酸蓄电池	可充电	2.0
锂/锂聚合物电池	不可充电	3.0	磷酸铁锂	可充电	3.2

5.4.4 可充电电池

可充电电池（即二次电池）是电量耗完后，可用充电的方法使其恢复存储能量的电池。二次电池的充电次数是有限的，且要配用合适的充电器。如果充电器不匹配，会大大缩短其使用寿命。电池放电过程是把化学能转变为电能，充电是将电能变换成化学能并加以储存的过程。充电电池的型号主要有 1 号（A）、5 号（AA）、7 号（AAA）、叠层电池、蓄电池、纽扣电池和专用电池。目前，充电电池的主要类型有锂离子电池、镍氢电池、铅蓄电池等。可充电电池的主要参数及类别如下。

1. 电压参数

（1）标称电压 充电电池的标称电压比同型号的一次电池要低，5 号充电电池（AA 电池）标称电压是 1.2V；可充电叠层电池的电压通常为 8.4V。

（2）开路电压 电池的开路电压是指电池充满电尚未放电时，电池两极之间的电位差。开路电压会因电池正、负极与电解质材料的不同而变化；只要电池正、负极的材料及数量相同，它们的开路电压都是一样的。

（3）充电终止电压 充电是充电电池从外电路接受电能、转换为化学能并加以储存的过程。充电电池充足电后，极板上的活性物质达到饱和状态，再继续充电，电池的电压也不会上升，该电压就称为充电终止电压。锂离子电池和锂聚合物电池的充电终止电压为 4.25V 左右；镍—氢电池的充电终止电压为 1.5V。

（4）放电终止电压 放电是充电电池将化学能转换为电能，并向外电路输出电流的过程。电池放电过程中允许的最低电压称为放电终止电压。如果电压低于放电终止电压后继续放电，则电池两端的电压会迅速下降，形成深度放电，这种情况将严重影响电池的寿命，要尽量避免这种状况的发生。

规定的锂离子电池和锂聚合物电池的放电终止电压为 3.0V；镍—氢电池的放电终止电压为 1V。

2. 电流参数

（1）充电电流 充电电池的充电电流用充电速率 C 表示，C 为蓄电池的标称（即额定）容量。例如，用 2A 的充电电流对容量是 $1A \cdot h$ 的电池充电，充电速率就是 2C；同样，用 2A 电流对 $500mA \cdot h$ 电池充电，充电速率就是 4C。

（2）最大充电电流 最大充电电流是指快速充电时所允许的充电电流，通常是 1C 或更大。

（3）最小充电电流 最小充电电流是指慢速充电时所采用的充电电流，通常是 0.2C 或更小。

3. 标称（额定）容量

标称（额定）容量是电池充满电后，在规定放电条件下放电至终止电压时，电池放出的总容量通常用 $A \cdot h$（安培小时，简称安时）或 $mA \cdot h$（毫安时）表示。$1A \cdot h$ 就是能在放电电流为 1A 时可以连续放电 1h。

4. 记忆效应

记忆效应是指电池的电量没有全部放完就开始充电、下次再放电时不能放出全部电量的现象。例如：镍—氢电池如果放出 80% 的电量后就开始充电，充足电后，该电池也只能放出 80% 的电量，这种现象就是电池的记忆效应。记忆效应可通过多次过放电来消除。

5. 内阻

电池的内阻决定于极板的电阻和离子流的阻抗。在充放电过程中，极板的电阻是不变的，但离子流的阻抗却随电解液中离子的浓度增减而变化。电池在工作过程中内阻要消耗能量，所以希望内阻越小越好。

6. 能量密度

能量密度是指电池的平均单位体积或质量所释放出的电能。体积相同，能量密度越高，电池容量越大；在电池容量相等的情况下，能量密度越高，电池的体积越小、质量越轻。

7. 自我放电

电池在不工作期间，由于各种原因引起电量损失的现象称为自我放电。若以月为单位，锂离子电池自我放电率为 1%~2%，镍—氢电池自我放电率为 3%~5%。

8. 充电时间

电池充电时间的计算公式是：

$$充电时间(h) = 充电电池容量(mA \cdot h) / 充电电流(mA) \times 1.5(系数)$$

例如：$1600mA \cdot h$ 的充电电池，充电器用 $400mA$ 的电流充电，则充电时间 $= 1600mA \cdot h / 400mA \times 1.5 = 6h$。

9. 放电深度

电池在使用过程中放出的容量占其额定容量的百分比，称为放电深度。

10. 过放电

过放电是指在放电过程中，电池电压低于"放电终止电压"后仍继续放电。过放电会使电池的容量明显减小，寿命缩短。

11. 过充电

电池电压已经充电到"充电终止电压"后还继续充电则为过充电。过充电会导致电池发热、变形、漏液、性能显著降低，甚至损坏。

5.4.5 锂电池、扣式电池和蓄电池

锂电池是指电化学体系中含有锂（包括金属锂、锂合金和锂离子、锂聚合物）的电池。锂电池大致可分为两类：锂金属电池和锂离子电池。锂金属电池通常是不可充电的，而且内含金属态的锂。锂离子电池不含金属态的锂，是可以充电的。

锂离子电池（通常简称为锂电池）的正极材料由锂的活性化合物组成，负极材料是特殊分子结构的碳素材料等。锂离子电池的标识为 Li-ion；外形有扁平长方形、圆柱形及纽扣式，也有由几个单体电池串联组成的电池组。

1. 锂离子电池

锂离子电池的自放电率很低，放电电压十分平缓，最早用于心脏起搏器中。现在锂离子电池的标称电压一般为 3.6V，可作为集成电路电源，广泛用于笔记本电脑、手机、车载 GPS、照相机、剃须刀、计算器、插卡音箱、数码音响、电动车、家用小电器等各个领域。

锂离子电池的应用温度范围很广，在北方的冬天室外，仍然可以使用，但容量会降低很多。如果回到室温条件下，容量又可以恢复。

2. 扣式电池

纽扣电池（又称为扣式电池）因为外观与纽扣相似而被称为纽扣电池。纽扣电池广泛用于计算机主机板、电子词典、电子表、计算器、电子玩具、电子秤、记忆卡、助听器、电子打火机、电子笔和电子礼品等。

纽扣电池型号与规格对照见表 5-5。

表 5-5 中 AG 系列是直径很小的 CR 电池，分为 AG0~AG13，共计 14 种，属于碱性电池。另有 23A 和 27A 系列，是由八个同一规格的 AG 电池叠层而成，也称为 12V 扣式电池。

3. 蓄电池

蓄电池是指可将获得的电能转化为化学能的形式储存并能将存储的化学能转换为电能，

即实现电能与化学能互相转换的装置。

表5-5 纽扣电池型号与规格对照

型号1	型号2	型号	电压/V	直径/mm×厚度/mm	型号3	型号4
AG0	LR63	379	1.5	5.8×2.1	SR63	L521
AG1	LR60	364	1.5	6.8×2.1	SR60/164	L621
AG2	LR59	396	1.5	7.9×2.6	SR726/196	L726
AG3	LR41	392	1.5	7.9×3.6	SR41/192	L736
AG4	LR66	377	1.5	6.8×2.6	SR626/177	L626
AG5	LR48	393	1.5	7.9×5.4	SR754/193	L754
AG6	LR69	371	1.5	9.5×2.1	SR920/171	L921
AG7	LR57	395	1.5	9.5×2.6	SR927/195	L927
AG8	LR55	391	1.5	11.6×2.1	SR1120/191	L1121
AG9	LR45	394	1.5	9.5×3.6	SR936/194	L936
AG10	LR54	389	1.5	11.6×3.1	SR1130/189	L1130
AG11	LR58	362	1.5	7.9×2.1	SR721/162	L721
AG12	LR43	386	1.5	11.6×4.2	SR1142/186	L1142
AG13	LR44	357	1.5	11.6×5.4	SR1154/A76	L1154

蓄电池具有电动势高、充放电可逆性好、使用温度范围广、电化学原理清楚、生产工艺简单、原材料丰富而价廉等特点，因而获得了广泛的应用。

蓄电池主要由阳极板、活性物质、阴极板、电解液、外壳、隔离板和盖板等构成。电极可以为条型、棒型或板型。

蓄电池的性能特点如下：

1）可以多次充电、放电，反复使用，但使用寿命会因每次放电量的深浅而受到影响。

2）环境温度降低，容量会显著减少。

3）电解液的密度几乎与放电量成正比例。

4）内部阻抗因放电量的增加而增加，放电结束时，阻抗最大。

5）蓄电池放电时两极板同时产生硫酸铅，若任其持续放电，不予充电，最后会形成稳定的白色硫酸铅结晶，此状态称为白色硫化现象。

6）若蓄电池过度放电，温度会上升，放电结束时的温度应控制在40℃以下。

5.4.6 太阳能电池

太阳能电池是通过光电效应或光化学效应直接把光能转化成电能的装置。只要被光照射，瞬间就可输出电压和电流。太阳能电池有时也称为太阳能芯片、光电池或光伏（PV）电池。薄膜式太阳能电池的工作原理是基于光电效应，基于光化学效应的湿式太阳能电池还处于研发阶段，如图5-67所示。

1. 基本知识

太阳能电池可以将光辐射能量转换为电能，是一种很有前途的新型电源，具有永久性、清洁性和灵活性三大优点。太阳能电池寿命长，一次投资长期使用；太阳能电池无环境污染，是其他电源无法比拟的。

（1）硅光电池 硅光电池是一种直接把光能转换成电能的半导体器件。它的结构很简单，核心部分是一个大面积的

图 5-67 国际空间站太阳能电池板

PN 结，如图 5-68 所示。硅光电池的基体材料可以是单晶硅、多晶硅和非晶硅。单晶硅光电池是目前应用最广的一种，它有 2CR 和 2DR 两种类型，其中 2CR 型硅光电池采用 N 型单晶硅制造，2DR 型硅光电池则采用 P 型单晶硅制造。

硅光电池的工作原理是光生电的伏特效应。当光照射在硅光电池的 PN 结区时，便会激发出电子—空穴对。在内电场的作用下，P 区的电子进入 N 区，N 区的空穴进入 P 区。电子在 N 区的集结使 N 区带负电，空穴在 P 区的集结使 P 区带正电。P 区和 N 区之间就产生了电动势。当硅光电池接入负载后，电流从 P 区经负载流至 N 区，负载中便有电流流过。

（2）太阳能电池的基本构造　太阳能电池的基本结构是三层，上下两层是保护层，中间层是主体，由硅物质组成。实际的太阳能电池通常有六层，如图 5-69 所示。

图 5-68　硅光电池

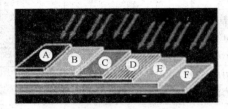

图 5-69　太阳能电池的基本结构

A—玻璃盖板　　B—抗反射涂层　　C—接触网
D—N 型硅　　E—P 型硅　　F—背部接触面

（3）太阳能电池的工作原理　太阳能电池有两种工作方式：一种是光—电直接转换，另一种是光—热—电转换。

1）光—电直接转换。

太阳能电池的基本构造是运用 P 型与 N 型半导体结合而成的。半导体最基本的材料是不导电的硅，如果在硅中掺入杂质，就可以形成 P 型和 N 型半导体，P 型半导体带正电荷，N 型半导体带负电荷，形成 P-N 结。太阳光照射在 P-N 结上时，会形成新的空穴—电子对，在 P-N 结电场的作用下，光生空穴流向 P 区，光生电子流向 N 区，接通电路后就有电流流过。这就是基于光电效应的太阳能电池的工作原理。

太阳能电池最重要的参数是转换效率，目前单晶硅电池的转换效率可达 25.0%，多晶硅电池的转换效率可达 20.4%，CIGS 薄膜电池的转换效率可达 19.6%，CdTe 薄膜电池的转换效率约为 16.7%，非晶硅薄膜电池的转换效率约为 10.1%。

2）光—热—电转换。

太阳能热发电是采用光—热—电转换方式工作的，通常是由太阳能集热器将所吸收的热能转换成工质蒸气再驱动汽轮机发电。前一段是光—热转换过程，后一段是热—电转换过程。这种工作方式的缺点是效率很低而成本很高，目前只能小规模地进行研究和应用于特殊的场合。

（4）太阳能电池板　太阳能电池通过串联、并联、混联方式组合在一起构成各种太阳能电池板或组件，目的是将太阳能转化为电能后，输出足够大的电流和功率。太阳能电池板是太阳能发电系统中最重要的部件之一，其转换效率和使用寿命是决定太阳能电池板使用价值的重要因素。太阳能电池板如图 5-70 所示。

图 5-70　太阳能电池板

（5）太阳能电池的类型及特点 太阳能电池按结晶状态可分为结晶膜式和非结晶膜式两大类，前者又分为单晶形和多晶形。按材料可分为硅基半导体电池、多元化合物薄膜太阳能电池、聚合物多层修饰电极型太阳能电池、纳米晶太阳能电池、有机太阳能电池、塑料太阳能电池等，目前硅太阳能电池是发展最成熟的，在应用中居主导地位，主要有单晶硅电池组件、多晶硅电池组件、非晶硅电池组件以及柔性薄膜太阳能电池组件，其中，前三种太阳能电池特点比较见表5-6。

表5-6 三种太阳能电池的特点比较

类　　型	单晶硅	多晶硅	非晶硅
特征	圆形芯片	方形芯片	在惰性基质材料上喷涂层
生产周期	长	中	短
最高光电转换率	25%	20%	11%
成本	高	中	低
高温环境性能	差	差	好

2. 太阳能电池组件

硅太阳能电池分为单晶硅太阳能电池、多晶硅薄膜太阳能电池和非晶硅薄膜太阳能电池等。

（1）单晶硅太阳能电池 单晶硅太阳能电池是以高纯度的单晶硅棒为原料的太阳能电池，它的构造和生产工艺已基本定型，主要有平面单晶硅电池和刻槽埋栅电极单晶硅电池。单晶硅太阳能电池的单体片制成后，可按需要的规格、用串联和并联的方法组装成太阳能电池组件（或太阳能电池板），保证输出需要的电压和电流。在硅系列太阳能电池中，单晶硅太阳能电池转换效率最高，可超过23%。单晶硅太阳能电池一般采用钢化玻璃以及防水树脂进行封装，坚固耐用，使用寿命最高可达25年。由于制造技术成熟，在大规模应用和工业生产中占据主导地位，但成本价格高。单晶硅太阳能电池板如图5-71所示。

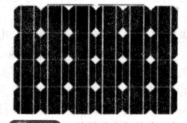

图 5-71 单晶硅太阳能电池板

（2）多晶硅薄膜太阳能电池 以多晶硅为基体材料制成的太阳能电池就是多晶硅薄膜太阳能电池。多晶硅太阳能电池的制作工艺与单晶硅太阳能电池差不多，但是多晶硅太阳能电池的光电转换效率低，一般为12%~18%，且寿命短，但其因生产成本较低、无明显效率衰退而获得迅速发展。

多晶体薄膜电池中的硫化镉、碲化镉（CdTe）多晶体薄膜太阳能电池的效率高于非晶硅薄膜太阳能电池，成本较单晶硅电池低，且易于批量生产，但由于镉有剧毒，会污染环境，不宜推广。砷化镓（GaAs）化合物太阳能电池的转换效率可达28%，适合制造高效单结电池，但由于材料价格太高，限制了砷化镓化合物太阳能电池的普及和应用。

（3）非晶硅薄膜太阳能电池 非晶硅薄膜太阳能电池是以非晶硅化合物为基本组成的薄膜太阳能电池。其制作工艺成熟，可以连续、批量生产，具有弱光响应好、高温特性好、成本低、质量小、转换效率较高的特点；缺点是稳定性不够好。

非晶硅薄膜太阳能电池成本低，便于大规模生产，有极大的潜力。但由于它存在光电效率衰退效应，稳定性不好，直接影响了它的实际应用。如果能解决稳定性和提高转换效率问题，非晶硅太阳能电池无疑是太阳能电池的主要发展方向之一。非晶硅薄膜太阳能电池板如图5-72所示。

（4）柔性薄膜太阳能电池 柔性薄膜太阳能电池使用沉积法，在柔韧可弯的不锈钢基板上形成非晶硅薄膜，如图 5-73 所示。采用三复合层高压光电技术，能吸收红、蓝、绿三种光线，相同条件下比晶体硅太阳能电池板多产出约 20% 的电能；即使在被遮蔽或阴影下时，仍然能够转换、输出比一般太阳能电池要多的电能。这种电池质量小、寿命长、转换效率不受温度影响、韧性好、强度高、耐摔、耐踩，可折叠，可重新装配，是将屋顶变为发电站的优先选择。

图 5-72 　非晶硅薄膜太阳能电池板

图 5-73 　柔性薄膜太阳能电池

（5）纳米晶体太阳能电池 纳米晶体太阳能电池（即染料敏化太阳能电池，简称 NPC 电池）是一种新的太阳能电池。它的结构是：一层为基板，是玻璃或透明、可弯曲的薄膜；二层为玻璃，是透明、导电的氧化物；三层是在氧化层上涂覆的由纳米粒子形成的薄膜；四层是涂在纳米粒子上的染料层。上层电极也使用玻璃。二层电极间注满电解质。这种太阳能电池工艺简单，成本低，性能稳定，转换效率较高，寿命长，具有很强的竞争力。

（6）串叠型太阳能电池 串叠型电池是一种结构新颖的太阳能电池，这种多层结构可使吸收效率最佳化。层数越多，电池的转换效率越高，理论计算最高可达到 50%。

（7）有机薄膜太阳能电池 有机薄膜太阳能电池就是由有机材料构成核心部分的太阳能电池，主要有单层结构的肖特基电池、双层 PN 异质结电池、P 型和 N 型半导体网络互穿结构的体相异质结电池。转换效率大于 10%。有机薄膜太阳能电池作为下一代太阳能电池为人们所普遍关注，但其寿命及转换效率等课题有待解决。

（8）塑料太阳能电池 塑料太阳能电池的外层厚度小于 $1\mu m$，将一种聚合物在导体表面形成最终外层。这种聚合物获取容易、环保、成本低廉，而且与现存的批量生产技术相兼容，可在塑料甚至纸制基板上制造。这种新型电池具有很大的价格优势，可以相信它会成为未来太阳能产业的发展趋势。

第6章

单片机及控制程序仿真

6.1 单片机概述

6.1.1 认识单片机

1. 单片机的概念

随着电子技术的飞速发展，计算机已深入到我们生活的各个方面并改变了人们的生活方式。

根据规模，计算机可分为巨型机、大型机、中型机、小型机和微型机。微型机向着两个不同的方向发展：一个是向着高速度、大容量、高性能的高档 PC（Personal Computer，个人计算机）方向发展，随着集成技术的高度发展，现在微型机的功能越来越强，逐步达到了过去中型机、大型机的水平；另一个是向稳定可靠、体积小、成本低的单片机方向发展。

所谓单片机就是单片微型计算机（Single Chip MicroComputer，SCMC），是将微型计算机的主要组成部分（包括中央处理器 CPU、一定容量的存储器 RAM 和 ROM，以及 I/O 接口电路等）集成在一块芯片上的计算机。

图 6-1 所示为应用较广泛的 Intel 公司的 MCS-51 系列单片机的外形及引脚排列。MCS-51 系列单片机为 40 引脚双直插封装。

2. 单片机应用系统

在实际应用中，需要以单片机芯片为核心扩展外围电路和外围芯片，构成具有应用功能的计算机系统，称为单片机系统。图 6-2 所示为单片机系统的应用实例——汽车追踪行驶控制系统。

其工作原理及过程如下：

1）单片机控制超声波信号发射器定时向前发射超声波并开始计时。

2）超声波信号接收器接收到前方车辆反射回来的超声波后

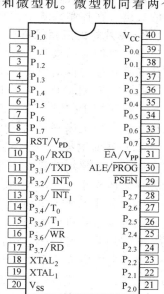

图 6-1　MCS-51 系列单片机的外形及引脚排列

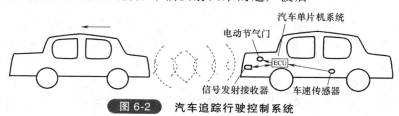

图 6-2　汽车追踪行驶控制系统

向单片机发送信号。

3）单片机根据超声波的发射、返回时间计算出与前方车辆的距离。

4）单片机同时根据车速传感器的信号计算出汽车行驶速度。

5）单片机根据得到的数据判断汽车应该加速、减速还是原速行进。

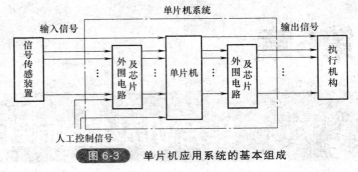

图 6-3　单片机应用系统的基本组成

6）单片机向汽车电动节气门发出控制信号，控制节气门开度增大、减少或者保持不变。

由此可知，单片机应用系统的基本组成如图6-3所示。

单片机应用系统包括以下3个组成部分。

1）信号传感装置：相当于人的感知器官，感受外界的相关信息。

2）执行机构：相当于人的手足，做出具体动作。

3）单片机系统：相当于人的大脑，接收信号传感装置收集到的各种信息，进行计算、比较、判断等处理，并向执行机构发出动作命令。

显然，单片机是整个系统的核心，具有一定的智力功能，是完成系统工作、实现系统功能的关键。在控制系统中，常将应用系统中的单片机系统称为电子控制单元（ECU）。

3. 单片机的应用领域

单片机的应用极为广泛，已深入到国民经济的各个领域，对各行业技术改造和产品更新换代起着积极的推动作用。单片机的应用领域主要在以下几个方面。

（1）生产自动化　自动化生产不但降低劳动强度，而且可以提高经济效益、改善产品质量，广泛应用于机械、汽车、电子、石油、化工、食品等工农业生产领域。自动化生产线、机械手、数控机床等自动化生产设备都是由单片机实现其智能化自动控制功能的。

（2）实时测控　测控系统工作环境往往比较恶劣，干扰繁杂，并且要求进行实时测量控制，如工业上窑炉的温度、酸度、化学成分的测量和控制。单片机工作稳定、可靠，抗干扰能力强，体积小、使用灵活，适用于各种恶劣环境，最适宜承担测控工作。

（3）智能化产品　现代产品的一个重要发展趋势是不断提高其智能化程度，而智能化的提高离不开单片机的参与。传统的机电产品与单片机结合后，可简化产品结构、升级产品功能，并实现控制智能化。单片机与机械技术相结合，称为机电一体化，是机械工业的发展方向。单片机在家电产品中得到普遍应用，出现了智能洗衣机、智能空调机等。为提高汽车的动力、经济性、排放性能及舒适性、稳定性，现代汽车上大量使用单片机。

（4）智能化仪表　用单片机改造仪器仪表，大大促进了仪表向数字化、智能化、多功能化、综合化和柔性化方向发展，并能同时提高仪器仪表的精度和准确度，简化结构，减小体积。

（5）信息通信技术　多机系统（各种网络）中各计算机之间的通信联系，计算机与其外围设备（键盘、打印机、传真机、复印机等）之间的协作都有单片机的参与。

（6）科学研究　小到实验测控台，大到卫星、火箭，单片机都发挥着极其重要的作用。

（7）国防现代化　各种军事装备、管理通信系统都有单片机深入其中。例如：数字化部队的武器、通信等装备大量应用了单片机。

4. 单片机的应用特点

（1）面向控制　单片机主要应用于控制领域，其结构及功能均按自动控制要求设计，又称为微控制器（Micro Controller Unit，MCU）。利用微控制器进行控制的技术称为微控制技术。微控制技术从根本上改变了传统的控制系统设计思想，它通过对单片机编程的方法代替由模拟电路或数字电路实现的大部分控制功能，是对传统控制的一次革命。

传统控制系统的控制功能是通过电器元件和线路连接等硬件手段实现的，一经完成，功能很难更改。若要改变功能，必须重新连接电路，十分不便。而微控制技术的控制是由硬件和软件共同实现的。只要改变程序的内容，就可在硬件线路基本功能的基础上实现多种功能。例如彩灯的控制，若由传统控制系统实现，则线路完成之后，彩灯的闪烁变换方式也就确定了；而若由单片机系统控制，在不改变线路连接的条件下，只简单地改变程序即可实现多种不同的彩灯闪烁方式。

（2）在线应用　在线应用就是以单片机代替常规模拟或数字控制电路，使其成为测控系统的一部分，在被控对象工作过程中实行实时检测，并实时控制。在线应用为实时测控提供了可能和方便。

（3）嵌入式应用　单片机在应用时通常装入到各种智能化产品之中，所以又称为嵌入式微控制器（Embedded Micro Controller Unit，EMCU）。嵌入式使用使得单片机的应用十分灵活。

另外，单片机还具有体积小、成本低、速度快、使用灵活、抗干扰能力强、性能可靠、价格低廉、易于产品化等优点。

5. 单片机的分类

根据应用范围的不同，单片机可分为通用型和专用型两种。

（1）通用型单片机　通用型单片机是由专门单片机芯片厂家生产的供广大用户选择使用的具有基本功能的芯片，性能全面，适应性强，能够满足多种控制的需要。但是，这种单片机在使用时用户必须进行二次开发设计，即根据需要以通用型单片机为核心配以其他外围电路、芯片，构成控制系统，同时编写相应的控制程序。

目前世界上通用型单片机芯片的主要生产厂家有：美国英特尔公司、摩托罗拉公司、荷兰飞利浦公司、德国西门子公司、日本东芝公司等。其中英特尔公司的单片机最具有代表性，应用最广。从 1976 年开始，英特尔公司相继开发了 MCS-48、MCS-51、MCS-96 三大系列产品，目前是我国的主流系列。其中 MCS-51 系列单片机的结构为其他公司所采纳，据此相继推出了很多新型的 51 系列单片机。

（2）专用型单片机　专用型单片机是专门针对某种特定产品设计制造的专门特殊用途的单片机，不再需要二次设计，也不能进行功能开发，一般由厂家与芯片制造商合作设计生产。例如，来电显示电话机、全自动洗衣机、各种 IC 卡读写器上的单片机都是专用型单片机。尽管专用型单片机通用性差，但由于是针对某一产品或控制系统专门设计的，所以可简化结构、优化资源、突出特殊功能、降低成本，在其应用领域具有十分明显的综合优势。

对于使用单片机的控制系统或产品，若单个应用或小批量生产时，一般采用通用型芯片；若大批量生产则往往开发专用型单片机。汽车电控技术应用之初，很多汽车厂家使用通用型单片机。随着需求的大量增加和对控制要求的不断提高，目前各大汽车厂家大都使用专用型单片机芯片（俗称汽车电脑）。

6.1.2　单片机相关基础知识

1. 数和编码

（1）进位计数制　常见的计数制有以下 3 种。

1）十进制数。由 0~9 共 10 个数码组成，以 10 为基数，逢十进位。表示时在数据后加 D（Decimal），如 85D。由于十进制数在日常生活中经常用到，所以通常省略 "D"。

2）二进制数。只有 0、1 两个数码，以 2 为基数，逢二进位。用 B（Binary）结尾的数据表示二进制数，如 10011B。当不至于引起误会的时候，"B" 也可以省略。

3）十六进制数。有 0~9 及 A、B、C、D、E、F 共 16 个数码，其中 A、B、C、D、E、F 分别对应十进制的 10、11、12、13、14、15。以 16 为基数，逢十六进位。用 H（Hexadecimal）结尾的数据表示十六进制数，如 2AH。同样，在不至于引起误会的场合，"H" 也可省略。为防止十六进制数与其他字符相混淆，若十六进制数的第一位不是 0~9，则常在其前加 0 以示区别，如 0AH。

各进制数之间可根据数据大小进行等值转换。如：

$$1001B = (1\times2^3 + 0\times2^2 + 0\times2^1 + 1\times2^0)D = 9D$$

3 种数制对应关系见表 6-1。

表 6-1 十六进制、十进制和二进制数的对应关系

十六进制数	十进制数	二进制数
0	0	0000
1	1	0001
2	2	0010
3	3	0011
4	4	0100
5	5	0101
6	6	0110
7	7	0111
8	8	1000
9	9	1001
A	10	1010
B	11	1011
C	12	1100
D	13	1101
E	14	1110
F	15	1111

二进制数书写、记忆烦琐且易出错，而每位十六进制数对应 4 位二进制数，二进制与十六进制转换非常方便，所以常用十六进制数助记二进制数。如 10111000B 记作 0B8H，而 3FH 则代表 00111111B。

计算机只能识别高、低电平代表的 1、0 两种信息，所以在计算机中运行的是二进制数。计算机中所谓 4 位、8 位、16 位是指二进制数的位（bit）。8 位机是指单片机一次处理数据的长度是 8 位的。相邻的 8 位称为一个字节（Byte）。通常又把两相邻的字节称为字（Word）。

（2）二进制数 计算机处理数据，若不考虑符号，称为无符号数，此时只计算大小，不管正负。若考虑符号，则称为有符号数。由于计算机只能识别 0、1，不知 "+" 和 "−"，人们用二进制数的最高位表示正负，当最高位为 0 时表示正数；最高位为 1 时表示负数。此时，最高位不再表示数值的大小，只表示数的符号。如：10111100B 若表示无符号数，则为 0BCH；若为有符号数，则表示 −0111100B，即 −3CH。

有符号数的表示方法有以下 4 种。

1）真值。实际的数称为真值，如 +3CH、+100D、−1010011B 等。

2）原码。将最高位符号转化为 0、1 后即为数的原码，+3CH 原码为 00111100B，仍为 3CH，而 −3CH 的原码为 10111100B，变为 0BCH，即 [+3CH]$_原$ = 3CH，[−3CH]$_原$ = 0BCH。

显然，正数的原码等于数的真值，而负数的原码不再等于真值。

3）反码。对于负数，除符号位外，其他各位取反称为反码；对于正数，反码等于原码。如：

$$[+3CH]_反 = [+3CH]_原 = 3CH$$

$$[-3CH]_反 = \overline{1\ 0111100B} = 11000011B = 0C3H$$

4）补码。对于正数，补码等于原码。对于负数，反码加 1 为补码，即

$$[X_正]_补 = [X_正]_原$$

$$[X_负]_补 = [X_负]_反 + 1$$

如：

$$[+3CH]_补 = [+3CH]_原 = 3CH$$

$$[-3CH]_补 = [-3CH]_反 + 1 = 0C3H + 1 = 0C4H$$

在计算机系统中，负数往往是以补码的形式出现的。主要原因是负数以补码形式运算更容易用电子信号实现，具有很大的优越性。

（3）编码　如前所述，计算机不能识别 0、1 以外的信息，0、1 以外的信息需用 0、1 表示，表示其他信息的 0、1 组合代码称为编码。

1）二-十进制码。用二进制数表示十进制数的编码称为二—十进制码，即 BCD 码。每位十进制数对应由 4 位二进制数表示。表 6-2 为十种常见的 BCD 码，其中较常用的是 8421 码。

表 6-2　十种常见的 BCD 码

十进制数码	8421 码	余 3 码	格雷码
0	0000	0011	0000
1	0001	0100	0001
2	0010	0101	0011
3	0011	0110	0010
4	0100	0111	0110
5	0101	1000	0111
6	0110	1001	0101
7	0111	1010	0100
8	1000	1011	1100
9	1001	1100	1000

注意，BCD 码与二进制数形式相似，但本质不同，数值也不一定相等。如：

$$(0110)_{8421BCD} = 6D = 0110B$$

但　$(00010110)_{8421BCD} = 16D \neq 00010110B = 16H$

而　$1111B = 0FH$

但　$(1111)_{8421BCD}$ 根本不存在，是非法的。

2）ASCII 码。各种字符在计算机内也是以二进制数形式的字符码处理的。现普遍使用的字符编码是美国标准信息交换码（ASCII 码）。

2. 逻辑运算与逻辑门电路

计算机系统中存在着大量逻辑运算，基本逻辑运算有"与""或""非"。实现逻辑运算的电路称为逻辑门电路，基本逻辑门电路有"与门""或门""非门"。

（1）逻辑与和与门电路　图 6-4a 为与逻辑关系。开关 A 与 B 串联后控制指示灯 F，只有 A、B 全部接通（全为"1"时），灯才亮（为"1"）；A、B 中只要一个断开（为"0"），则

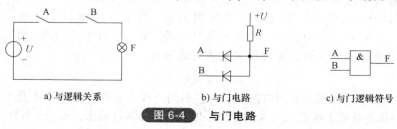

a) 与逻辑关系　　　　b) 与门电路　　　　c) 与门逻辑符号

图 6-4　**与门电路**

F 不亮（为 "0"）。F 与 A、B 的这种关系称为与逻辑。与逻辑关系表达式为

$$F = A \cdot B \tag{6-1}$$

式中 "·" 为与运算符号，或记作 "∧"。

图 6-4b 为由二极管组成的与门电路。为了分析问题的方便，往往不绘出具体的门电路组成，而是以逻辑符号代替。图 6-4c 为与门逻辑符号。

表 6-3 为与门逻辑状态表。

表 6-3　与门逻辑状态表

A	B	F
0	0	0
0	1	0
1	0	0
1	1	1

由表 6-3 可知：

$$0 \cdot 0 = 0 \quad 0 \cdot 1 = 0 \quad 1 \cdot 0 = 0 \quad 1 \cdot 1 = 1$$

与逻辑运算规则总结为 "有 0 则 0，全 1 则 1"。

（2）逻辑或和或门电路　图 6-5a 为或逻辑关系，开关 A 与 B 并联后控制指示灯 F。只要 A、B 有一个接通（为 "1"），灯 F 就亮（为 "1"）；只有 A、B 全断开（全为 "0"），F 才不亮（为 "0"）。F 与 A、B 的这种关系称为或逻辑。或逻辑关系表达式为

$$F = A + B \quad 或 \quad F = A \lor B \tag{6-2}$$

图 6-5b 为由二极管组成的或门电路。图 6-5c 为或门逻辑符号。

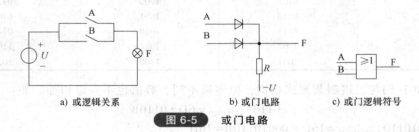

a) 或逻辑关系　　　　b) 或门电路　　　　c) 或门逻辑符号

图 6-5　或门电路

表 6-4 为或门逻辑状态表。

表 6-4　或门逻辑状态表

A	B	F
0	0	0
0	1	1
1	0	1
1	1	1

由表 6-4 可知：

$$0 + 0 = 0 \quad 0 + 1 = 1 \quad 1 + 0 = 1 \quad 1 + 1 = 1$$

或逻辑运算规则总结为 "有 1 则 1，全 0 则 0"。

（3）逻辑非和非门电路　图 6-6a 为非逻辑关系，开关 A 与电灯 F 并联。当开关 A 接通（为 "1"）时，灯 F 不亮（为 "0"）；当 A 断开（为 "0"），灯 F 亮（为 "1"），F 与 A 的状态相反。这种关系称为非逻辑。非逻辑关系表达式为：

$$F = \overline{A} \tag{6-3}$$

图 6-6b 为由晶体管组成的非门电路。此时，不同于放大电路，晶体管不是工作在放大状态，而是工作在饱和状态或截止状态。当 A 为低电平即 0 时，晶体管截止，相当于开路，输出端 F 为接

近 U 的高电平即为 1；当 A 为 1 即高电平（一般为 3V）时，晶体管处于饱和状态，饱和电压 U_{CES} = 0.3V，C、E 间相当于短路，输出端 F 为 0。图 6-6c 为非门逻辑符号。

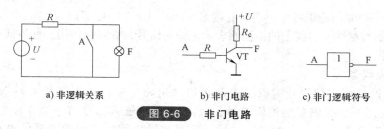

a) 非逻辑关系   b) 非门电路   c) 非门逻辑符号

图 6-6   非门电路

非逻辑运算规则总结为"1 则 0，0 则 1"，即

$$\overline{0} = 1 \quad \overline{1} = 0$$

（4）复合逻辑门   基本逻辑门电路经过简单的组合，便构成复合逻辑门电路。常见的有：与非门、或非门、异或门。

1）与非门。

"与"和"非"的复合运算（先求"与"，再求"非"）称为"与非"运算。与非门逻辑符号如图 6-7 所示。

与非门逻辑关系表达式为：

$$F = \overline{A \cdot B} \tag{6-4}$$

与非门运算规则为："有 0 则 1，全 1 则 0"。

2）或非门。

实现"或非"复合运算的电路称为或非门。或非门逻辑符号如图 6-8 所示。

图 6-7   与非门逻辑符号   图 6-8   或非门逻辑符号

或非门逻辑关系表达式为：

$$F = \overline{A + B} \tag{6-5}$$

或非门运算规则为："有 1 则 0，全 0 则 1"。

3）异或门。

异或门的逻辑运算称为异或运算，记作

$$F = A \oplus B \tag{6-6}$$

异或门逻辑符号如图 6-9 所示。由逻辑式可知：

$$0 \oplus 0 = 0 \quad 0 \oplus 1 = 1 \quad 1 \oplus 0 = 1 \quad 1 \oplus 1 = 0$$

异或门运算规则为"同则为 0，不同为 1"。

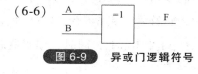

图 6-9   异或门逻辑符号

例如：已知 A = 01100001，B = 11001011，求 A $\wedge$ B，$\overline{A+B}$，A $\oplus$ B，$\overline{A}$。

说明：多位二进制数之间的逻辑运算，即相同位之间各自进行相同的逻辑运算。

$$A \wedge B = 01100001 \wedge 11001011 = 01000001$$

$$\overline{A+B} = \overline{0110\ 0001 + 1100\ 1011} = \overline{1110\ 1011} = 0001\ 0100$$

$$A \oplus B = 0110\ 0001 \oplus 1100\ 1011 = 1010\ 1010$$

$$\overline{A} = \overline{0110\ 0001} = 1001\ 1110$$

3. 常用逻辑元件

（1）三态输出门   三态门与前述门电路相比，多了一个控制使能端，当使能端信号有效时，三态门正常工作；当使能端禁止时，输入与输出之间呈高阻状态。即输出有高、低电平及高阻 3 种状态。

图 6-10 为三态与非门逻辑符号，当使能端 $\overline{E}=0$ 时，$F=\overline{A\wedge B}$，当 $\overline{E}=1$ 时，F 与 A、B 端高阻隔离。字母 E 上的短横线及引线上的小圆圈表示该输入信号为 0 时起作用，称为低电平有效。

（2）编码器

1）二进制编码器。

二进制编码器是将某种信号编成二进制代码的电路。N 位二进制数可对 $N=2n$ 个信号进行编码。图 6-11 是 8/3 编码器的逻辑符号，$I_0 \sim I_7$ 中任一输入信号与一个 3 位二进制数 $F_2F_1F_0$ 一一对应，对应数即为输入信号的编码。输入信号与输出编码之间的关系见表 6-5。

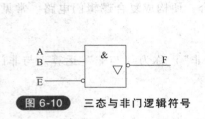

图 6-10 三态与非门逻辑符号

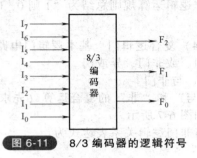

图 6-11 8/3 编码器的逻辑符号

2）优先编码器。

表 6-5 8/3 编码器编码表

输　　入	输　　出		
	F_2	F_1	F_0
I_0	0	0	0
I_1	0	0	1
I_2	0	1	0
I_3	0	1	1
I_4	1	0	0
I_5	1	0	1
I_6	1	1	0
I_7	1	1	1

二进制及其他编码器中，一次只能输入一个信号，否则会引起混乱，而优先编码则可同时输入两个或多个信号，并按优先级别只给一个信号编码。图 6-12 为 74LS148 优先编码器的逻辑符号。表 6-6 为 74LS148 优先编码器功能表。由表 6-6 可知，优先次序为 $\overline{I_7}$、$\overline{I_6}$、$\overline{I_5}$、$\overline{I_4}$、$\overline{I_3}$、$\overline{I_2}$、$\overline{I_1}$、$\overline{I_0}$，同时，编码器芯片还受 $\overline{EI}$ 端的控制输出编码的同时也输出 $\overline{EOCS}$ 有效信号（低电平）。

表 6-6 74LS148 优先编码器功能表

EI	$\overline{I_7}$	$\overline{I_6}$	$\overline{I_5}$	$\overline{I_4}$	$\overline{I_3}$	$\overline{I_2}$	$\overline{I_1}$	$\overline{I_0}$	$\overline{F_2}$	$\overline{F_1}$	$\overline{F_0}$	$\overline{CS}$	$\overline{EO}$
1	×	×	×	×	×	×	×	×	1	1	1	1	1
0	1	1	1	1	1	1	1	1	1	1	1	1	0
0	0	×	×	×	×	×	×	×	0	0	0	0	1
0	1	0	×	×	×	×	×	×	0	0	1	0	1
0	1	1	0	×	×	×	×	×	0	1	0	0	1
0	1	1	1	0	×	×	×	×	0	1	1	0	1
0	1	1	1	1	0	×	×	×	1	0	0	0	1
0	1	1	1	1	1	0	×	×	1	0	1	0	1
0	1	1	1	1	1	1	0	×	1	1	0	0	1
0	1	1	1	1	1	1	1	0	1	1	1	0	1

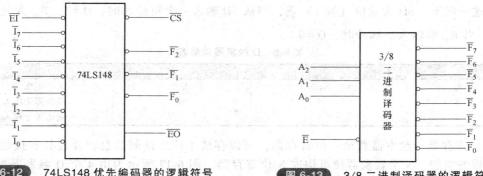

图 6-12　74LS148 优先编码器的逻辑符号

图 6-13　3/8 二进制译码器的逻辑符号

（3）译码器　编码的逆过程称为译码，即将编码转化为控制信号。图 6-13 为 3/8 二进制译码器的逻辑符号，将输入的 3 位二进制代码译成 $2^3 = 8$ 个输出信号。$\overline{E}$ 端为控制芯片是否工作的使能端。

（4）数据选择器　数据选择器的功能是从多路输入信号选择一个数据，又称为多路选择器（MUX）。如图 6-14 所示，由地址 $A_0 \sim A_{n-1}$ 的值决定 $D_0 \sim D_{2^n-1}$ 中的某一个数据的输出。

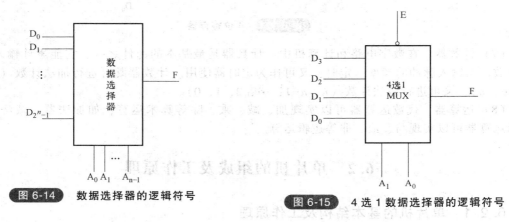

图 6-14　数据选择器的逻辑符号

图 6-15　4 选 1 数据选择器的逻辑符号

图 6-15 为 4 选 1 数据选择器的逻辑符号，表 6-7 为其逻辑关系表。

表 6-7　4 选 1 数据选择器逻辑表

$\overline{E}$	A_1	A_0	F
0	0	0	D_0
0	0	1	D_1
0	1	0	D_2
0	1	1	D_3
1	×	×	高阻

（5）触发器　触发器是具有记忆功能的基本逻辑单元电路。常见的触发器有 RS 触发器、D 触发器和 JK 触发器等。

以 D 触发器为例说明触发器的功能。图 6-16 为 D 触发器的逻辑符号，表 6-8 为其功能表。由表 6-8 可知，当触发脉冲 CP 信号到来之前，触发器的输出 Q 值保持不变，即具有记忆功能。当脉冲信号到达之后，更新触发器内容，触发器在下一个触发信号之前又保

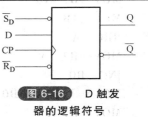

图 6-16　D 触发器的逻辑符号

177

持输出这一状态。SD 为置位（置 1）端，当从 SD 输入一个负脉冲时，$Q = 1$。$\overline{R}_D$ 为复位（清 0）端，当 $\overline{R}_D$ 端输入负脉冲时，$Q = 0$。

表 6-8　D 触发器功能表

CP	D	Q_{n+1}	说　　明
0	×	Q_n	不变
1	0	0	输出等于输入
1	1	1	输出等于输入

（6）寄存器　触发器就是一位寄存器，可以存放 1 位二进制信息，并且具有接收和输出二进制数的功能。N 个触发器便可构成 N 位寄存器。图 6-17 所示为由 4 个 D 触发器构成的 4 位寄存器。

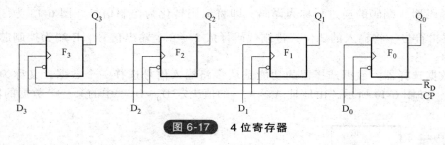

图 6-17　4 位寄存器

（7）计数器　在数字电路和计算机中，计数器是最基本的部件之一，它能累计输入脉冲的个数。当输入脉冲的频率一定时，又可作为定时器使用。计数器既可进行加法计数（0，1，2，…，n），又可进行减法计数（n，$n-1$，…，2，1，0）。

（8）运算器　代数运算器可以实现加、减、乘、除等算术运算，如加法器、减法器等；逻辑运算器可以实现与、或、非等逻辑运算。

6.2　单片机的组成及工作原理

6.2.1　单片机的基本结构及工作原理

1. 程序——单片机工作的命令清单

计算机的智能是人所赋予的，计算机只会按人所给的命令一步一步地工作，这些命令称为指令。将指令有效地组合成能够完成特定任务的指令序列，称为程序。程序是计算机工作的命令清单。

以汽车追踪控制系统为例，若使用 MCS-51 单片机，则部分程序如下：

```
…
MOV   R0, #RAD I      ; 读取超声波发射到回收的时间 t
MOVX  A, @ R0
MOV   B, #vo          ; 计算与前辆车的距离 d（vo 为声速）
MUL   AB             ; d = t×vo/2
RRC   A
MOV   R2, A
INC   R0
MOVX  A, @ R0         ; 读取车速 v
MOV   B, A           ; 计算以该车速行驶完距离 d 的时间 T
```

```
MOV   A，R2
D  IV   AB              ；T = d／V
CLR   C
SUBB   A，DATA0         ；与设定时间范围 t0～t0+t1（考虑到人的反应）制动时间等比较
JC   DOWN              ；T<t0 时降低车速
SUBB   A，DATA1
JC   KEEP              ；t0<T<t0+t1 时原速行进
AJMP   UP              ；T>t0+t1 时增加车速
…
```

单片机工作时，按照程序从上往下执行命令，遇到转移类指令时跳转到符合条件的地方继续向下执行。一般称以程序为主体和核心包括相关文档类的信息资料为软件；称单片机及其外围电路、芯片等实物为硬件。显然，单片机系统包括硬件和软件两个方面的内容，缺一不可。

程序及相关数据以二进制形式储存在存储器内，由中央处理器控制不断从存储器中读取并分析执行。

2. 存储器——信息存放及程序运行的场所

存储器的主要功能是存放程序和数据，程序是单片机操作的依据，数据是单片机操作的对象。程序和数据统称信息。存储器由寄存器组成，每个寄存器称为一个存储单元。MCS-51系列单片机的存储单元为 8 位，每位都是一个二进制数 "0" 或 "1"，即每个存储单元存放一个 8 位二进制数，也就是一个字节。

每个存储单元都有一个标识的地址。地址也是用二进制数表示的，使用时注意不要混淆存储单元的地址和其存储的内容。好比 248 房间住着 5 位同学，248 为存储单元的地址，5（位同学）为内容。

单片机向存储单元存放信息称为 "写"，取出信息称为 "读"，"读" 和 "写" 操作都称为访问存储器。单片机访问存储器是根据存储单元的地址进行的。根据地址访问存储单元又称为寻址。

存储器分随机存储器（RAM）和只读寄存器（ROM）。ROM 只能 "读" 不能 "写"，其内容是固定的，不会丢失；RAM 既可 "读"，又可 "写"，断电后内容丢失。

一般地，程序和重要的数据存放在 ROM 中，而 RAM 则为程序运行提供场所，用于存放中间数据和运算结果等。

根据编程方式的不同，ROM 共分为以下 5 种。

（1）掩膜 ROM（Mask ROM） 掩膜 ROM 简称 ROM，其编程是由芯片制造厂家完成的，即在生产过程中进行编程。因编程是以掩膜工艺实现的，因此称为掩膜 ROM。掩膜 ROM 制造完成后，用户不能更改其内容。

（2）可编程 ROM（PROM） PROM 芯片出厂时并没有任何程序信息，其程序是在开发时由用户写入的。但这种 ROM 芯片只能写入一次，其内容一旦写入就不能再进行修改，又称为一次可编程 OTP ROM。

（3）紫外线擦除可改写 ROM（EPROM） EPROM 芯片的内容也由用户写入，但允许反复用紫外线擦除后重新写入。

（4）电擦除可改写 ROM（EEPROM 或 E2PROM） 这是一种用电信号编程也用电信号擦除的 ROM 芯片，它可以通过读写操作进行存储单元的读出和写入，而且读写操作与 RAM 几乎没有什么差别，不同的是写入速度要慢一些，但断电后还能保存信息。

（5）快速电擦除可改写 ROM（flash ROM） 该种存储器与 EPROM 和 E2PROM 相比，读

写速度快，使用更为方便。

3. CPU——程序执行者

中央处理器（CPU）是单片机的核心，由运算器和控制器组成，具有运算和控制功能。

（1）运算器　运算器是单片机的运算部件，内有算术逻辑运算单元，用于实现算术和逻辑运算。可以实现加、减、乘、除、加 1、减 1、十进制调整、比较等算术运算和与、或、非、异或等逻辑运算。在运算过程中，频繁地使用 CPU 内部的几个寄存器：累加器 ACC、寄存器 B 等，并把运算结果特征状态（如进位、借位等）存放在程序状态字寄存器 PSW 中。

（2）控制器　控制器是单片机的指挥控制元件，保证单片机各部分能自动而协调地工作。运行程序时，控制器控制从程序存储器 ROM 单元中读取指令，分析指令，产生相应的控制信号，控制单片机系统做出各种动作，实现控制功能。计算机的工作过程就是不断读取指令，执行指令的过程。

4. I/O 接口——单片机内外交流通道

单片机控制系统在工作时，单片机要不断从外部获取信息，并向外部发出动作控制信号，信息的输入输出电路称为 I/O 接口，它是计算机与外部设备之间的交接界面和交流通道。

MCS-51 系列单片机共有 4 个 8 位并行 I/O 口和 1 个串行 I/O 口，并行口分别为 P_0、P_1、P_2、P_3，4 个接口与外部设备的连接是通过如图 6-1 所示的 32 个引脚来完成的。其中 $P_{3.0}$ 和 $P_{3.1}$ 又可用做串行口供数据串行传送时使用。

5. 单片机的基本组成

综上所述，MCS-51 系列单片机的基本结构组成如图 6-18 所示。

单片机工作时，CPU 从程序存储器 ROM 中读取指令，经控制器的分析发出各种控制命令，通过 I/O 接口输入外部设备的信息，运算器在数据存储器 RAM 中进行运算，并根据运算结果和指令的分析结果向外部设备发出控制信号，指挥外部设备工作。

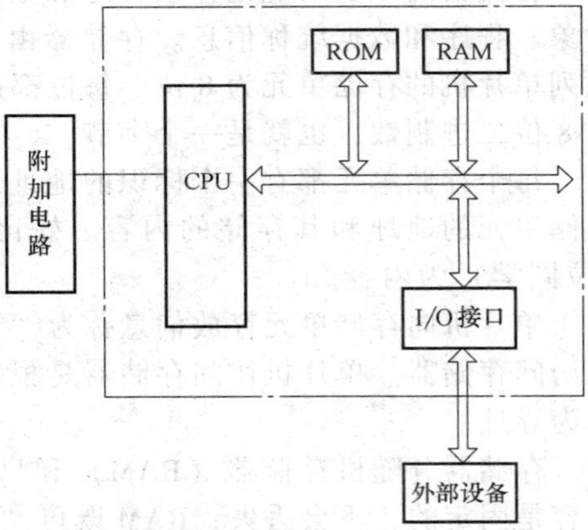

图 6-18　MCS-51 系列单片机的基本结构组成

6.2.2　MCS-51 系列单片机存储器的配置

MCS-51 系列单片机芯片内集成的存储器分为程序存储器 ROM 和数据存储器 RAM（8031，8032 等片内无 ROM），当这些存储器不够使用时，可在片外扩展。这样 MCS-51 系列单片机系统就有 4 个物理上相互独立的存储器空间，即片内、片外程序存储器，片内、片外数据存储器。

MCS-51 系列单片机存储器地址的编写既不是分为以上 4 个组，也不是不分组统一编址，而是分为以下 3 个组：片内、片外程序存储器为一组，共用同一个地址空间，片内、片外数据存储器各占一个地址空间，各自独立编址。这样 MCS-51 系统实际上存在 3 个独立的存储器空间。这就好比某所学校有 4 栋楼：文科办公楼、理工办公楼、文科教学楼、理工教学楼，两栋办公楼的房间统一编号，两栋教学楼的房间分别独立编号。

以 8051 单片机为例，MCS-51 系列单片机的存储器配置如图 6-19 所示。

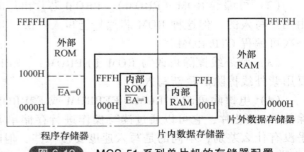

图 6-19　MCS-51 系列单片机的存储器配置

单片机使用不同的指令访问 3 组存储器，CPU 在执行指令时，自动产生不同的控制信号并找到正确地址空间的单元，避免因为地址相同而发生误操作。

单片机程序的编写要直接对存储器操作，而单片机存储器又较复杂，程序员必须熟悉掌握。以下分别详细介绍 MCS-51 系列单片机的各存储器。

1. 程序存储器

程序存储器用来存放程序和重要的数据。程序的存放是在单片机系统工作之前事先进行的，或者在制造存储器时一起写入（掩膜 ROM），或者在仿真仪或其他专门单片机开发系统上进行（PROM、EPROM、E²PROM）。单片机构成应用系统工作时，一般不再改动这些信息。也就是说，对程序存储器的访问只限于"读出"，不允许"写入"。在 MCS-51 系列单片机中，常用的程序存储器读出指令为 MOVC，而无写入指令。单片机系统中程序存储器常简称为 ROM。

MCS-51 系列单片机的程序存储器空间为 64KB，其外部程序存储器的编址空间为 0000H~0FFFFH。片内程序存储器各单片机有所不同，8051 内部有 000H~0FFFH 共 4KB 程序存储器。显然，片内、外程序存储器地址有重叠，从 0000H 开始部分的程序存储单元是指片内还是片外由单片机的 31 引脚$\overline{EA}$决定，当$\overline{EA}=1$ 即接高电平电时，选择片内，反之则选择片外。而对于 1000H~0FFFFH 高出 4KB 部分的程序存储单元，不论$\overline{EA}$为何值，一定是指片外程序存储器。

当选择有片内程序存储器 ROM 的单片机时，一般不再扩展片外 ROM，故令引脚$\overline{EA}=1$，接电源。当程序较大，要使用片外 ROM 时，一般选用无片内程序存储器的单片机，以免造成资源浪费，此时应令引脚$\overline{EA}$接地，即$\overline{EA}=0$。

CPU 在访问片外 ROM 时，从$\overline{PSEN}$输出低电平信号，选用片外 ROM，而不是 RAM。ROM 只有读出，没有写入，无须读、写信号$\overline{RD}$、$\overline{WR}$控制。

程序运行时，CPU 首先从程序存储器的 0000H 单元开始读取指令。而程序存储器的 0003H~002AH 单元被系统留做特殊用途，用户程序必须写在系统留用之后的单元。所以 000H~0002H 三个单元一定要存放一个跳转指令，跳转到用户程序的首址。

MCS-51 系列单片机内部 ROM 一般为 4KB、8KB、16KB 和 32KB 不等。8031、8032 等单片机无内部 ROM，准确地说，它们称不上是完整的单片机。

2. 数据存储器

数据存储器用于运行程序、存放数据。数据存储器也分为内部 RAM 和外部 RAM，各自独立编址。内部 RAM 编址为 00H~0FFH，外部 RAM 编址为 0000H~0FFFFH。地址有重叠，可由不同的指令区分。常用 MOV 指令读/写片内 RAM，MOVX 指令读/写片外 RAM。当读、写片外 RAM 时，单片机分别发出 RD、WR 有效信号，控制读、写片外 RAM，而不是片外 ROM。

实际应用时，应首先充分利用片内数据存储空间，只有在实时数据采集、处理或数据存储量较大的情况下才扩展片外 RAM。片外 RAM 最大空间为 64KB（0000H~0FFFFH）。

单片机内部数据存储器尽管容量不大，但较复杂，功能强大，从应用角度来说，掌握了片内 RAM，也就基本上掌握了单片机。

MCS-51 系列单片机中各芯片的 RAM 容量和形式不尽相同，以 8051 单片机为例分析如下：8051 单片机片内 RAM 有 00H~0FFH 共 256 个存储单元，按功能分为低 128 单元（00H~7FH）和高 128 单元（80H~0FFH），如图 6-20 所示。其中高 128 单元为专用寄存器，每个寄存器都有专门的功用；低 128 单元的功用没有特别规定，供用户选择使用。

（1）片内 RAM 低 128 单元　单片机内部 RAM 低 128 单元按用途又分为 3 个区域：通用寄存器区、位寻址区、堆栈和数据缓冲区。

1）通用寄存器区。

片内 RAM 的 00H～1FH 区域的 32 个 RAM 单元分为 4 个组 BANK$_0$～BANK$_3$，每组 8 个寄存器 R$_0$～R$_7$，因其功能不作预先规定，故称为通用寄存器，又称为工作寄存器。正被使用的寄存器组称当前寄存器组（区）。至于选择哪一组作为当前工作区，由程序状态字寄存器 PSW 的第 4、第 3 位 RS$_1$ 和 RS$_0$ 决定。通过设置 PSW 寄存器中的 RS$_1$ 和 RS$_0$ 的状态可以选择或切换当前工作寄存器组（区），见表 6-9。

通用寄存器的存取速度快，使用灵活性高，因此编程时应充分使用这些寄存器，以简化程序设计，提高程序运行速度。

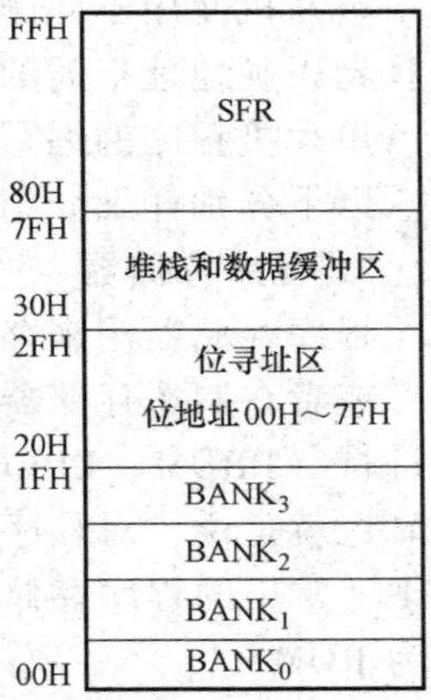

2）位寻址区。

片内 RAM 的 20H～2FH 单元，既可作为一般 RAM 单元使用，进行字节操作，也可对单元内的每一位进行置位（SETB）、清零（CLR）或取反（CPL）等位操作。位寻址区共 16 个 RAM 单元，计 128 位，位地址为 00H～7FH，见表 6-10。

```
                    ┌───────────┐ FFH
                    │           │
                    │    SFR    │
                    │           │
               80H  ├───────────┤
               7FH  │           │
                    │堆栈和数据缓冲区│
               30H  │           │
               2FH  ├───────────┤
                    │  位寻址区   │
                    │位地址00H~7FH│
               20H  ├───────────┤
               1FH  │   BANK₃    │
                    ├───────────┤
                    │   BANK₂    │
                    ├───────────┤
                    │   BANK₁    │
                    ├───────────┤
                    │   BANK₀    │
               00H  └───────────┘
```

图 6-20　8051 单片机片内 RAM

表 6-9　工作寄存器组（区）的选择

RS$_1$	RS$_0$	寄存器组	R$_0$～R$_7$ 地址
0	0	BANK$_0$	00～07H
0	1	BANK$_1$	08～0FH
1	0	BANK$_2$	10～17H
1	1	BANK$_3$	18～1FH

表 6-10　位寻址区位地址

单元地址	MSB←			位地址				→LSB
2FH	7FH	7EH	7DH	7CH	7BH	7AH	79H	78H
2EH	77H	76H	75H	74H	73H	72H	71H	70H
2DH	6FH	6EH	6DH	6CH	6BH	6AH	69H	68H
2CH	67H	66H	65H	64H	63H	62H	61H	60H
2BH	5FH	5EH	5DH	5CH	5BH	5AH	59H	58H
2AH	57H	56H	55H	54H	53H	52H	51H	50H
29H	4FH	4EH	4DH	4CH	4BH	4AH	49H	48H
28H	47H	46H	45H	44H	43H	42H	41H	40H
27H	3FH	3EH	3DH	3CH	3BH	3AH	39H	38H
26H	37H	36H	35H	34H	33H	32H	31H	30H
25H	2FH	2EH	2DH	2CH	2BH	2AH	29H	28H
24H	27H	26H	25H	24H	23H	22H	21H	20H
23H	1FH	1EH	1DH	1CH	1BH	1AH	19H	18H
22H	17H	16H	15H	14H	13H	12H	11H	10H
21H	0FH	0EH	0DH	0CH	0BH	0AH	09H	08H
20H	07H	06H	05H	04H	03H	02H	01H	00H

3）堆栈和数据缓冲区。

内部 RAM 剩下的 80 个存储单元 30H～7FH，没有作任何的规定和限制，供用户随意使用。一般常把堆栈开辟在此区中，或作为数据缓冲区使用。

（2）专用寄存器区　8051 单片机中有 22 个具有专门用途的寄存器，称为专用寄存器或特殊功能寄存器（SFR），其中可寻址的有 21 个，分散分布在 80H～0FFH 高 128 单元中，见表 6-11。

在 RAM 中的高 128 个存储单元中，除表中所列出的 SFR 之外的其他地址的存储单元不能使用，即高 128 个存储单元中实际只有 21 个单元是可用的。

专用寄存器的特殊功能是由硬件线路实现的，其功能是其他存储单元所无法替代的。现将其中 5 个介绍如下。

1）累加器 A（Accumulator，简称 Acc）。

累加器为 8 位寄存器，是运用最频繁的寄存器，功能很强大。它是运算器中最重要的寄存器，大多数运算操作都要有累加器 A 的参与，同时用于存放操作数和运算结果。

2）B 寄存器。

B 寄存器也是一个 8 位寄存器，主要用于乘除运算。乘法运算时，A 为被乘数，B 为乘数。乘法操作后，乘积的高 8 位存储在 B 中，低 8 位存储在 A 中。除法运算时，A 为被除数，B 为除数。除法操作后，商存储在 A 中，余数存储在 B 中。此外，B 寄存器也可作为一般数据寄存器使用。

表 6-11　专用寄存器

寄存器名称	寄存器符号	MSB←			位地址/位名称			→LSB		字节地址
B 寄存器	B	F7	F6	F5	F4	F3	F2	F1	F0	F0
累加器	A	E7	E6	E5	E4	E3	E2	E1	E0	E0
程序状态字	PSW	D7	D6	D5	D4	D3	D2	D1	D0	D0
		CY	AC	F_0	RS_1	RS_0	OV		P	
中断优先寄存器	HP	—	—	—	BC	BB	BA	B9	B8	B8
		—	—	PS	PT_1	PX_1	PT_0	PX_0		
I/O 口 3	P_3	B7	B6	B5	B4	B3	B2	B1	B0	B0
		$P_{3.7}$	$P_{3.6}$	$P_{3.5}$	$P_{3.4}$	$P_{3.3}$	$P_{3.2}$	$P_{3.1}$	$P_{3.0}$	
中断允许寄存器	IE	AF	—	—	AC	AB	AA	A9	A8	A8
		EA	—	—	ES	ET_1	EX_1	ET_0	EX_0	
I/O 口 2	P_2	A7	A6	A5	A4	A3	A2	A1	A0	A0
		$P_{2.7}$	$P_{2.6}$	$P_{2.5}$	$P_{2.4}$	$P_{2.3}$	$P_{2.2}$	$P_{2.1}$	$P_{2.0}$	
串行缓冲寄存器	SBUF									99
串行控制寄存器	SCON	9F	9E	9D	9C	9B	9A	99	98	98
		SM_0	SM_1	SM_2	REN	TB_5	RB_5	T1	R1	
I/O 口 1	P_1	97	96	95	94	93	92	91	90	90
		$P_{1.7}$	$P_{1.6}$	$P_{1.5}$	$P_{1.4}$	$P_{1.3}$	$P_{1.2}$	$P_{1.1}$	$P_{1.0}$	
定时器 1 高 8 位	TH_1									8D
定时器 0 高 8 位	TH_0									8C
定时器 1 低 8 位	TL_1									8B
定时器 0 低 8 位	TL_0									8A
定时方式寄存器	TMOD	GATE	C/$\overline{T}$	M_1	M_0	GATE	C/$\overline{T}$	M_1	M_0	89
定时器控制寄存器	TCON	8F	8E	8D	8C	8B	8A	89	88	88
		TF_1	TR_1	TF_0	TR_0	IE_1	IT_1	IE_0	IT_0	
电源控制寄存器	PCON	SMOD	—	—		GF_1	GF_0	PD	IDL	87
数据指针高 8 位	DPH									83
数据指针低 8 位	DPL									82
堆栈指针	SP									81
I/O 口 0	P_0	87	86	85	84	83	82	81	80	80
		$P_{0.7}$	$P_{0.6}$	$P_{0.5}$	$P_{0.4}$	$P_{0.3}$	$P_{0.2}$	$P_{0.1}$	$P_{0.0}$	

3）程序计数器 PC（Program Counter）。

程序计数器是一个 16 位计数器，其内容为将要执行指令的存放地址，寻址范围达 64KB。CPU 是根据程序计数器的内容找到指令的存储单元，取出指令并加以执行的。程序计数器具有自动加 1 功能，CPU 每进行一次 ROM 读数操作，程序计数器中的内容自动加 1，并指向下一个 ROM 单元，CPU 再次进行 ROM 读数时，所读取的是下一个 ROM 单元的内容，这样就实现了程序的顺序执行。

程序计数器没有地址，用户不可以对它进行读写，但可以通过转移、调用、返回等指令改变其内容，以改变程序的执行顺序。

当系统复位时，程序计数器为 0000H，CPU 从 0000H 单元运行程序。

4）程序状态字 PSW（Program Status Word）。

程序状态字是一位 8 位寄存器，用于寄存指令执行的状态信息。其各位状态有的是根据指令执行的结果由硬件自动设置的，有的可以由用户用软件的方法设定。程序状态字中的各位含义见表 6-12，其中 PSW.1 位未用。

表 6-12　程序状态字中的各位含义

位序	PSW.7	PSW.6	PSW.5	PSW.4	PSW.3	PSW.2	PSW.1	PSW.0
位名称	CY	AC	F_0	RS_1	RS_0	0V	—	P

① CY 或 C（PSW.7）为进位标志位。其功能有两个：一是存放算术运算的进位标志，当运算结果产生进位或借位时，由硬件自动将 CY 置 1，否则清 0；二是在位操作中用作累加器，位传送、位与、位或等操作中，都要使用进位标志位。

② AC（PSW.6）为辅助进位标志位。在加减运算中，当产生低 4 位向高 4 位进位或借位时，AC 置 1，反之清 0。在十进制调整中，需要使用 AC 位状态进行判断。

③ F_0（PSW.5）为用户标志位。这是留给用户定义使用的状态标志位，可由用户根据需要用软件置位或复位。如可用软件测试以控制程序的流向。

④ RS_1，RS_0（PSW.4，PSW.3）为当前寄存器组区选择位。由软件置位或复位，以选择当前工作寄存器组区。

⑤ 0V（PSW.2）为溢出标志位。在带符号数加减运算中，当结果超出累加器 A 所能表示的有效范围（-128～+127），即产生溢出时，硬件将 0V 置 1，表示运算结果是错误的；反之，0V 清 0，表示无溢出产生，运算结果正确。在乘法运算中，乘积超过 255 时 0V=1，表示结果分别放在 B 与 A 两个寄存器中，反之，0V=0，表示结果只在 A 中。在除法运算中，当除数为 0 时，0V=1，表示除法不能进行，反之，0V=0。

⑥ P（PSW.0）为奇偶标志位。表示指令运行后累加器 A 中 1 的个数的奇偶性，若 1 的个数为偶数，P=0。

5）数据指针 DPTR（Data Pointer）。

数据指针是唯一一个供用户使用的 16 位专用寄存器，由两个 8 位寄存器 DPH 和 DPL 拼装而成，其中 DPH 为数据指针的高 8 位，DPL 为低 8 位。它既可以作为一个 16 位寄存器，又可以作为两个独立的 8 位寄存器使用。

数据指针通常存放 16 位地址，既可访问外部 RAM，也可访问 ROM。

在 21 个可寻址的 SFR 中，有 11 个地址是 8 的倍数的寄存器是可以寻址位的，其位地址接着位寻址区开始，为 80H~0F7H，其中有 5 个位不可用。

6.2.3　单片机外围的附加电路

由于一些电子元器件无法集成到单片机芯片内部，此时可以在片外附加相应的电路，以保证单片机系统的完整和功能的实现。

1. 时钟电路

单片机内部集成了大量的时序元器件及时序电路，寄存器、计数器、运算器，以致 CPU

各种动作都需要在时钟脉冲的触发下进行。单片机本身就是一个复杂的同步时序电路,为保证同步工作方式的实现,电路就应在唯一时钟信号控制下严格地按时序进行工作。

（1）采用内部时钟电路 在 MCS-51 系列单片机芯片内部有一个高增益反相放大器,其输入端为芯片引脚 $XTAL_1$,输出端为引脚 $XTAL_2$,在芯片的外部通过这两个引脚连接晶体振荡器和微调电容,可以构成一个稳定的自激振荡器,产生脉冲信号,经过二分频后作为系统的时钟信号,如图 6-21 所示。

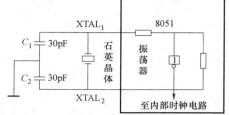

图 6-21 MCS-51 系列单片机采用内部时钟的电路

通过改变选用不同频率的晶体振荡器和电容 C_1、C_2,可以改变单片机系统的时钟频率。MCS-51 系列单片机一般采用的晶体振荡频率 f_{osc} 为 6MHz 或 12MHz。

（2）引入外部脉冲信号 在由多片单片机组成的应用系统中,为了使各单片机之间的时钟信号同步,必须引入唯一的公用外部脉冲信号作为各芯片的振荡脉冲。这时外部的脉冲信号由 $XTAL_2$ 引脚引入,$XTAL_1$ 引脚接地,如图 6-22 所示。

2. 复位电路

复位指的是单片机初始化操作。所谓初始化,就是计算机及各芯片在起动运行时都要复位,使各单元处于一个确定的"各就各位"的初始状态,并从这个状态开始工作。

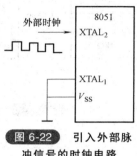

图 6-22 引入外部脉冲信号的时钟电路

MCS-51 系列单片机初始化后,程序指针指向 0000H 单元,单片机由 0000H 单元开始执行程序。表 6-13 所示为 MCS-51 系列单片机各寄存器的复位状态。

表 6-13 MCS-51 系列单片机各寄存器的复位状态

寄存器	复位状态	寄存器	复位状态
PC	0000H	TCON	00H
ACC	00H	TL_0	00H
PSW	00H	TH_0	00H
SP	07H	TL_1	00H
DPTR	0000H	TH_1	00H
$P_0 \sim P_3$	0FFH	SCON	00H
IP	$\times\times\times$00000B	SBUF	不定
IE	0$\times\times$00000B	PCON	0$\times\times\times$0000B
TMOD	00H		

RST 引脚是复位信号输入端,高电平有效,复位时必须使之保持一定时间的高电平。复位操作有上电复位、人工复位两种方式。

（1）上电复位 当单片机接通电源时,通过外部复位电路的电容充电实现,如图 6-23 所示。

（2）人工复位 系统正常工作时,如果由于程序运行出错或操作错误使系统处于死机状态,必须由人工按键复位。人工复位有电平复位和脉冲复位两种方式,其电路如图 6-24 所示。

3. 掉电保护电路

单片机系统在运行过程中,如果发生掉电故障,将导致数据

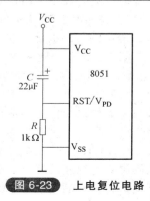

图 6-23 上电复位电路

存储器中的信息丢失。在重要的控制系统中，需要一组备用电源，以保证系统安全可靠地工作。图 6-25 所示为掉电保护电路的一种接法。

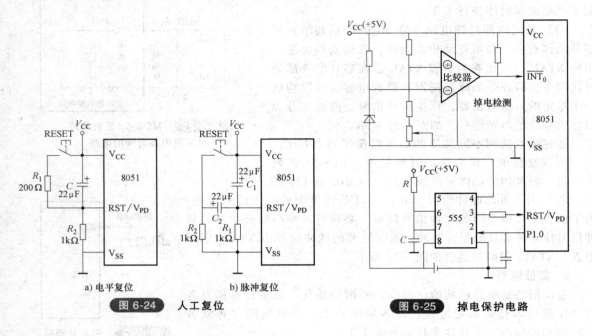

a) 电平复位　　　　b) 脉冲复位

图 6-24　人工复位

图 6-25　掉电保护电路

6.3　单片机开发软件简介

6.3.1　Keil C51 软件概述

常用的单片机及嵌入式系统编程语言有两种，即汇编语言和 C 语言。汇编语言的机器代码生成效率很高，但其可读性却并不强，复杂程序就更难读懂。C 语言在大多数情况下，其机器代码生成效率和汇编语言相当，但可读性和可移植性却远远超过汇编语言，而且 C 语言还可以嵌入汇编语言来解决高时效性的代码编写问题。就开发周期而言，用 C 语言编写中大型软件的开发周期通常要比用汇编语言编写的短很多。与汇编语言相比，C 语言在功能性、结构性、可读性、可维护性上有明显的优势，因而易学易用。由此可见，使用 C 语言编写程序是一种比较好的选择。

使用 C 语言肯定要用到 C 编译器，以便把写好的 C 程序编译为机器码，这样单片机才能运行编写好的程序。Keil μVision3 是众多单片机应用开发软件中一款优秀的软件，它支持众多不同公司的 MCS-51 架构的芯片，集编辑、编译、仿真等功能于一体，同时还支持 PLM、汇编和 C 语言的程序设计，它的界面与常用的微软 VC++的界面相似，界面友好，易学易用。

Keil C51 是美国 Keil Software 公司开发的 51 系列兼容单片机 C 语言软件开发系统。Keil C51 软件提供了丰富的库函数和功能强大的集成开发调试工具，全 Windows 界面。

另外，只要看一下编译后生成的汇编代码，就能体会到 Keil C51 生成目标代码的效率非常高，多数语句生成的汇编代码很紧凑，容易理解。在开发大型软件时，更能体现采用高级语言的优势。

Keil C51 标准 C 编译器为 8051 微控制器的软件开发提供了 C 语言环境，同时保留了汇编代码高效、快速的特点。C51 编译器的功能不断增强，使用户可以更加"贴近"CPU 本身及其他的衍生产品。C51 编译器已被完全集成到 Keil μVision3 的集成开发环境中，这个集成开发环境包括编译器、汇编器、实时操作系统、项目管理器和调试器，μVision3 IDE 可以为它们提供单一而灵活的开发环境。

C51 编译器是一种专门为 8051 单片机设计的高级语言 C 编译器，支持符合 ANSI 标准的 C 语言程序设计，同时针对 8051 单片机的自身特点做了一些特殊扩展。

C51 编译器的默认值不支持函数递归调用，需要进行递归调用的函数必须声明为再入函数。再入函数的局部数据和参数被放入再入栈中，从而允许进行递归调用。

Keil μVision3 支持所有的 Keil 80C51 的工具软件，包括 C51 编译器、宏汇编器、链接器/定位器和目标文件至 Hex 格式转换器，还可以自动完成编译、汇编、链接程序等操作。keil μVision3 还具有极其强大的软件环境、友好的操作界面和简单快捷的操作方法，主要表现在：丰富的菜单栏；可以快速选择命令按钮的工具条；一些源代码文件窗口；对话框窗口；直观明了的信息显示窗口。

6.3.2　Proteus 仿真软件简介

Proteus ISIS 是英国 Labcenter 公司开发的电路分析与实物仿真软件。它运行于 Windows 操作系统上，可以仿真、分析各种模拟器件和集成电路，是一款集单片机和 SPICE 分析于一身的仿真软件，功能极其强大。

1. 主要特点

（1）实现了单片机仿真和 SPICE 电路仿真相结合　SPICE（Simulation Program with Integrated Circuit Emphasis），Proteus ISIS 具有模拟电路仿真、数字电路仿真、单片机及其外围电路组成的系统的仿真、RS-232 动态仿真、I2C 调试器、SPI 调试器、键盘和 LCD 系统仿真的功能；有各种虚拟仪器，如示波器、逻辑分析仪、信号发生器等。

（2）支持主流单片机系统的仿真　目前支持的单片机类型有：68000 系列、8051 系列、AVR 系列等及各种外围芯片。

（3）提供软件调试功能　在硬件仿真系统中具有全速、单步、设置断点等调试功能，同时可以观察各个变量、寄存器等的当前状态，因此在该软件仿真系统中，也必须具有这些功能；同时支持第三方的软件编译和调试环境。

（4）具有强大的原理图绘制功能　Proteus 主要由 ISIS（Intelligent Schematic Input System）和 ARES（Advanced Routing and Editing Software）两部分组成，ISIS 的主要功能是原理图设计及电路原理图的交互仿真，ARES 主要用于印制电路板（PCB）的设计。

2. 工作界面

Proteus ISIS 启动后，将进入工作界面。Proteus ISIS 的工作界面是一种标准的 Windows 界面，如图 6-26 所示，包括标题栏、主菜单、标准工具栏、绘图工具栏、状态栏、对象选择按钮、预览对象方位控制按钮、仿真控制按钮、预览窗口和对象选择器窗口和图形编辑窗口。

（1）图形编辑窗口　它占的面积最大，是用于绘制原理图的窗口。

（2）预览窗口　预览窗口可以显示两个内容，一个是在元器件列表中选择一个元器件时，将显示该元件的预览图；另一个是鼠标焦点落在图形编辑窗口时，将显示整张原理图的缩略图。

（3）对象选择器窗口　对象选择器窗口用来放置从库中选出的待用元器件、终端、图表和虚拟仪器等。原理图中所用元器件、终端、图表和虚拟仪器等，要先从对应库里选择，然后拖放到这里。

（4）绘图工具栏　绘图工具栏包括主模式图标、部件图标和 2D 图形工具图标。各模式图标所具有的功能见表 6-14。

（5）预览对象方位控制按钮　对象方位控制按钮功能见表 6-15。

（6）仿真控制按钮　仿真控制按钮功能见表 6-16。

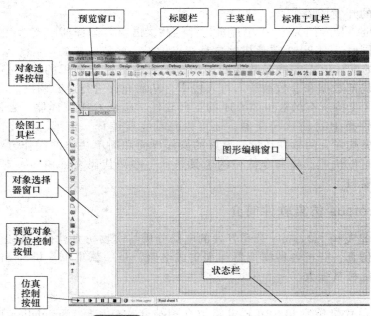

图 6-26　Proteus ISIS 的工作界面

表 6-14　各模式图标所具有的功能

类别	图标	功　能
主模式图标	▷	选择元器件
	✦	在原理图中放置连接点
	LBL	在原理图中放置或编辑连线标签
	📄	在原理图中输入新的文本或者编辑已有文本
	╫	在原理图中绘制总线
	⊐	在原理图中放置子电路框图或者放置子电路元器件
	▶	即时编辑选中的元器件
部件图标	⊟	使对象选择器列出可供选择的各种终端(如输入、输出、电源等)
	▷	使对象选择器列出 6 种常用的元件引脚,用户也可从引脚库中选择其他引脚
	🗠	使对象选择器列出可供选择的各种仿真分析所需要的图表(如模拟图表、数字图表、A/C 图表等)
	🖂	对原理图电路进行分割仿真时采用此模式,用来记录前一步仿真的输出,并作为下一步仿真的输入
	⊘	使对象选择器列出各种可供选择的模拟和数字激励源(如直流电源、正弦激励源、稳定状态逻辑电平、数字时钟信号源和任意逻辑电平序列等)

（续）

类别	图标	功 能
部件图标		在原理图中添加电压探针,用来记录原理图中该探针处的电压值,可记录模拟电压值或者数字电压的逻辑值和时长
		在原理图中添加电流探针,用来记录原理图中该探针处的电流值,只能用于记录模拟电路的电流值
		使对象选择器列出各种可供选择的虚拟仪器(如示波器、逻辑分析仪、定时/计数器等)
2D 图形工具图标	/	使对象选择器列出可供选择的连线的各种样式,用于在创建元器件时画线或直接在原理图中画线
		使对象选择器列出可供选择的方框的各种样式,用于在创建元器件时画方框或直接在原理图中画方框
		使对象选择器列出可供选择的圆的各种样式,用于在创建元器件时画圆或在原理图中画圆
		使对象选择器列出可供选择的弧线的各种样式,用于在创建元器件时画弧线或在原理图中画弧线
		使对象选择器列出可供选择的任意多边形的各种样式,用于在创建元器件时画任意多边形或在原理图中画任意多边形
	A	使对象选择器列出可供选择的文字的各种样式,用于在原理图中插入文字说明
	S	用于从符号库中选择符号元器件
	+	使对象选择器列出可供选择的各种标记类型,用于在创建或编辑元器件、符号、各种终端和引脚时,产生各种标记图标

表 6-15 对象方位控制按钮功能

类 别	按 钮	功 能
旋转按钮	C	对原理图编辑窗口中选中的方向性对象以 90°间隔顺时针旋转(或在对象放入原理图之前)
	↺	对原理图编辑窗口中选中的方向性对象以 90°间隔逆时针旋转(或在对象放入原理图之前)
编辑框	0	该编辑框可直接输入 90°、180°、270°,逆时针旋转相应角度改变对象在放入原理图之前的方向,或者显示旋转按钮对选中对象改变的角度值
镜像按钮	↔	对原理图编辑窗口中选中的对象或者放入原理图之前的对象以 Y 轴为对称轴进行水平镜像操作
	↕	对原理图编辑窗口中选中的对象或者放入原理图之前的对象以 X 轴以对称轴进行垂直镜像操作

表 6-16 仿真控制按钮功能

类 别	按 钮	功 能
仿真控制按钮	▶	开始仿真
	▮▶	单步仿真,单击该按钮,则电路按预先设定的时间步长进行单步仿真,如果选中该按钮不放,电路仿真一直持续到松开该按钮
	‖	可以暂停或继续仿真过程,也可以暂停仿真之后以单步仿真形式继续仿真,程序设置断点之后,仿真过程也会暂停,可以单击该按钮,继续仿真
	■	停止当前的仿真过程,使所有可动状态停止,模拟器不占用内存

6.4 单片机控制程序与仿真案例

6.4.1 单片机 AT89C51 控制流水灯

下面以单片机 AT89C51 控制流水灯电路原理图为例，说明 Proteus 电路原理图画法，如图 6-27 所示。

1. 新建设计文件

打开 Proteus ISIS 工作界面，单击菜单【File】→【New Design】命令，弹出选择模板窗口，从中选择【DEFAULT】模板，单击【OK】按钮，然后单击【Save Design】按钮，弹出 "Save ISIS Design File" 对话框。选好保存路径，在文件名框中输入任意文件名 "abc1" 后，单击【Save】按钮，即完成新建设计文件的保存，文件自动保存为 "abc1.DSN"，文件的扩展名为 "DSN"。

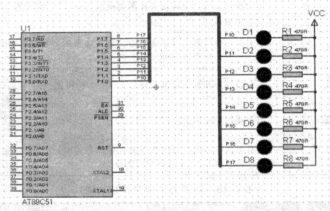

图 6-27 单片机 AT89C51 控制流水灯电路原理图

2. 选择元器件

在画原理图之前，应先将图中所用元器件从库中选出来。同一个元器件不管图中用多少次，只取一次。从库中选择元器件时，可输入所需元器件的全称或部分名称，元器件拾取窗口可以实现快速查询。

单击图 6-26 中对象选择器窗口上方的【P】按钮，弹出如图 6-28 所示的 "Pick Devices" 对话框。

（1）添加单片机 在图 6-28 所示的 "Pick Devices" 对话框【Keywords】文本框中输入 "AT89C51"，然后从【Results】列表中选择所需要的型号。此时元器件的预览窗口中分别显示元器件的原理图和封装图，单击【OK】按钮或直接双击【Results】列表中的 "AT89C51" 都可将选中的元器件添加到对象选择器。

（2）添加发光二极管 打开 "Pick Devices" 对话框，在【Keywords】文本框中输入 "LED-YELLOW"（黄色），【Results】列表中只有一只黄色发光二极管，双击该器件，将其添加到对象选择器中。

（3）添加电阻 打开 "Pick Devices" 对话框，在【Keywords】文本框中输入 "MINRES 220R"，【Results】列表中出现多只电阻，双击 "220R 0.6W…" 电阻，将其添加到对象选择器中。

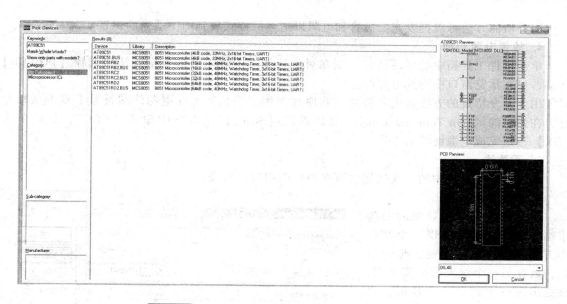

图 6-28 在"Pick Devices"对话框中添加单片机

到目前为止，对象选择器中已有 3 个元器件，即单片机（AT89C51）、黄色发光二极管（LED-YELLOW）和 0.6W/220Ω 电阻（MINRES220R），如图 6-29 所示。

3. 放置元器件

（1）放置单片机 AT89C51　在对象选择器中单击"AT89C51"，然后将光标移入原理图编辑区，在任意位置单击鼠标左键，即可出现一个随光标浮动的元器件原理图符号。移动光标到适当的位置，单击鼠标左键即可完成该元器件的放置。

（2）器件的移动、旋转和删除　用鼠标右键单击 AT89C51 单片机，弹出如图 6-30 所示的快捷菜单。此快捷菜单中有拖曳对象、删除对象等命令。

图 6-29 对象选择器中的元器件列表

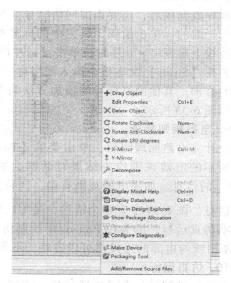

图 6-30 快捷菜单

用类似的方法可以把发光二极管和电阻以适当的方式放到图中适当的位置。

4. 放置电源和地

单击部件工具箱中的终端按钮，则在对象选择器中显示各种终端。从中选择【POWER】终端，可在预览窗口中看到电源的符号。

用上面介绍过的方法将电源符号放到原理图的适当位置。在电源终端符号上双击鼠标左键，在弹出的"Edit Terminal Label"对话框内【String】文本框中输入"VCC"，最后单击【OK】按钮完成电源终端的放置。

5. 画总线

单击绘图工具栏中的总线按钮，可在原理图中放置总线。

6. 连线

将光标靠近一个对象的引脚末端，该处将自动出现一个红色小方块。单击鼠标左键，拖动鼠标，放在另一个对象的引脚末端，该处出现一个红色小方块时，再单击鼠标左键，就可以在上述两个引脚末端画出一根连线来。如在拖动鼠标画线时需要拐弯，只需在拐弯处单击一下鼠标左键即可。

7. 设置与修改元器件属性

在需要修改属性的元器件上双击鼠标左键，即可弹出"Edit Component"对话框，在此对话框

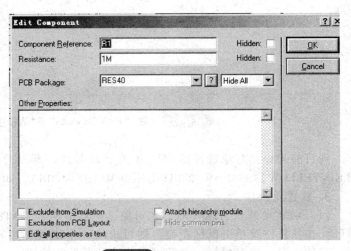

图 6-31 修改元器件属性

中可设置或修改元器件的属性。例如，要修改电阻 R1 的阻值为 470R，操作方法如图 6-31 所示。

8. 添加网络标号

画好数据线后，还要添加网络标号。在 Proteus 仿真时，系统会认为网络标号相同的引脚是连在一起的。单击绘图工具栏中的标号按钮，把鼠标移到需要放置网络标号的元器件连线上，连线上出现"×"号时，单击鼠标左键，则会弹出如图 6-32 所示的"Edit Wire Label"对话框，在【String】文本框中输入网络标号如"P17"，再单击【OK】按钮，即完成一个网络标号的添加。其他网络标号的添加方法与此类似，这里不再赘述。添加网络标号后的电路原理图如图 6-33 所示。

9. 电器规则检查

设计完电路原理图后，单击菜单【Tools】→【Electrical Rule Check】命令，则弹出如图 6-34 所示的电器规则检查结果对话框。如果电器规则无误，则系统会给出"No ERC errors found"的信息。如果电器规则有误，则系统会给出"ERC errors found"的信息，并指出错误相关信息。图 6-34 中有 3 个错误，是 U1 上 XTAL1、$\overline{EA}$、RST 三个输入未接入。这 3 个错误不影响仿真运行。因为在 Proteus 中绘制仿真原理图时，最小系统所需的晶振电路、复位电路和 EA 引线与电源的连接都可以省略，不影响仿真效果。

10. 仿真运行

电路原理图画好并检查通过后，就可以仿真运行。单片机运行的前提是要载入十六进制

图 6-32 网络标号的添加

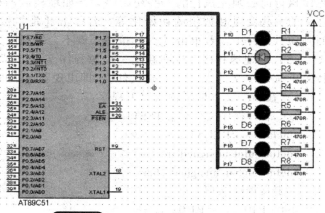

图 6-33 添加网络标号后的电路原理图

程序文件（文件的扩展名为 HEX）。在原理图的单片机上双击鼠标左键，在弹出的"Edit Component"对话框内的"Program File"文本框中输入"78.hex"，如图 6-35 所示。单击【OK】按钮完成十六进制程序文件的载入。最后单击运行仿真按钮，系统会起动仿真。

图 6-34 "Electrical Rules Check"对话框

图 6-35 hex 文件载入

11. 生成 HEX 文件

（1）建立一个工程文件 Keil C51 是 Windows 版的软件，无论是用汇编语言还是 C 语言，也无论是只有一个文件的程序还是有多个文件的程序，都要建立一个工程文件。没有工程文件，就不能进行编译和仿真。建立一个新的工程文件的步骤如下：

1）执行菜单命令【文件】→【新建工程】。

2）选择要保存的路径，输入工程文件的名字。例如，保存到 Keil 目录里，工程文件的名字为"TEST1.UV2"，然后单击【保存】按钮即可。

（2）单片机选型 在"产生新工程"对话框中单击【保存】按钮，弹出"'目标1'选择设备"对话框，在此可以选择单片机的型号。Keil C51 几乎支持所有的 51 内核的单片机。这里以大家用得比较多的 Atmel 的 AT89C52 为例，选择"AT89C52"后，在"Description"栏会显示对 AT89C52 的基本说明，然后单击【确定】按钮即可。

选择单片机厂商和型号后，Keil C51 系统会进一步询问是否将 STARTUP. A51 文件复制到设计项目中，STARTUP. A51 文件原来是放在\Keil\C51\LIB\文件夹中的，它提供了 C51 用户程序执行前必须先执行的一些初始语句，如堆栈区的设置、程序执行首地址，以及 C 语言中定义的一些变量和数组的初始化等。若单击【是】按钮，系统就会把 STARTUP. A51 文件复制到项目文件中；若单击【否】按钮，就不会复制此文件。

（3）创建源程序　现在新建一个源程序文件（若已有源程序文件，可忽略这一步），执行菜单命令"文件"→"新建文件"，即出现新文本框。

1）在新的文本框中输入以下程序：

```
//C 语言程序文件名：TEST1. C
#include   <REG52. h>
#define uint unsigned int
#define uchar unsigned char
//定义控制端口
sbit   P10   = P1^0;
sbit   P11   = P1^1;
sbit   P12   = P1^2;
sbit   P13   = P1^3;
sbit   P14   = P1^4;
sbit   P15   = P1^5;
sbit   P16   = P1^6;
sbit   P17   = P1^7;
sbit   P00   = P0^0;
sbit   P01   = P0^1;
sbit   P02   = P0^2;
sbit   P03   = P0^3;
sbit   P04   = P0^4;
sbit   P05   = P0^5;
sbit   P06   = P0^6;
sbit   P07   = P0^7;
//函数声明
void Delay (uint);
void delay (uint x)
{
uchar tw;
while (x-->0) {
for (tw = 0; tw<125; tw++) {;}
}
}
//主函数
void main (void)
{
        P1 = 0xff;
```

194

```
        delay（500）；
        P10 = 0；
        delay（500）；
        P10 = 1；
        P11 = 0；
        delay（500）；
        P11 = 1；
        P12 = 0；
        delay（500）；
        P12 = 1；
        P13 = 0；
        delay（500）；
        P13 = 1；
        P14 = 0；
        delay（500）；
        P14 = 1；
        P15 = 0；
        delay（500）；
        P15 = 1；
        P16 = 0；
        delay（500）；
        P16 = 1；
        P17 = 0；
        delay（500）；
    }
```

图 6-36 输入程序后的窗口

输入程序后的窗口如图6-36所示。

2）执行菜单命令【文件】→【保存】，弹出"另存为"对话框。

3）选择要保存的路径，在"文件名"栏输入文件名。

注意：一定要输入扩展名，如果是 C 程序文件，扩展名为 . C；如果是汇编文件，扩展名为 . ASM；如果是其他文件类型，如注解说明文件，则扩展名可以保存为 . TXT。在此要存储一个 C 语言源程序文件，所以输入扩展名". C"，保存文件名为"TEST1. C"（也可以保存为其他名称），单击【保存】按钮。

（4）把新创建的源程序加入工程文件中

1）单击目标1前面的"+"号，展开里面的内容源代码组1。

2）用鼠标右键单击"源代码组1"，在弹出的菜单中选择【添加文件到组'源代码组1'】。

3）在弹出的"添加文件到组'源代码组1'"对话框中选择【TEST1. C】，因为要加入的工程文件是 C 程序文件，因此在"文件类型"栏中选择"C Source file（ * . c）"。如果要加入的工程文件是汇编文件，应选择"Asm Source file（ * . s * ； * . src； * . a * ）"。然后单击【添加】按钮，此时"添加文件到组'源代码组1'"对话框不会消失，可以继续添加多个文件，添加完毕后，单击【关闭】按钮关闭该对话框。

4）这时在源代码组1文件夹里就有了 TEST1. C 文件，如图6-37所示。

图 6-37 在源代码组 1 文件夹里的 TEST1. C 文件

（5）工程的设置　在建立工程项目后，要对工程进行设置。用鼠标右键单击"目标 1"，在弹出的菜单中选择"为目标'目标 1'设置选项"，如图 6-38 所示。

此时会弹出"为目标'目标 1'设置选项"对话框，如图 6-39 所示。

说明：进入工程设置对话框的另一方法是执行菜单命令【工程】→【为目标'目标 1'设置选项】。

图 6-38　选择工程设置

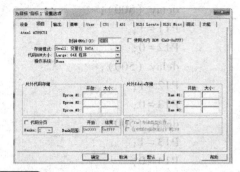

图 6-39　"为目标'目标 1'设置选项"对话框

"为目标'目标 1'设置选项"对话框共有 10 个选项卡，这些复杂的选项大部分都可以采取默认值，只有如下几个与实际相关的选项要单独进行设置。

1）"目标"选项卡。

2）"输出"选项卡：

① 单击【为目标文件选择目录】按钮可以选择将编译后的目标文件存储在哪个目录里，如果不设置，将存储在工程文件的目录里，如图 6-40 所示。

② 执行的名字：设置生成的目标文件的名字，默认跟工程的名字是一样的。目标文件可以生成库或 obj、hex 的格式。

图 6-40　"输出"选项卡

③ 产生执行文件：生成 OMF 及 HEX 文件。

a. 调试信息和浏览信息：一般要选择这两个选项，这样才有详细调试所需的信息。例如，要做 C 语言程序的调试，若不选择这两项，调试时将无法看到高级语言程序。

b. 产生 HEX 文件：要生成 HEX 文件，必须选择此选项。

c. 产生库：选择此选项时，将生成 lib 库文件。一般的应用是不需要生成库文件的。

6.4.2　七段显示译码器

显示译码器又叫作七段显示译码器，也称为字符译码器。这种七段显示译码器和七段显示器连接后，可以进行 LED 显示。七段显示译码器也有多种，TTL 系列的 74LS48 为共阴极七段显示译码器，74LS47 为共阳极七段显示译码器；CMOS 系列的 CD4511 为共阴极七段显示译码器，CD4543 为共阳极七段显示译码器。

1. 74LS48 共阴极七段显示译码器的应用

74LS48 是中规模 BCD 码七段显示译码/驱动器，可提供较大的电流流过发光二极管。图 6-41 所示为 74LS48 的引脚排列，4 个输入信号 A、B、C、D 对应 4 位二进制码输入；7 个输出信号 a~g 对应

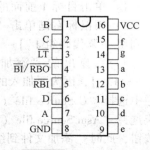

图 6-41　74LS48 的引脚排列

七段字型。译码输出为 1 时，LED 的相应字段点亮，例如，DCBA = 0001 时，译码器输出 b 和 c 为 1，故将 b 和 c 段点亮，显示数字 "1"。另外，有 3 个控制端：试灯输入端$\overline{LT}$、灭灯输入端$\overline{RBI}$和特殊控制端$\overline{BI}/\overline{RBO}$。

74LS48 七段显示译码器真值表见表 6-17，由真值表可以看出，$\overline{LT}$、$\overline{RBI}$和$\overline{BI}/\overline{RBO}$均为高电平时，可将输入端（D、C、B、A）的二进制编码在七段显示器上译出。比如 DCBA = 0000 时，显示 "0"；DCBA = 1001 时，显示 "9"。

表 6-17　74LS48 七段显示译码器真值表

输入							输出							显示字符
$\overline{LT}$	$\overline{RBI}$	$\overline{BI}/\overline{RBO}$	D	C	B	A	a	b	c	d	e	f	g	
1	1	1	0	0	0	0	1	1	1	1	1	1	0	0
1	×	1	0	0	0	1	0	1	1	0	0	0	0	1
1	×	1	0	0	1	0	1	1	0	1	1	0	1	2
1	×	1	0	0	1	1	1	1	1	1	0	0	1	3
1	×	1	0	1	0	0	0	1	1	0	0	1	1	4
$\overline{LT}$	$\overline{RBI}$	$\overline{BI}/\overline{RBO}$	D	C	B	A	a	b	c	d	e	f	g	
1	×	1	0	1	0	1	1	0	1	1	0	1	1	5
1	×	1	0	1	1	0	0	0	1	1	1	1	1	6
1	×	1	0	1	1	1	1	1	1	0	0	0	0	7
1	×	1	1	0	0	0	1	1	1	1	1	1	1	8
1	×	1	1	0	0	1	1	1	1	0	0	1	1	9

单片机和 74LS48 七段显示译码器连接的电路原理图如图 6-42 所示。图中单片机 P0 口的 P0.0、P0.1、P0.2、P0.3 依次和上面的（U3）74LS48 的 A、B、C、D 连接，P0 口的 P0.4、P0.5、P0.6、P0.7 依次和下面的（U2）74LS48 的 A、B、C、D 连接，两片 74LS48 的 QA、QB、QC、QD、QE、QF、QG 都通过限流电阻与两个共阴极七段数码管连接，74LS48 的$\overline{LT}$和$\overline{RBI}$都接+5V 电源，RP1 是排阻，是 P0 口的上拉电阻。

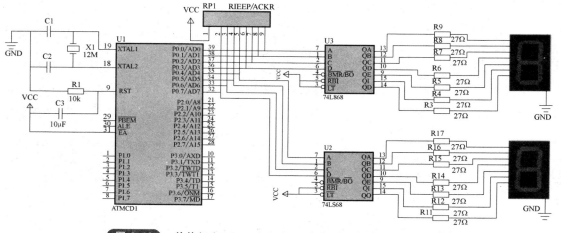

图 6-42　单片机和 74LS48 七段显示译码器连接的电路原理图

2. 程序设计

因为单片机 P0 口的 P0.0、P0.1、P0.2、P0.3 依次和上面的（U3）74LS48 的 A、B、C、D 连接，P0 口的 P0.4、P0.5、P0.6、P0.7 依次和下面的（U2）74LS48 的 A、B、C、D 连接，当 P0 口的高、低 4 位都输出 BCD 码时，经 74LS48 译码，该 BCD 码对应的单位数（0~9）就会在七段显示器上显示出来。以下是通过 74LS48 让七段数码管点亮的 C51 语言程序。

```c
#include <reg51.h>
#include <INTRINS.H>
#define uchar unsigned char
#define uint unsigned int
void delay1 (uint x);
void delay1 (uint x)          //延时 Xms 程序
{
    uchar tw;
    while (x-->0) {
    for (tw=0; tw<125; tw++) {;}
    }
}
void main (void)              //主程序
{
    SP=0x6f;
    EA=0;
    P0=0x39;                  //显示 9 和 3
    delay1 (100);
}
```

3. 仿真和调试

略。

参 考 文 献

[1] 魏学业. 传感器技术与应用 [M]. 武汉：华中科技大学出版社，2013.
[2] 王炜. 产品创新新方法 [M]. 杭州：浙江大学出版社，2007.
[3] 杜树春. 基于 Proteus 和 Keil C51 的单片机设计与仿真 [M]. 北京：电子工业出版社，2012.
[4] 徐爱钧. 单片机原理实用教程 [M]. 北京：电子工业出版社，2011.
[5] 王新贤，等. 电子元器件及其应用 [M]. 北京：电子工业出版社，2013.
[6] 王耕，等. 控制电动机及其应用 [M]. 北京：电子工业出版社，2012.
[7] 张云杰，等. UG NX8.0 中文版从入门到精通 [M]. 北京：电子工业出版社，2012.
[8] 田勇，等. 液压与气压传动技术及应用 [M]. 北京：电子工业出版社，2011.
[9] 刘杨，等. 机械设计基础 [M]. 北京：清华大学出版社，2010.
[10] 藏海波. 机器人制作从入门到精通 [M]. 北京：人民邮电出版社，2014.
[11] 孙建民，等. 传感器技术 [M]. 北京：清华大学出版社，2015.
[12] 康莉，等. 零基础学 C 语言 [M]. 北京：机械工业出版社，2015.